HARALD FALCK-YTTER

Das Polarlicht

HARALD FALCK-YTTER

Das Polarlicht

Aurora Borealis und Australis in mythischer, naturwissenschaftlicher und apokalyptischer Sicht

Mit Fotografien von Cary Anderson, David Miller und Dave Parkhurst

Und einem Foto-Essay von Julian Salamon

VERLAG FREIES GEISTESLEBEN

ISBN 978-3-7725-2844-6

Neuausgabe 2018
4., aktualisierte und erweiterte Auflage

Verlag Freies Geistesleben
Landhausstraße 82, 70190 Stuttgart
www.geistesleben.com

Schutzumschlag: «Nacht-Rose 2» – Abenddämmerung.
Sterne: Perseus. Turnagain/Beluga Point im März 1989.
© Dave Parkhurst
Umschlagrückseite: © Julian Salamon
Frontispiz S. 2: Mehrfarbiger Großvorhang über Arctic Valley
im Dezember 1988 (nahe Sonnenflecken-Maximum)
© Cary Anderson
Druck: Himmer GmbH, Augsburg
Printed in Germany

Theodor Däubler (1876–1934),
dem apokalyptischen Verkünder
der Aurora Borealis, zugeeignet

Inhalt

Geleitwort zur aktuellen Ausgabe

Zwei Zeiten hält der Kosmos bereit: die Ewigkeit und den Augenblick. In jeder Nacht von neuem und doch immer wieder am gleichen Ort und in gleicher Konstellation leuchten die Sterne. Mögen sie auch in großen Zeiträumen geringfügig wandern, so repräsentieren sie wie nichts anderes in der Natur das Ewige. Und so wundert es nicht, dass sie nicht fehlen, wenn das Unvergängliche ins Bild kommt, und daher auch auf Flaggen, Kronen oder Altären überall in der Welt zu finden sind. Am anderen Ende der Zeitlichkeit stehen die Sternschnuppen. Unberechenbar und unvorhersehbar huschen sie übers Firmament und adeln damit den Augenblick. Diesen Irrsternen mit ihrem unberechenbaren Lauf, ihrer nicht kalkulierbaren Lichtkurve gehört die Gegenwart, der unwiederbringliche Moment.

Doch es gibt noch eine dritte Lichterscheinung am Nachthimmel – sie bildet die Mitte: von den Meteoren hat sie ihre Unberechenbarkeit und Beweglichkeit, von den Sternen die, wie es der Polarforscher Robert F. Scott ausdrückt, «Gelassenheit». Gemeint ist das Polarlicht. Als ruhiger Bogen, als gewaltige Brücke von Horizont zu Horizont kann es sich über das ganze Firmament spannen und regungslos dort oben thronen. So erinnert es an die Erhabenheit der Sterne. Dann kann es in Wellen wabern und vibrieren, als würde der Wind durch die «Vorhänge aus Licht» hindurchwehen. So bewegt, ist es immer einzigartig – und selbst wenn die Kälte einer Polarnacht durch die Glieder dringt, kann man sich kaum lösen von dieser immer wieder neuen und unerwarteten Bewegung, die dieses Lichtspiel am Himmel zeigt. Dann feiert das Nordlicht die Gegenwart.

«Licht ist die Aktion des Weltalls», schreibt Novalis in seinem *Traktat vom Licht*. «Licht ist auf jeden Fall Aktion – Licht ist wie Leben wirkende Wirkung.» Licht ist also der «Wille» des Alls. Es war eine großartige Beobachtung einer Teilnehmerin einer Polarlichtexkursion, die ich leitete, als sie den «Willen» des Polarlichtes beschrieb: Es sei ein Wille, der keine Intention habe, der nirgendwohin wolle, der kein Ziel, keinen Zweck kenne, sondern im bloßen Sein sich erfülle. Tatsächlich liegt im Polarlicht eine rätselhafte Absichtslosigkeit. Vielleicht ist das so, weil das Polarlicht weder Scheinendes noch Beschienenes ist, weil es keine Lichtquelle und auch kein Stoff ist, auf den das Licht fällt. Auch hier hält es die Mitte: Es ist Licht, das nichts beleuchtet, sondern nur sich selbst erleuchtet.

Was man von Sprache und Musik kennt, dass man einem Prozess begegnet, dass man mit der Aufmerksamkeit in den Strom der Zeit hineingeführt wird, das geschieht als Erscheinung auch beim Polarlicht. Damit offenbart das Nordlicht eine Seite des Lichtes, die man nicht erwarten würde.

Licht vermittelt über das Sinnesorgan Auge im Bruchteil von Sekunden Orientierung und Verständnis für den Umraum. Licht gilt deshalb zu Recht als Metapher für das Erkennen, für die Idee, für den Schritt aus der Zeit hinaus. Doch das Polarlicht hat nichts davon, im Gegenteil – es ist reiner Prozess. Viele Beobachtende meinen wohl auch deshalb ein Rauschen oder Klingen zu vernehmen. Weil dieses Licht des Nordens sich zur Zeit verhält wie eine Melodie oder ein Satz, meint man, etwas zu hören. Das Polarlicht ist ein Licht, das sich so verhält, als wäre es Klang. Oder anders formuliert: Polarlicht ist Musik, die man sehen kann.

Zehnmal habe ich bisher mit Studienreisen in Lappland das Polarlicht bestaunen dürfen. Immer wieder von neuem war ich vor allem von dessen Ouvertüre berührt. Man steht eingepackt in der polaren Kälte und hebt den Blick – und dann ist da ein zarter grauer Schemen. «Was ist das? Ist es Rauch vom Schornstein einer Hütte, eine verlorene Wolke oder doch ein erstes Polarlicht?» – so fragt man und schaut genauer und genauer. «Da ist keine glitzernde Pracht, das Auge zu blenden», zitiert Harald Falck-Ytter den

Polarforscher Scott. Tatsächlich beginnt das Polarlicht unendlich zart und ungewiss. So öffnet und sensibilisiert sich die Seele, wird aktiver und engagierter. Es beginnt ein Dialog zwischen der Naturerscheinung und dem Betrachter. Im glücklichen Fall ist das Geschaute der erste Akt dieser grandiosen Lichterscheinung, von der im Buch so ausführlich die Rede ist. Nach einer Ruhezeit kann dann mit den Lichtbögen ein zweiter Akt beginnen und schließlich mit einem rosenartigen Reigen im Zenit der dritte Akt folgen.

Nicht weniger als an vielen Abenden über das nächtliche Polarlicht freue ich mich nun, dass der Verlag sich entschlossen hat, das großartige Polarlicht-Buch von Harald Falk-Ytter erneut aufzulegen, das mich schon so viele Jahre begleitet und zu einem vertieften Verstehen anregte. Es ist schön, dass das Werk seinen ursprünglichen Charakter – beim Erscheinen war es eine Pionierarbeit – behält und zugleich mit dem Foto-Essay von Julian Salamon am Ende des Buches etwas von der heutigen Verneigung vor dem Polarlicht aufnimmt. Auf den Fotografien sind neben der Landschaft auch die Wolken vor und die Sterne hinter dem Nordlicht zu sehen. So kommen die vier Tiefenschichten eindrucksvoll ins Bild. Nicht anders als die wundervollen Kreidezeichnungen im Eingang des Buches bleiben auch diese Bilder nur ein Abbild dessen, was sich dem eigenen Anblick des Nordlichts offenbart. Auch wenn das Polarlicht mehr und mehr Interessierte in den Norden zieht, so gibt es gleichwohl kein vergleichbares Werk zu jenem von Harald Falck-Ytter über diese Himmelserscheinung, von der Polarforscher Fridtjof Nansen schrieb: «Dort oben ist das Übernatürliche für dich!»

Dornach, Juni 2018 *Wolfgang Held*

Vorbemerkung zur ersten Auflage

Dieses Buch war ursprünglich vorwiegend als Bilddokumentation einer Naturerscheinung gedacht, die in Mitteleuropa fast unbekannt ist. Das völlige Fehlen einer gegenwärtigen deutschsprachigen Darstellung über das Polarlicht – abgesehen von einer kleinen, grundlegenden Schrift von Walther Bühler – veranlasste dann die vorliegende Publikation.

In einer Zeit, in der immer mehr Menschen Wahrnehmungen und Erlebnisse der Polargegenden unserer Erde haben – früher nur einer sehr kleinen Zahl von Menschen vorbehalten –, wird es von entscheidender Bedeutung sein, die entsprechenden Gedankenbildungen zu diesen neuen Wahrnehmungen vorzunehmen. Dieser Beweggrund wurde zur inneren Veranlassung für das folgende Werk über das Nord- und Südlicht.

Während das Buch geschrieben wurde, ereigneten sich auf der Sonne in Verbindung mit dem gegenwärtigen (theoretisch abklingenden) Sonnenflecken-Maximum Ausbrüche von selten großer Dimension. Der immer zurückhaltend-sachliche wöchentliche Bericht des amerikanischen Space Environment Services Center in Boulder, Colorado, schrieb hierzu am 15. Juni 1982: «Solar activity has been of historic proportions this week» (die Sonnentätigkeit nahm in dieser Woche historische Ausmaße an).

Eine Sonnenfleckengruppe übertraf an Größe bisher alle seit dem einmaligen im Jahre 1957 beobachteten Maximum und wurde damit mit den damit verbundenen Sonnentätigkeiten eine der gewaltigsten Fleckenerscheinungen unseres Jahrhunderts. Die Wirkungen der Fleckenaktivität auf Lebens- und Seelenvorgänge – etwa Jahresringebildungen bei Bäumen und Konjunkturschwankungen – sind bekannt. So werden manche dramatische Menschheitsvorgänge der frühen 1980er-Jahre unseres Jahrhunderts auf dem Hintergrund dieser besonderen Sonnentätigkeit gesehen werden können. Wesentliche Aspekte dieser Tätigkeit werden im Polarlicht-Prozess anschaubar.

Das Kapitel über THEODOR DÄUBLER musste beschränkt werden auf wesentliche Aussagen und Gedichte über die Aurora in seinem umfassenden Epos *Das Nordlicht*. Würden auch die Erwähnungen über diese Erscheinung in seinen anderen Werken hinzugezogen, müsste daraus – erläutert – ein Buch für sich entstehen, denn Däubler hat das Polarlicht-Thema in ein weites Geistesmeer hineingeführt. Das Werk dieses Dichters führt unmittelbar zur Anschauung einer umfassend-lebendigen Beziehung zwischen Kosmos und Erde und somit zu einer kommenden Verwandlung des Erdplaneten in einen sonnenhaften Zustand.

Der Fotograf TORBJÖRN LÖVGREN, langjähriger Mitarbeiter am Geophysikalischen Institut für Polarlicht-Beobachtungen in Kiruna, Schweden, hat von Anfang an in großzügiger Weise seine Bilder zur Verfügung gestellt und für dieses Buch eigens Fotografien aufgenommen (Serie zum Bewegungsverlauf). – Die wiedergegebenen Lithografien des Dänen HARALD MOLTKE (1871 – 1960) vom Anfang dieses Jahrhunderts wurden wegen ihres großen künstlerischen Wertes und ihrer bedeutenden Stimmungsaussagen dazugenommen. Sie sind freundlicherweise vom Dänischen Meteorologischen Institut in Kopenhagen zur Verfügung gestellt worden. – Dankbar ist der Verfasser für ein aufschlussreiches Gespräch über den letzten Stand der Polarlicht-Forschung mit Dr. JAN HOLTET am Institut für Kosmische Physik der Universität Oslo.

Ludwigsburg, Ende August 1982 *Harald Falck-Ytter*

Vorbemerkung zur zweiten Auflage

Der unerwartet schnelle Anstieg der Sonnenflecken-Tätigkeit zu Beginn des Jahres 1989 veranlasste eine frühere Vorbereitung der zweiten Auflage dieses Buches als zunächst geplant. Das nächste Fleckenmaximum wurde erst für 1991 erwartet. Die jetzt schon im März 1989 weithin beobachtete und ungewöhnlich intensive Sonnenaktivität hat das Polarlicht mehrere Male auch in Deutschland sichtbar werden lassen. Auf dem nordamerikanischen Kontinent waren in Kanada (Québec) sechs Millionen Menschen teilweise 24 Stunden lang ohne elektrischen Strom, und in Florida (25. bis 30. nördlicher Breitengrad) wurde die Aurora Borealis gesichtet. Im Hinblick auf ein zu erwartendes gesteigertes Interesse an der erstaunlichen Himmelserscheinung des Nord- und Südlichtes wurde die vorliegende Auflage in stetigem Kontakt mit den Sonnen- und Erdereignissen bearbeitet.

Der fortschreitend-dynamische Charakter des Forschungsgegenstandes Polarlicht gab Anlass, wichtige Verbesserungen des Textes sowie wesentliche und beträchtliche Erweiterungen vorzunehmen. In der ersten Auflage wurde das grundlegende Prinzip der Sonnenflecken-Erscheinung dargestellt. In der nun vorliegenden zweiten Auflage konnte dies so weit konkretisiert werden, dass zum ersten Mal die Lösung dieses Sonnen-Rätsels unmittelbar anschaubar wird.

Die wichtigen, zusammenfassenden Darstellungen von JAMES H. SHIRLEY in «Solar-Terrestrial Cycles» 1989 im Hinblick auf die Eigenbewegung der Sonne um das Masse-Zentrum unseres planetarischen Systems bestätigten unerwartet die diesbezüglich verwandte Darstellung des Verfassers in der ersten Auflage. Diese Darstellungen wurden jetzt skizzenhaft mit verarbeitet. – Die Hinzunahme einer Serie von Satelliten-Aufnahmen der Polarlicht-Ovale («Ringströme») bedeutet eine wichtige Bereicherung für das phänomenologische Erfassen der planetarischen Seite des Polarlichts.

Ludwigsburg, Ostern 1989 *Harald Falck-Ytter*

Vorbemerkung zur dritten Auflage

Nachdem die zweite Auflage dieses Werkes seit einiger Zeit vergriffen ist, wurde es notwendig, diese dritte Auflage vorzulegen. Aus diesem Anlass wurde fast das gesamte Bildmaterial ausgewechselt und das Kapitel V über die Sonne als Planet und Fixstern neu gefasst und beträchtlich erweitert. Die neue Überschrift dieses Kapitels heißt nun: Die Offenbarungen der Sonne und der Aurora.

Nachdem bei den ersten beiden Auflagen die Aurorabilder vor allem ihrer planetarisch-kosmischen Erscheinung nach von Nordeuropa aus (Schweden) aufgenommen wurden, wird es bei den neuen Aufnahmen aus Alaska deutlich, wie die Aurora Borealis, das Nordlicht, erlebnismäßig jetzt in die Erdenlandschaft hineingesehen und eingefügt wird. Bisher war berechtigterweise die Aurora vor allem als eine atmosphärische Himmelserscheinung oder planetarische Offenbarung erlebt worden. Das Polarlicht ist jetzt zu einem neuen kosmischen und damit bedeutend erweiterten Teil unserer Erdennatur geworden, und dies in einer Zeit, da die Erde vielfach bedroht wird und einer Verarmung entgegengeht. Diese Erscheinung wird vor allem deutlich durch die vorliegenden Aufnahmen der in Alaska lebenden Fotografen Cary Anderson und Dave Parkhurst.

Der Letztere hat eine Bildernte aus den Tagen der ungewöhnlich großen Aurora-Entfaltungen im März 1989 eingebracht. Diese waren damals auch über Mitteleuropa eindrucksvoll sichtbar, gerade zu der Zeit, da sich hier die umwälzenden politischen Ereignisse zutrugen, die bekanntlich zum Fall der Mauer in Deutschland und der Aufhebung der Teilung Europas führten. Nach Mitteilung des Fotografen hatte es solche Polarlichtentfaltungen seit 50 Jahren nicht gegeben. – Sehr ungewöhnliche Aufnahmen der Aurora Australis – des Südlichts – wurden von David Miller aus Südaustralien hinzugefügt.

Eine andere Erweiterung des Aurorakomplexes entstand in den vergangenen Jahren durch die Enthüllungen des sogenannten HAARP-Projektes in Alaska durch Nick Begich in seinem Buch *Angels Don't Play this HAARP* (deutsch *Löcher im Himmel*). HAARP steht für High-frequency Active Auroral Research Project. Offiziell ist dieses Unternehmen ein Forschungsprojekt für Polarlicht. Im Hintergrund steht die Fortsetzung von Star Wars durch Manipulationen der Ionosphäre für Verteidigungs- und Angriffszwecke. In der Höhe der Ionosphäre entfaltet sich das Polarlicht, gewissermaßen als ein sichtbarer Ausdruck der unsichtbaren, aber wesenhaft entscheidenden Prozesse in diesem Umkreis der Erde. Hier ereignen sich fortwährend Bildung und Umbildung der aufgenommenen kosmischen Einflüsse und erzeugen eine verwandelnd-energetische, lebenswichtige Hülle für die Erde. Durch das Ende des Kalten Krieges trat das HAARP-Projekt zunächst in den Hintergrund.

In Zusammenhang mit der Aurora steht ein weiteres Ereignis: Die erste Ausgabe eines größeren Werkes über die Sonnenflecken von Hartmut Ramm (*Der Sonne dunkle Flecken* ..., Verlag am Goetheanum, 1998). Das Buch ist eine Zusammenfassung alles Wissenswerten über diese rätselhafte Erscheinung und weist auf die starke Aktualität dieses Themas am Ende unseres Jahrhunderts hin.

Stuttgart, Mitte März 1999 *Harald Falck-Ytter*

Aurora Borealis und Australis
Das Polarlicht

«So blüht von Stern
zu Stern ein Jubelgruß.»
Theodor Däubler

Die Erscheinung des begrenzt verbreiteten, geheimnisvollen Polarlichtes entfaltet sich während der dunklen Jahreszeit in den menschenarmen Polargebieten der Erde. Aurora Borealis – «die Morgendämmerung des Nordens» – ist die aus dem Griechischen entnommene wissenschaftliche Bezeichnung für diese Licht- und Farbenerscheinung in der nördlichen Hemisphäre; die entsprechende Erscheinung auf der südlichen Erde wird «Morgendämmerung des Südens», Aurora Australis, genannt. Die genauere Beobachtung dieser Naturerscheinung und die sich anschließende Begriffsbildung bedeuteten im 19. Jahrhundert für die Menschheit eine Neuentdeckung. Diese ereignete sich mit den Vorstößen von Forschern und Abenteurern zu den unwirtlichen arktischen und antarktischen Gebieten der Erde. Was für die Eskimos, Lappen und andere Naturvölker durch Jahrtausende eine alltägliche und selbstverständliche Wahrnehmung war, wurde für den Menschen der wissenschaftlich gesinnten westlichen Kultur eine fesselnde und umwälzende Entdeckung. Denn in der sonnenlosen Dunkelheit der nördlichen und südlichen Erdennacht leuchtete vor ihren Augen ein nie zuvor gesehenes Licht auf, entfalteten sich Farbenschleier, die in ihrer gleichzeitigen Intensität und Durchsichtigkeit nirgends sonst auf dem Erdenrund zu finden waren. Sie glichen auch sonst keinen irdischen Wahrnehmungen, eventuell nur denen der Träume. Da dieses Phänomen dem damaligen Denken völlig unvorstellbar war, dauerte es lange, bis eingesehen werden konnte, wie diese Licht- und Farberscheinungen ohne irgendeine Anwesenheit des Sonnenlichts entstehen. Flutendes Licht und wehende Farben ohne lebendige Sonnenstrahlen – dem Auge und dem Geist des Menschen musste dies ein tiefes Rätsel sein. Ungezählte Theorien und Hypothesen über das Polarlicht wurden aufgestellt, um dann nur bald widerlegt oder ad absurdum geführt zu werden. Erst die ins Kosmische hinein erweiterte Wahrnehmung des Menschen des 20. Jahrhunderts konnte so weit in dieses Rätsel eindringen, dass es den Menschengeist an eine Schwelle führte, wo unerwartet neue Aufhellungen dieses Rätsels erscheinen. Heute stehen wir in unmittelbarer Nähe von immer neuen Antworten auf die Frage nach dem Ursprung der Aurora Borealis und Australis.

Die Entdeckungen in neuerer Zeit

Die ersten genauen modernen Schilderungen des Polarlichts sind hervorgegangen aus dem Entdeckermut, den Entdeckerentbehrungen und den damit verbundenen Opfern im 19. und am Anfang des 20. Jahrhunderts. Einer der hervorragendsten Schilderer des Nordlichts wurde der norwegische Polarforscher und spätere Diplomat Fridtjof Nansen (1861 – 1930). Mit Worten, Zeichen- und Farbstiften versuchte er immer wieder, die geheimnisvoll bewegte Erscheinung der Aurora Borealis festzuhalten. In seinem Buch *Fram over polhavet* (Über das Polarmeer) vom Jahre 1897 schreibt er: «Ich tröste mich mit einem Buch, vertiefe mich in die Wissenschaft der Inder, ihren glücklichen Glauben an transzendentale Kräfte, in die übernatürlichen Fähigkeiten der Seele und das Leben nach dem Tod. Oh, wer auch nur ein wenig solcher Kräfte hätte und sie jetzt für eine Zeit wirksam sein ließe, um die Winde zu beherrschen, damit diese immer aus dem Süden bliesen! – Es war nicht die hellste Stimmung, mit der ich heute Abend auf das Deck kam; doch wie festgenagelt wurde ich im selben Augenblick, als ich ins Freie trat. Dort ist das Übernatürliche für dich! Das Nordlicht in einzigartiger Kraft und Schönheit, über den Himmel funkelnd in allen Farben des Regenbogens. Selten oder niemals habe ich stärkere Farben darinnen gesehen. Zuerst war Gelb vorherrschend; doch dann spielte es über ins Grün, und gegen Ende begann ein glänzendes Rubinrot an den Strahlenenden auf der Unterseite der Bögen durchzudringen, um bald über den ganzen Bogen hin zu spielen. Dort von der Ferne, nahe dem Horizont im Westen, erhob sich in gebuchteten Bewegungen eine Feuerschlange in den Himmel, stärker und stärker leuchtend, je weiter sie nach oben stieg. Sie teilte sich dreifach. Zuerst schillerten alle drei in vielfachem Farbenspiel. Doch dann teilten sich auch die Farben; die südlichste Schlange färbte sich fast rubinrot mit gelben Einsprenkelungen, die mittlere wurde völlig gelb, die nördliche mehr grün-weißlich; alle zogen oben am Zenit vorbei. Den Schlangen entlang fuhren Strahlen in Bündeln wie Wellen vor einem Sturmwind draußen im Äther, trieben schwingend vor und zurück, bald stärker, bald schwächer. Obwohl ich nur wenig bekleidet war, konnte ich mich unmöglich losreißen, bevor das Ganze vorüber war. Nur eine schwach glühende Feuerschlange nahe dem Westhorizont wies darauf hin, wo das Ganze begonnen hatte.»

Etwa ein Jahrzehnt nach der Niederschrift dieser Schilderung gab es einen Wettlauf zum Südpol der Erde. Roald Amundsen (1872 – 1928), ebenfalls norwegischer Polarforscher, landete 1910 am Ross-Schelfeis in der Antarktis. Auch ein britischer Polarforscher war unterwegs zum Südpol: Robert F. Scott (1868 – 1912). Im Dezember 1911 erreichte Amundsen den Südpol und konnte danach bald wieder ohne größere Schwierigkeiten zu seinem Ausgangslager zurückkehren. Auch Robert Scott erreichte den Südpol, doch später. Auf dem Rückmarsch gerieten er und seine Begleiter in zermürbende Schneestürme. Alle starben in den lang anhaltenden eisigen Stürmen im März 1912. Unter den später herausgegebenen persönlichen Aufzeichnungen Scotts, entstanden während der Vorbereitungen in der Antarktis, befand sich auch – fast vermächtnishaft – eine tieflotende Schilderung der Aurora Australis: «Der Osthimmel war erfüllt von schwankendem Polarlicht, die lebendigste und schönste Entfaltung, die ich jemals gesehen. Falte an Falte oder Bögen und Vorhänge aus vibrierendem Leuchten erhoben und verteilten sich über den Himmel, um dann langsam zu verblassen und doch wieder in glühendes Leben zu springen. – Das hellere Licht schien zu fließen, sich jetzt in einem Gebiet zusammenzuballen zu gewundenen Falten, aus denen leuchtend-flatternde Bänder nach oben schossen, um zugleich in Wellen durch das System einiger schwächerer Formgestaltungen hindurchzulaufen, wie um darinnen neues Leben zu entzünden. – Es ist nicht möglich, Zeuge einer solchen Schönheitserscheinung zu sein ohne Sinn für heilige Ehrfurcht; und doch ist diese Empfindung nicht inspiriert durch den Glanz der Erscheinung, sondern eher durch ihre Zartheit in Licht und Farbe, ihre Transparenz, und vor allem durch ihr lebendiges Dahinschwinden der Form. Da ist keine glitzernde Pracht, das Auge zu blenden, wie schon zu oft beschrieben; eher ist es – durch den Hinweis auf etwas völlig Geistiges – der Ruf an die Fantasie; es ist etwas mit flatternd-ätherischem Leben Begabtes, gelassen zuversichtlich und doch ohne Unterlass beweglich. – Man wundert sich, dass uns die Geschichte nicht von Polarlicht-Anbetern erzählt, so leicht könnte die Erscheinung angesehen werden als eine Offenbarung von ‹Gott› oder ‹Dämon›. – Der kleinen, schweigenden Gruppe, die im Schauen vor einer solchen Verzauberung stand, erschien es profan, zum intellektuellen und physischen Umkreis unseres Hauses zurückzukehren.»[1]

Abb. 1

Abb. 1 – 5: Der danische Maler Harald Moltke begleitete in den Jahren 1899 und 1900 verschiedene Forschungsexpeditionen nach Island und Finnland. In Akureyn am Eya-Fjord in Nordisland (65,4° N) und Utsjoki in Finnisch-Lappland am Tana-Fluss (69,5° N) beobachtete er das Nordlicht. Als Ergebnis entstand eine Reihe von Lithografien (Steindrucken), die noch heute als die bedeutendsten künstlerischen Wiedergaben des Polarlichts gelten.

Dem aufmerksamen Betrachter erscheint das Polarlicht immer wieder neu. Die unbegrenzte Vielfalt der Formen und Bewegungsabläufe fordert stets von Neuem dazu auf, die Erscheinungen zu beschreiben und zu begreifen. Dies galt besonders in Zeiten, in denen die Technik des Fotografierens noch nicht entwickelt war. Im Jahre 1892 wurden die ersten erfolgreichen Aufnahmen des Polarlichts von Martin Brendel (1862 – 1939), einem deutschen Physiker, gemacht. Vor diesem Ereignis, in der Zeit abenteuerlicher Fußwanderungen, bereiste ein moderner Marco Polo als Korrespondent große Teile der Erde und berichtete umfassend über seine vielfältigen Eindrücke. Es war Bayard Taylor (1825 – 1878), der amerikanische Dichter und Schriftsteller, dessen Hauptwerk die metrisch originalgetreue Übersetzung von Goethes *Faust* war. Taylor sah die Aurora Borealis in Nordskandinavien und hatte das Glück, auch eine Korona wahrzunehmen, die als eine Art Zusammenfassung und Höhepunkt der Polarlicht-Entfaltung erscheint. Bayard Taylor schreibt in seinem im Jahre 1864 erschienenen Buch: «Ich blickte nach oben und sah einen schmalen Gürtel oder Schal silbernen Feuers, der sich direkt über den Zenit hinzog; die losen und aufgelösten Enden schwankten vor und zurück an den Himmelshängen hinunter. Schließlich begann er zu wanken, sich vor- und zurückzubiegen, manchmal langsam, manchmal mit einer schnell springenden Bewegung, wie um seine Biegsamkeit zu prüfen. Jetzt nahm er die Gestalt eines Bogens an, jetzt schwang er sich in Hogarths* Schönheitslinie ein, aufleuchtend und erlöschend in seiner gebuchteten Bewegung, um schließlich die geschwungene Krümmung eines Hirtenstabes anzunehmen, dessen Ende sich plötzlich abzuteilen und herunterzufallen beginnt, wie von einem kräftigen Wind abgetrieben, bis der ganze Gürtel in langen, treibenden Streifen zornigen Schnees hinwegschoss. Er sammelte sich dann wieder zu einem Dutzend tanzenden Fragmenten, die abwechselnd hervortraten und zurückwichen, hierhin und dorthin schießend, gegen- und übereinander, in gelbem und rosa Schein aufflammend oder wieder verblassend, indem sie tausend fantastische Streiche spielen, von einer wilden Laune wie angeführt. – Wir lagen stumm mit nach oben gewandten Gesichtern im Beobachten dieses wunderbaren Schauspiels. Plötzlich liefen die zerstreuten Lichter, wie durch einen gemeinsamen Impuls, zusammen, vereinigten ihre hellen Enden, führten sie verwindend durcheinander und fielen als breiter leuchtender Vorhang direkt abwärts durch die Lüfte, bis der gefranste Saum anscheinend nur einige Yards über unseren Köpfen schwang. Diese Erscheinung war so unerwartet und bestürzend, dass ich für einen Augenblick dachte, unsere Gesichter seien berührt von den Röcken der großartigen Drapierung. Diese folgte nicht der sphärischen Krümmung des Firmamentes, sondern hing lotrecht im Zenit, scheinbar Millionen von Meilen durch die Lüfte fallend, ihre Falten hochgebunden zwischen den Sternen, während ihre Flammenverzierungen die Erde streiften, wobei sie einen blassen unirdischen Glanz auf die Schneeflächen warfen. Einen Augenblick danach wurde die Drapierung wieder nach oben gezogen und geteilt; sie schwenkte ihre Fackeln und schoss ihre Lanzen hierhin und dorthin, hervortretend und zurückweichend, wie vorhin. Ich konnte kaum hoffen, etwas so Eigentümliches und Kapriziöses, so Wunderbares und großartig Schönes jemals wieder zu sehen.»[2]

Durch Pol-Expeditionen und Nordskandinavien-Reisen drang die spannende Kunde dieser ungewöhnlichen Naturerscheinung nach Mitteleuropa und Amerika, wo Forscher sich dann mühten, sie wissenschaftlich zu deuten. Doch dies gelang zunächst in keiner Weise, dazu war die Art und Vielfalt der Erscheinungen für das damalige Denken zu verwirrend. So lag durch viele Jahrzehnte hindurch eine große Anzahl unzusammenhängender Einzelbeobachtungen vor, die erst durch mühsame Kleinarbeit zusammengefügt werden mussten.

* William Hogarth: englischer Maler des 18. Jahrhunderts.

Abb. 2

Die grundlegenden Erscheinungen

Da war zunächst die schwer zu erfassende Bewegungsdynamik des Polarlichts. Anfang und Ende einer Entfaltung sind nie überschaubar; auch nicht, wo und wann am Himmel die Aurora zu sehen sein wird. Der bewegt-dramatische Höhepunkt eines Polarlicht-Ablaufes ist dadurch gekennzeichnet, dass eine Fülle der denkbar verschiedensten Formen sich bilden und unerwartet sich wieder auflösen kann. Bögen, Bänder, Vorhänge, Schleier, Draperien, Strahlen und Wolken können die Himmelskuppel stets wechselnd erfüllen. Bei jeder späteren Wiederholung eines Aurora-Ablaufes zeigt sich wieder alles neu. Diese ständigen überraschenden Formverwandlungen schienen keinerlei dem Menschen bekannte Gesetzmäßigkeiten zum Ausdruck zu bringen. Auch der beste Kenner von Polarlicht-Abläufen steht immer wieder wie gebannt vor der Ungewöhnlichkeit und Neuartigkeit einer größeren Entfaltung.

Zunächst berührt das Rätsel der Licht- und Farbenentstehung in der völligen Dunkelheit die Menschenseele tief. Weißes Licht und das vollständige Spektrum des Farbenbogens entfalten sich fortwährend in reichster Fülle. Aus ruhigem und beruhigendem Grün geht durch die aufkommende Bewegung das impulsierende Rot hervor. Überzieht leuchtendes Rot große Teile des Himmels, kann panischer Schrecken die Menschenseelen ergreifen. Ausstrahlungen in Gelb, Vertiefungen in Blau und Violett führen das Empfinden in alle Seelenregungen hinein. Kein Mensch konnte erklären, wo dieser Farbenreichtum herkam. – Lange Zeit wurde herumgerätselt, in welcher Höhe sich das Polarlicht entfaltet. Bald musste eingesehen werden, dass kein menschliches Auge, nicht einmal die erübte Fähigkeit der Raumerfassung des Menschen die ungewöhnlichen Höhen- und Weitendimensionen der Aurora erfassen können. Und wie tief das Polarlicht zur Erde niederdringt, ist bis heute nicht voll geklärt. Zunächst konnte meistens nur angenommen werden, dass die Aurora ein Phänomen im meteorologischen Bereich ist und dadurch mit Luftschichten und Wetter, mit Kälte und Wärme oder Feuchtigkeit und Trockenheit zusammenhängt. – Dann tauchte die Frage auf: Wo erscheint das Polarlicht eigentlich auf der Erde? Je weiter man auf den verschiedenen Erdteilen nach Norden bzw. nach Süden drang, desto klarer und umfassender wurde die Aurora. Doch dann wurde überraschenderweise entdeckt, wie in den Polgegenden selber die Licht- und Farberscheinungen wieder deutlich abnahmen, um dann in Polnähe ganz zu verschwinden.

In Verbindung mit der Anschauung, das Polarlicht sei ein Teil der meteorologischen Erscheinungen, wurden Übereinstimmungen mit dem Jahreslauf gesucht. Solche ließen sich aber nur schwer herstellen; es zeigte sich, dass die Aurora nach Anbruch der Dunkelheit sichtbar wird – im Tages- und Jahreslauf. Wenn also etwa in Nordskandinavien das Sonnenlicht in den Sommermonaten auch in der Nacht vorherrscht, ist das Polarlicht nicht beobachtbar. Erst die wieder einsetzende Dunkelheit im Herbst ermöglicht die Wahrnehmung der Aurora. – In Verbindung mit dem Tageslauf zeigte sich nach Beobachtungen durch viele Jahrzehnte – zumindest für Nordeuropa – ein Polarlicht-Ablauf, der einen deutlichen Zusammenhang mit dem Tagesrhythmus aufweist. Wenn im Folgenden eine Art urbildlicher Entfaltungsablauf der Aurora-Erscheinung beschrieben wird, so muss betont werden, dass sich dieser nur der langen aufmerksamen Beobachtung ergibt. Denn die Lebendigkeit einer jeden größeren Polarlicht-Entfaltung verhindert zunächst die direkte Beobachtung eines solchen zeitlich-räumlichen Musters.

Da ist zunächst der am Beginn stehende homogene *Bogen*. Er verläuft zumeist von Ost nach West über den gesamten Himmel, in Nordeuropa meistens am Nordhimmel. Oft entstehen mehrere Bögen. Gewöhnlich beträgt eine Bogenbreite ein bis zehn Kilometer, wogegen die Bogenlänge sich über tausend Kilometer erstrecken kann. Diese Dimensionen sind für den Beobachter optisch schwer zu erfassen, weil die untere Grenze des Polarlichtes meistens in einer Höhe von etwas über

bb. 3

einhundert Kilometern liegt und die Formen selber viele Hunderte Kilometer sich hinaufentfalten. Daher beträgt die Entfernung des Polarlichts zum Beobachter im Allgemeinen mehrere hundert Kilometer.

Die Bögen leuchten zu Anfang meistens in einem weißen, diffusen Licht, wobei außer der Bogenform noch keine anderen Gestaltungen da sind. Es sind zunächst ruhende Bögen, die sich so bis zu mehreren Stunden halten können. Sie werden am häufigsten in den frühen Abendstunden sichtbar. Innerhalb der Bögen entwickelt sich eine pulsierende und fließende Bewegung. Im weiteren Verlauf der Polarlicht-Entfaltung erscheint der Bogen vertikal strahlenartig strukturiert. Er verfärbt sich dabei grün oder gelblichgrün. Wenn die Strahlenstruktur in sich in Bewegung kommt, erscheinen auch andere Farben, etwa das Rot. In der Nähe wahrgenommen, sind die einzelnen Strahlen gefältelte Lichtvorhänge, vertikal verlaufende Faltenrundungen von lose gefalteten, vorhangähnlichen *Bändern*. Einem in einem Raumschiff hindurchfliegenden russischen Kosmonauten erschienen diese als eine Vielfalt von Lichtsäulen. Der in sich amorphe Anfangsbogen verwandelt sich in ein klar geformtes, geschwungen-gefaltetes Band. Erst aus großer Entfernung erscheint es strahlenstrukturiert. Mit diesen Faltenschwüngen zieht Bewegung ein in den Farbenbogen, der nun auch in den Zenit aufsteigt. Vergrößern sich die Faltenschwünge, wird das Band zu einem hängenden *Vorhang*. Die Polarlicht-Tätigkeit hat inzwischen kräftig zugenommen und damit der Farbenreichtum. Das *vorhangartige Band* bildet dann den Beginn einer zweiten Phase, oft in den späteren Abendstunden. Die Bandbewegungen führen zu überlappenden Bogenschwüngen, die sich zu Spiralen einwickeln können. Eine impulsierende Dynamik ergreift den ganzen Band-Bogen, versetzt ihn in kräftige Schwünge und beginnt, völlig freie Formen zu gestalten. Dadurch löst sich das Band auf und die *freien Gestaltungen* erfüllen große Teile des Himmels. Schleier, Vorhänge, Spiralen, Draperien und Strahlen bewirken ein mannigfaltig bewegtes Spiel im Himmelsraum. Das Polarlicht ist damit in eine dritte Phase der höchsten Aktivität eingetreten. Hierbei kann sich das gesamte Himmelsgewölbe rot färben. Von Süden gesehen werden die verschiedenen Vorhänge und Draperien zum Nordlicht-Zentrum hin meistens schräg hängen. Von Norden, genauer: vom Bereich des Nordlicht-Zentrums gesehen, werden die Vorhänge in Richtung des Betrachters hängen. Er kann dadurch direkt unter die verschiedenen zahlreichen Vorhänge und Draperien zu stehen kommen. Sie verlaufen dann alle parallel nach oben. Hierbei bringt die Perspektivwirkung einen Mittelpunkt zur Erscheinung, um den sich alle Gestaltungen gruppieren. Das Menschenauge nimmt in diesen gewaltigen Dimensionen nur schwer die Raumtiefe wahr; deshalb erscheinen die Gebilde wie um einen Mittelpunkt geordnet, das Bild einer Krone entsteht, *Korona* genannt. Deren verschiedengestaltige Bildung ist die höchste Entfaltung der dritten Phase der Aurora-Erscheinung. Danach klingen die verschiedenartigen Aktivitäten ab; einzelne Farbfelder verteilen sich wolkenähnlich über weite Teile des Himmels; so können sie sich über Stunden halten. Oft entsteht hierbei aber auch schon wieder ein neuer Anfangsbogen.

In Nordskandinavien etwa verläuft deutlich dieser Grundrhythmus von den frühen Abendstunden bis gegen Mitternacht; andere Gegenden zeigen einen veränderten Rhythmus. Der Ablauf der einzelnen Phasen kann sich auch völlig anders gestalten, die gegebene Beschreibung ist eine Art Grundmuster, das selten genau so auftritt. Viele Polarlicht-Forscher erkennen daher nicht solche Phasen. Und doch gab es schon im 19. Jahrhundert Beschreibungen, die sehr deutlich einen solchen rhythmischen Verlauf schildern, ohne dass die Verfasser ein Bewusstsein der Urbildhaftigkeit hatten. Der österreichische Polarforscher Karl Weyprecht (1838 – 1881) leitete in den Jahren 1872 bis 1874 eine Forschungsexpedition zum Polarmeer. Dabei wurde das Land entdeckt, das dann den Namen des damaligen österreichischen Kaisers bekam: Franz-Joseph-Land. Während der Expedition erlebte Kapitän Weyprecht die Aurora Borealis einschließlich einer Korona-Bildung. Er schreibt: «Dort im Süden, tief am Horizonte, steht ein matter Lichtbogen. Er sieht

Abb. 4

aus, als sei er die obere Grenze eines dunklen Kreissegmentes; allein die Sterne, die in ungetrübtem Glanze daraus hervorblicken, überzeugten uns, dass das Düster des Segmentes nur eine durch den Kontrast hervorgerufene Täuschung ist. Langsam nimmt der Bogen an Intensität zu und hebt sich gegen den Zenit; er ist vollkommen regelmäßig, seine beiden Enden berühren fast den Horizont und schreiten gegen Ost und West vor, je mehr er sich hebt. Es sind keine Strahlen darin zu erkennen; das Ganze besteht aus einer ziemlich gleichförmigen Lichtmaterie von herrlicher zarter Färbung; es ist ein durchsichtiges Weiß mit leicht grünlicher Betonung, dem Weißgrün der jungen Pflanze, die ohne Sonnenlicht im Dunkeln keimt, nicht unähnlich. Das Licht des Mondes scheint gelb neben dieser zarten, dem Auge wohltuenden Farbe, die mit Worten nicht zu beschreiben ist; welche die Natur einzig den Polargegenden, den Stiefkindern der Schöpfung, als Entschädigung gegeben zu haben scheint. – Der Bogen ist breit; er erreicht vielleicht die dreifache Breite des Regenbogens, und seine weit schärfer als bei diesem begrenzten Ränder stechen grell gegen das tiefe Dunkel des arktischen Nachthimmels ab. Sein Licht durchschimmern in ungetrübtem Glanze die Sterne. Höher und höher steigt der Bogen, in der ganzen Erscheinung liegt eine klassische Ruhe; nur hie und da wälzt sich langsam eine Lichtwelle von der einen Seite zur andern hinüber. Über dem Eise beginnt es heller zu werden, einzelne Eisgruppen sind zu erkennen. – Noch steht er entfernt vom Zenit, und schon trennt sich ein zweiter Bogen vom dunklen Segmente im Süden ab, dem nach und nach andere folgen. Alle steigen dem Zenit entgegen; der erste hat ihn jetzt schon überschritten, senkt sich langsam gegen den Nordhorizont herab und verliert an Intensität. Über das ganze Firmament sind nun Lichtbogen gespannt; es stehen sieben zu gleicher Zeit am Himmel, aber ihre Intensität ist dann nur gering. Je tiefer sie gegen Nord herabgehen, desto mehr erblassen sie und verschwinden zuletzt vollständig; oft aber kehren sie alle über den Zenit zurück und erlöschen, wie sie gekommen sind. – Nur selten jedoch ist der Verlauf des Nordlichtes ein so ruhiger und regelmäßiger … Auf irgendeiner Seite des Horizonts steht eine leichte Wolkenbank; ihre oberen Ränder sind beleuchtet, es entwickelt sich von da ein Lichtband, das sich ausbreitet, an Intensität zunimmt und gegen den Zenit hebt. Die Färbung ist die Gleiche wie bei den Bögen, aber die Lichtintensität ist stärker. In ewig wechselndem Spiele ändert das Band langsam, aber ununterbrochen Ort und Gestalt. Es ist breit, und sein intensives Weißgrün hebt sich wunderbar schön gegen den dunklen Hintergrund ab. Jetzt ist es in vielen Windungen in sich selbst verschlungen; aber sie verdecken sich gegenseitig nicht, die innerste ist noch immer deutlich durch das Licht der andern hindurch zu erkennen. In undulierender Bewegung huschen fortwährend Lichtwellen durch das Band in seiner ganzen Ausdehnung, bald laufen sie von rechts nach links, bald von links nach rechts; sie kreuzen sich scheinbar, je nachdem sie auf der vorderen oder rückwärtigen Seite einer Windung erscheinen. Jetzt rollt es sich wieder seiner ganzen Länge nach auf, es hat sich in graziöse Falten gelegt; fast scheint es, als treibe der Wind hoch oben in der Atmosphäre sein geheimnisvolles Spiel mit ihm, mit dem breiten, flammenden Wimpel, dessen Ende sich dort weit in der Ferne am Horizont verliert. – Das Licht wird immer intensiver, die Lichtwellen folgen sich rascher, an dem oberen und unteren Rande des Bandes treten die Regenbogenfarben hervor, das glänzende zarte Weiß der Mitte ist unten von einem schmalen Streifen rot, oben grün eingefasst. Aus einem Bande sind mittlerweile zwei geworden; das obere nähert sich immer mehr dem Zenit, jetzt beginnen Strahlen daraus hervorzuschießen, in der Richtung nach dem Punkte in der Nähe des Zenits, gegen den der Südpol der freien Magnetnadel zeigt. Das Band hat ihn nahezu erreicht, und es beginnt nun durch kurze Zeit ein prachtvolles Strahlenspiel, dessen Zentrum der magnetische Pol ist, ein Zeichen des innigen Zusammenhanges der ganzen Erscheinung mit den geheimnisvollen magnetischen Kräften unserer Erde. – Um den Pol herum flimmern und flackern nach allen Seiten die kurzen Strahlen, an allen Rändern sind die prismatischen Farben zu sehen, kürzere und

Abb. 5

dass nicht alle Verstorbenen in der Polarlichtsphäre gesehen werden. Diese besonderen Verstorbenen entfalten eine Aktivität: Sie helfen den Neuankommenden. Das Motiv des Ballspielens findet sich häufig und entspricht dem Wunsch, die dynamischen Bewegungsvorgänge des Polarlichts in ein anschaubares Bild zu bringen. – Der große dänische Grönland-Forscher Knud Rasmussen (1879 – 1933) hat Überlieferungen der Igluik-Eskimos auf Grönland gesammelt, die Ähnliches aussagen wie die der Labrador-Eskimos: «Die Toten erleiden keine Härten, wohin sie auch gehen. Doch nichtsdestoweniger ziehen es die meisten vor, im Lande des Tages zu wohnen, wo die Vergnügungen ohne Grenzen zu sein scheinen. Hier spielen sie immerfort Ball, das Lieblingsspiel der Eskimos, sie lachen und singen, und der Ball, mit dem sie spielen, ist ein Walross-Schädel … Es ist dieses Ballspiel der abgeschiedenen Seelen, das als Aurora Borealis zur Erscheinung kommt und als ein pfeifendes, raschelndes und knisterndes Geräusch gehört wird, durch diese Seelen hervorgebracht, während sie über den festgefrorenen Schnee der Himmel laufen.»[10]

Die beiden Bereiche von Leben und Tod sind in den Überlieferungen vom Polarlicht auch zusammengewoben. In einer Erzählung der Skolt-Lappen in Nordfinnland werden diese beiden Elemente zusammengeschaut. Der gegenwärtige Förderer und Erforscher der Kultur dieser Lappen, Robert Crottet, hat eine diesbezügliche Erzählung wiedergegeben. Ihr Kern ist: Obwohl es Sommer ist, erhellt eine Lampe mit Nordlicht die dunkle Hütte des ältesten Greises in Lappland. Der Alte hält drei Strahlen des Polarlichts in einer Flasche gefangen. Es sind drei verstorbene Seelen, die lieber gefangen auf der Erde als frei im Himmel wohnen wollen. Ein junger Mann ist dem Greis gefolgt. Beide befinden sich nun in der Hütte des Greises, und der Jüngling sieht sich eingesperrt. Der Alte will des Jünglings Seele mithilfe der verstorbenen Seelen austauschen, sodass die Seele des Jünglings in den alten Körper des Greises zu wohnen kommt. Damit will er wieder weiterleben können, nachdem er schon fast zweitausend Jahre alt geworden ist. Als die aus der Flasche befreiten Verstorbenen mit ihren Händen in den Körper des jungen Mannes eingreifen, dringt das vom Himmel kommende Polarlicht – trotz der anwesenden Mitternachtssonne – auf die Erde herab: «Da flammte plötzlich ein riesiger Schein über den Himmel. Das Nordlicht breitete seine Strahlen aus, als ob eine gewaltige Blume ihre Blüten öffnete. Eines ihrer Blütenblätter drang durch das Fenster der Hütte. Da verschwanden die Hände aus der Brust des Jünglings. Er stieß einen Freudenschrei aus.» – Das Nordlicht holte dabei die drei toten Seelen zu sich zurück und befreite damit den Jüngling. Als dieser sein Erlebnis weitererzählte, wollte es ihm keiner glauben. Seiner Verlobten sagte daher der Jüngling: «Wieso glaubt ihr dann, dass die Toten uns im Nordlicht beschützen?»[11] – Der Inhalt dieser Überlieferung blickt auf einen eigentümlichen Zusammenhang. Das auf die Erde herabgezwungene Nordlicht hätte die Macht, einen komplizierten Lebensvorgang auszuführen. Es erscheint hier das Motiv der Lebenskonservierung durch Seelenaustausch. Zugleich aber enthüllt sich überraschenderweise die Kraft des Polarlichts, den hellen Tag zu durchdringen; es ist immer vorhanden, auch im Sommer, und kann die dunklen Lebenspraktiken des Menschen verhindern. Dadurch werden die Polarlichtkräfte in die Erdenpolarität von Gut und Böse hineingestellt.

Eine der eindrucksvollsten Überlieferungen findet sich bei den amerikanischen Indianern der pazifischen Nordwestküste. Sie wissen zu berichten, wie ein besonderer Mensch es fertigbringt, in den fremden Bereich eines geschauten Nordlichtreiches einzudringen, dort Erfahrungen zu machen und wieder zur Erde zurückzukehren. Diese Indianer berichten: Der Häuptling M'Sartto, der «Morgenstern», hatte einen einzigen Sohn, der sich von allen anderen des Stammes unterschied. Er spielte nicht

Abb. 7: Bogen über Tannen. Sterne: Delphin und Sagitta. Februar 1986. © Dave Parkhurst
Abb. 8 (S. 30 und 31): Dynamisch mäandernde Vorhänge über der Stadt Palmer (Matanuska-Sustina Valley) und dem Knik River, November 1998. © Dave Parkhurst

Abb. 10: In Nürnberg wurde 1591 das Nordlicht gesehen und auf diesem Stich als Feuer dargestellt.

mit den anderen Kindern, sondern nahm sich seinen Pfeil und Bogen und war für Tage verschwunden. Neugierig, in welchen Unfug sein Sohn verwickelt sein könnte, folgte der Häuptling ihm eines Tages. Seine Reise ging weit, und auf einmal durchdrang den alten Häuptling ein eigentümliches Gefühl, so als ob alles Wissen von ihm hinwegschwömme. Seine Augen schlossen sich plötzlich, und nachdem sie sich wieder geöffnet hatten, befand er sich in einem äußerst hellen Land ohne Sonne, Mond und Sterne. Dort waren viele Menschen, sie sprachen eine fremde Sprache, die er nicht verstehen konnte. Diese Menschen waren mit einem wundersamen Ballspiel beschäftigt, welches das Licht in viele Farben zu verwandeln schien. Die Spieler hatten alle Lichter auf ihren Köpfen und trugen merkwürdige Gürtel, genannt Menguan oder Regenbogengürtel. Am Ende vieler Tage der Suche nach seinem Sohn trifft der alte Häuptling einen Mann, der seine Sprache spricht. Dieser Mann war auch durch Zufall in dieses neue, fremde Land geführt worden und wusste vom Sohn des Häuptlings. Als dieser zu seinem Sohn gebracht wurde, sah er ihn mit den anderen zusammen Ball spielen. Eigentümlicherweise war das Licht seines Jungen heller als das der anderen. Nachdem das Spiel beendet war, wurde der Häuptling den Menschen dort vorgestellt und dann vom Häuptling des Nordlichts geehrt. Zwei große Vögel wurden herbeigerufen, K'che Sippe genannt. Auf diesen Vögeln kehrten die beiden Bewohner der unteren Welt aus dem Wa-ba-ban, dem Lande des Nordlichts, nach Hause zurück. Sie folgten dem Pfade der Geister, Ket-a-gus-wowt oder der Milchstraße. Und wiederum wurde alles Wissen des Häuptlings M'Sartto ausgetilgt. – So ist es, dass die sehr wenigen, die zum Lande des Nordlichts reisen, ihre bemerkenswerte Reise nicht erinnern. Doch erinnert sich des Häuptlings Sohn und reist

Abb. 9: Verteilte Bögen als Beispiel für einfaches Polarlicht mit Spiegelungen im Knik River, November 1998.
© Cary Anderson

oft dorthin.[12] – In diesem Bericht liegt eine geschichtliche Verwandtschaft vor mit den Seelenreisen der nordasiatischen Schamanen. Der ruhig-klare Aufbau jedoch und die Konzentration auf einen besonderen Menschen, dem jede Ekstase fernliegt, beschreiben Zusammenhänge, die in ähnlicher Form geschichtlich bestanden haben mögen. Mehr jedoch erscheint hier ein Zukunftsaspekt, wo es dem Menschen möglich sein wird, die Schwelle von Geburt und Tod bewusst zu überschreiten. Dies geschähe im Lichte eines Einweihungsvorganges, der im Zeichenbereich der Aurora Borealis stattfindet.

Griechenland, Hyperboräa und der Sampo

Die Griechen wussten von einem sagenhaften Volk, das im Norden Europas wohnt. Sie sprachen von den Hyperboräern. Der Name bedeutet: über den Norden (den Nordwind) hinaus. Dieses weit im Norden wohnende Volk lebt ähnlich wie die von den Indianern und Eskimos geschilderten Bewohner der Polarlicht-Welt: in einem milden, sonnigen und fruchtbaren Land, wo es keine irdischen Schicksalslasten gibt. Ihren Bewohnern wurde ein tausendjähriges Alter beschieden; erst wenn sie des Lebens satt waren, starben sie einen schnellen und schmerzlosen Tod. – Wenn in Griechenland der Winter kam, zog der Sonnengott Apollon in das Land der Nordbewohner, in das Land Hyperboräa. Dieses mythische Geschehen stellt ein eigentümliches Rätsel dar: Der lichtverwandte Apollon zieht in die Dunkelheit und Kälte der nordischen Polarnacht. – Aus Traditionen der alten Hellsichtigkeit und der Mysterienstätten sahen die Griechen und ihre Eingeweihten noch nicht – wie der heutige Mensch – nur die äußere Dunkelheit oder empfanden nur die physische Kälte des Erdennordens. Sie erlebten, wie dieser Erdteil durchsetzt ist von übersinnlichen Lichtkräften und verborgenen Wärmewirkungen. Sie sind – neben dem äußeren Sonnenlicht – auch ein wesentliches Daseinselement Apollons. Übersinnliches Licht verwandelt sich im hyperboräischen Bereich in sichtbares Leuchten, verborgene Wärme in äußeres Farbenfluten des Polarlichts. Daher war es eine geistig geschaute Konsequenz, Apollon während der dunklen Jahreszeit in dem Erdteil zu sehen, wo übersinnliche Sonnenkräfte sich gerade dann äußerlich in der Aurora Borealis zur Erscheinung bringen. Im Süden Europas ruht im Wesentlichen im Winter die nach außen gewandte Sonnentätigkeit. Im Norden, im alten Hyperboräa, regt sie sich und erscheint tätig, etwa in dem nach außen strahlenden Polarlicht.

Der Schritt von verborgenen Lichtkräften zum Leben selber ist nur ein kleiner. Er ist angedeutet in den erwähnten Geburtsmythen der Urbevölkerung des hohen Nordens. Voll zur Darstellung kommen die Erscheinungen der wirkenden Lebensbereiche im Kalevala-Epos, in dem von Elias Lönnrot (1802 – 1884) in Finnland gestalteten Epos der finno-ugrischen Völker. Im Mittelpunkt dieses Epos steht ein geheimnisvolles Gebilde: der Sampo. Er wird im finsteren Sariola, dem Bereich des Nordlands, vom göttlich-menschlichen Schmied Ilmarinen geschaffen. Vom so geschmiedeten Sampo wird im Epos gesagt (X, 414–422):[13]

«Schmiedete geschickt den Sampo:
        Mehl mahlt er auf einer Seite,
Salz mahlt er auf einer andern,
        auf der dritten mahlt er Münzen.
Und schon mahlt der neue Sampo,
        dreht sich schon der bunte Deckel,
Mahlt am Morgen voll ein Kornmaß,
        mahlt ein Kornmaß zum Verzehren,
Mahlt ein zweites zum Verkaufen,
        mahlt ein drittes zum Verwahren.»

Dieses Wundergebilde mahlt nicht nur die Substanzen, sondern bringt sie auch hervor. Die dazugehörigen Lebensbereiche weisen auf den Menschen hin: Mehl ist aus dem Lebendigen hervorgegangen, ist Nahrung für

Abb. 11: Die Bebilderung eines Aufsatzes über das Nordlicht, der 1745 in Kopenhagen in der Acta Societatis Hafniensis erschien. Es wurde versucht, die Bogen- und Strahlenstruktur der Aurora wiederzugeben.

den Menschen und Grundlage für das alltägliche Brot. Es führt zum Lebensprozess des physischen Menschenleibes. Salz ist der mineralischen Welt entnommen und notwendiger Zusatz der Menschennahrung; es wirkt hinein bis in die seelische Willensstruktur des Menschenbewusstseins. Das Christus-Wort «Ihr seid das Salz der Erde» (Matth. 5,13) bringt diesen Lebensvorgang im Seelischen deutlich zur Erscheinung. Münzen als Geld bringen die vom Menschengeist durch Arbeit verursachten zwischenmenschlichen Lebenszusammenhänge hervor. Diese Zusammenhänge sind Grundlage für neues, geistiges Wirken. – Es sind die Lebensprozesse von Leib, Seele und Geist, die vom mahlenden Sampo hervorgebracht werden. – Der Sampo wird überwölbt vom bunten Deckel, der sich ebenfalls dreht. Er heißt auf Finnisch: *Kirjokansi*. Mit diesem Wort ist die Himmelswölbung gemeint. Dasselbe Wort wird im 47. Gesang (Vers 110) für die Himmelssphären gebraucht: Ein Feuerfunke fällt «durch sechs bunte Deckel»: *Halki Kuuen Kirjokannen*. Das Wort *Kansi* (Kannen = Genitiv) ist auch enthalten im finnischen Wort für Himmelskuppel: *Tai-vaankansi*. – *Kirjo* bedeutet «bunt, gestickt, Rune und Schrift». Imaginativ erweitert wäre also *Kirjokansi*: die von leuchtenden Sternen und farbigen Nordlichtern erfüllte und sich drehende Himmelskuppel, in der mannigfaltige runen- und schriftähnliche Zeichen und Formen sichtbar sind. Wer den «bunten Deckel» deuten könnte, würde die Himmelsschrift lesen können. Unter diesem Deckel befindet sich der untere Teil des Sampo. Was sahen diese frühen Völker im Sampo?

Aus dem Innern Russlands wanderten die finno-ugrischen Völker in früher Vorzeit in das Ostseegebiet ein, etwa in der Höhe des 60. Breitengrades. Von der Ostsee aus konnten sie ungehindert nach Norden dringen, sich an den Küsten niederlassen und auch den hohen Norden erkunden. In den Zügen von Süd nach Nord und bei der Rückkehr entdeckten diese Völker die bereits erwähnte Schwelle und Grenze des 60. Breitengrades. An diesem beginnt der Jahreslauf sich in die ununterbrochenen lichten und dunklen Jahreshälften zu teilen. Hier löst auch das aufkommende Polarlicht im Herbst das schwindende Sonnenlicht ab. Es kann an diesem Breitengrad die Grenze gesehen werden zwischen den beiden mythischen Bereichen und Ländern des Kalevala-Epos: Nordland und Kalevala. Der Inhalt des Epos ist die an dieser Grenze entstehende kämpferische Dramatik der Lebenskräftezusammenhänge. Dies enthüllt sich in seiner planetarischen Größe, wenn der Blick auf eine noch tiefer liegende Tatsache gelenkt wird: Eine die Erde umgebende, elementarisch-übersinnliche Kräftehülle taucht hier in den Erdbereich ein. Sie tut dies, indem ihr Mittelpunkt dem Erdmittelpunkt gegenüber etwas in Richtung Sonne versetzt ist. Von dieser sphärischen Hülle gehen sonnenverwandte Lebenswirkungen aus, die durch die Erdumdrehung rhythmisch gestaltet werden. Die elementarische Kräftesphäre bewegt sich nicht mit der Erde, sondern befindet sich in einer Art statischen Sonnenbezogenheit. Ihre Kräftestruktur vermag auf die Erdenelemente so einzuwirken, dass sie zum Beispiel Luftdruckschwankungen hervorrufen kann. Dadurch entsteht an der Erde eine Art Reibung, ein immerwährendes gestaltendes Mahlen zwischen dieser Kräftehülle und der Erdsphäre. – Im Anschauen dieses Tatbestandes geht Mythos über in moderne Natur- und Geisteswissenschaft.

Für die alte Hellsichtigkeit der finno-ugrischen Völker muss dieser planetarische Vorgang den Eindruck eines mahlend-erzeugenden Gebildes hervorgerufen haben, das imstande ist, Lebenssubstanzen für das Menschendasein hervorzubringen und zu bearbeiten. Dies nennt das Kalevala-Epos den Sampo. Da der irdische Mensch nicht ohne Weiteres dieses Gebilde erkennen und sich die Lebenskräfte noch schwerer aneignen kann, musste der Sampo von einem göttlich-menschlichen Schöpferwesen geschaffen werden. Götter und Menschen mussten darum kämpfen, den Sampo nach Süden zu bringen. Dabei wurde er zertrümmert, und der größte Teil versank im Meer. Doch hatten auf dem Wasser schwimmende Splitter die Kräfte in sich, einen neuen Lebensbereich für den Menschen zu erschaffen. Dieser wurde zum neuen Lande Kalevala.

Beeindruckend genau und folgerichtig beschreibt das Kalevala-Epos, wie «der bunte Deckel» in Teilen oder ganz wieder nach Norden gebracht wird. Er verbleibt vorläufig im Besitz der feindlichen Nordlandsmächte. Die Himmelskuppel mit dem farbig flammenden Nordlicht verbleibt in den Höhen noch unversehrt, aber auch unerreichbar. Eine Fortsetzung des Epos wäre die geistige Durchdringung des Sampo und des «bunten Deckels» und damit der Aurora Borealis. – Eine genauere Schilderung der die Erde umgebenden elementarisch-übersinnlichen Kräftesphäre wird im Kapitel «Vom Wesen der Erde» gegeben werden.

Das Polarlicht in der Geschichte

Frühe Berichte in Süd und Nord

Im Abendland taucht die erste sichere und genaue Beschreibung des Polarlichts im Jahre 467 v. Chr. auf. PLUTARCH (um 46 – um 125), griechischer Philosoph und Schriftsteller, gibt einen Bericht wieder in seiner Abhandlung über Lysander (12,4): «Fünfundsiebzig Tage hindurch wurde fortwährend in den Himmeln ein feuriger Körper von weitausgedehnter Größe gesehen, als wäre er eine flammende Wolke, die nicht an einem Orte ruhte, sondern mit verwickelten und regelmäßigen Bewegungen hinzog, sodass feurige Fragmente, abgebrochen durch ihren (der Wolke) schießenden und unsteten Verlauf, in alle Richtungen getragen wurden und feurig flammten, genau wie es schießende Sterne tun.»[14]

Es gibt viele Schilderungen vor dieser Zeit mit Beschreibungen, die auf Polarlicht hinzudeuten scheinen. So sind auch Bibelstellen von manchen Polarlicht-Forschern herangezogen worden. Hierbei wird aber meistens der Bewusstseinszustand der Menschen früherer Jahrtausende nicht berücksichtigt, der von bildhaft-mythischer Art war. Innerseelische und geistige Tatsachen wurden vielfach beschrieben. Dabei können äußere Wahrnehmungen wie das Polarlicht anregend oder auslösend gewirkt haben, aber sie wurden mit innerer Fantasie durchdrungen erlebt. In inneren Wahrnehmungen waren Farb-, Licht- und Bewegungserscheinungen gegeben, die dem Polarlicht gleichen können.

Erst in den Jahrhunderten vor Plutarch begannen sich äußere Wahrnehmung und inneres Schauen zu trennen. Damit begann das erste Wissenschaftszeitalter der Menschheit, das in und durch ARISTOTELES (384 – 322 v. Chr.) voll zur Geburt gebracht wurde. Neben unermesslich viel anderem hat er auch das Polarlicht wissenschaftlich betrachtet. Obwohl es äußerst selten in den Mittelmeerländern vorkommt, hat Aristoteles sehr wahrscheinlich die intensiven Nordlicht-Ausbrüche in den Jahren 349 und 344 in Griechenland selbst gesehen. In seinem Werk *Meteorologica* gibt er eine kurze Beschreibung: «Manchmal kann in einer klaren Nacht eine Anzahl von Erscheinungen gesehen werden, die am Himmel eine Gestalt annehmen wie Klüfte (chasmata), Gräben und blut rote Farben.»[15]

Auf dem Hintergrund seiner Auffassung der grundlegenden vier Elemente von Erde, Wasser, Luft und Feuer, auf denen der Weltbau basiert, beschreibt Aristoteles weiter, wie sich, veranlasst durch die Sonne, ein Dunst von der Erde erhebt, um in größeren Höhen der sublunaren Sphäre mit dem Sonnenfeuer zusammenzustoßen, sich daran entzündend und so die farbigen Flammen des Polarlichts hervorbringend. Imaginativ-bildhaft verstanden, ist es erstaunlich, wie genau Aristoteles Teile des grundlegenden Polarlicht-Prozesses erkannt hat.

Im Rom der Zeitenwende beschrieb SENECA (um 4 v. Chr. – 65 n. Chr.) das Polarlicht. Erstaunlicherweise kannte dieser Historiker und Staatsmann auch genau die Polarlicht-Korona. In seinem Werk *Naturales Questiones I* beschreibt er unter anderem diese Erscheinung: «Verschiedene Arten sind bekannt: die Abgründe (abysses), wenn unter einer leuchtenden Krone das himmlische Feuer lodert und einen kreisrunden Eingang zu einer Höhe formt; die Fässer (pithitae), wenn eine große,

Abb. 12 – 14: Die drei folgenden Stiche wurden im Anschluss an Zeichnungen während der französischen Arktis-Expedition nach Bossekop (jetzt Alta) in Finnmark/ Norwegen (70° N) in den Jahren 1838 – 1840 gemacht.

1. Ein Bogen geht in Bänder über.

2. Eine Reihe gefältelter Draperien.

3. Vorhangsbänder (Draperien) wickeln sich zu Spiralen ein.

Abb. 12

gerundete Flamme die Gestalt einer Tonne annimmt und sich von Ort zu Ort bewegend gesehen werden kann, oder diese brennt unbeweglich; die Abgründe (chasmata), wenn die Himmel sich zu öffnen scheinen und Flammen, die in ihren Tiefen verborgen gewesen, ausspeien.»[16]

In der Landschaft des Mittelmeerraumes erschien das Polarlicht meist tief am Horizont und wurde dadurch von Dunst und Wolken rot gefärbt. Auch diese Feuerbilder wurden zu einem eigentümlichen Sinnbild des brennenden Unterganges der römischen Welt. Die damaligen Schilderungen, etwa von Plinius dem Älteren (23 – 79 n. Chr.), sind auch die letzten genaueren Beschreibungen, bevor über einen Zeitraum von etwa 1000 Jahren hin fast nur Angst und Aberglaube das Verhältnis der Menschen zu ungewöhnlichen Naturerscheinungen prägen. Bis in die Zeit der Renaissance hinein hielt sich dieser Seelenzustand der Menschen. Hinzu kam eine mystizierende Wundergläubigkeit.

Im frühen Mittelalter herrschten in der nordeuropäischen Welt ungewöhnliche Verhältnisse. Die Menschen schauten noch traumhaft in die übersinnlichen Bereiche des Mythos hinein. Die Entstehung der Edda auf Island war ein Niederschlag dieses Schauens. Sie führte zur Darstellung der Götter- und Menschengeschichte der Nordgermanen. In den Schilderungen dieses Mythos aus dem schauenden Bewusstsein macht sich noch das Unvermögen, zwischen dem äußeren Wahrnehmungsbereich und

Abb. 13

der inneren Welt erkennender Fantasie unterscheiden zu können, besonders stark geltend.

Denn nirgends kann in der Edda, trotz des nordeuropäischen Ursprungs, mit Sicherheit die Beschreibung oder Erwähnung von Polarlicht gefunden werden, obwohl viele Licht- und Farberscheinungen in den Sagen vorkommen. Zu einem Teil kann diese Tatsache auch zurückgeführt werden auf eine vermutlich stark verminderte Polarlicht-Tätigkeit während der Jahrhunderte der Entstehung der älteren Edda (600 – 1000). – Bis vor wenigen Jahren wurde eine Stelle in dem norwegischen Geschichtswerk *Kongespeilet (Königsspiegel)* als völlig rätselhaft angesehen. Dieses Werk stammt aus dem 13. Jahrhundert. Darin wird berichtet, wie ein Mann aus Trondheim seinem Sohn umfassendes Wissen und Erfahrungen aus der gesamten damalig bekannten Welt weitergibt. In Verbindung mit Schilderungen aus Grönland hatte der Sohn nach dem Polarlicht gefragt. Der Vater beantwortet seine Frage:

«Du hast ferner mehrmals danach gefragt, was das sein mag, das die Grönländer Nordlicht nennen: Ich bin hierin keineswegs besonders kundig, ich habe oft Leute getroffen, die lange Zeit in Grönland gewesen sind und mir doch nicht schienen darüber wirklich Bescheid zu wissen, was es sei. Hier ist es nun so, wie bei allen anderen Dingen, wo man die Wahrheit nicht kennt, dass kluge Leute zur Vermutung und zu Überlegungen ihre Zuflucht nehmen und das vorbringen, was ihnen am glaublichsten

Abb. 14

und wahrscheinlichsten vorkommt. Die Eigenart des Nordlichts ist, dass es selbst umso heller erscheint, je dunkler die Nacht ist, es zeigt sich immer in den Nächten und niemals am Tage, am häufigsten im Neumondsdunkel und selten bei Mondlicht. Es sieht so aus, als erblicke man die große Lohe eines mächtigen Feuers aus weiter Ferne. Daraus schießt es auf in die Luft mit scharfen Strahlen ungleicher Länge, die sehr unruhig sind und sich übereinander erhöhen, und dieses Licht flimmert vor dem Blick wie eine flackernde Flamme. Wenn diese Strahlen am höchsten und hellsten sind, da geht von ihnen ein solches Leuchten aus, dass Leute, die sich im Freien befinden, wohl ihres Weges ziehen können, so auch zur Jagd, wenn sie es nötig haben. Ebenso, wenn Leute in ihren Häusern sitzen und die Fensterhaut vorgezogen ist, da ist es drinnen so hell, dass jeder den anderen erkennen kann, der sich drinnen aufhält. Doch ist dieses Licht so veränderlich, dass es manchmal dunkler zu sein scheint, als wenn dazwischen ein schwarzer Rauch aufwallte oder ein dichter Nebel, und es sieht da ganz so aus, als würde das Licht in dem Rauch erstickt, sodass es im Verlöschen sei. Sobald aber der Dampf dünner wird, da beginnt das Licht sich zum andern Male zu erhellen, und manch-

Abb. 15: Grüne Vorhänge über Bäumen. Chugach Mountains, März 1989. © Dave Parkhurst
Abb. 16, Seite 42 und 43: Pastellorange über Mount Flattop (Chugach Mountains). Sterne: Orion und Jäger im Oktober 1989. Sehr seltener Farbton. © Dave Parkhurst

spekulativ. Er meinte, eine Menge «Windwolken» würden aufeinanderprallen, die Luft unter Druck setzen und erregen, sodass – ähnlich wie die damalige Anschauung der Blitzerzeugung – sich dann Licht bilden würde. Eine andere seiner Vorstellungen war: Es gibt eine kräftige irdische Flamme, die von den Wolken gespiegelt wird. Mehrere Jahrhunderte lang tauchte immer wieder eine weitere Anschauung Descartes' auf, die im Polarlicht eine Spiegelung des Sonnenlichts an Eiskristallen in großer Höhe sah.

Um diese Zeit gab es fast hundert Jahre lang nur sehr wenig Polarlicht. Von etwa 1620 bis 1725 dauerte eine Periode, die heute mit dem Namen Maunder-Minimum bezeichnet wird. Sie ist benannt nach dem englischen Physiker E. W. Maunder (1851 – 1928). Er war Vorsteher am Greenwich Observatory und hatte sich besonders der Untersuchung dieser ruhigen Sonnenphase gewidmet. – Die zweite Hälfte des Maunder-Minimums fiel in die erste Hälfte des Lebens von Edmund Halley (1656 – 1742), dem großen englischen Astronomen. Nach ihm wurde der Halleysche Komet benannt. Er formulierte sein Verhältnis zum Polarlicht mit den Worten: «Ich würde sterben, um die Aurora zu sehen, und erwarte zu sterben, ohne sie zu sehen.» Zu welch weitausholenden Konstruktionen ernsthafte Forscher dieser Zeit geführt wurden, um das komplexe Phänomen des Polarlichts zu erklären, zeigt die folgende frühe Darstellung von E. Halley: «Wenn wir uns die konkave Erde vorstellen mit einem kleinen Globus darinnen, wäre es nicht unwahrscheinlich – damit dieser innere Globus bewohnbar wäre –, dass es ein leuchtendes Medium gäbe zwischen den Kugeln, um dort unten den immerwährenden Tag hervorzubringen. Und falls ein solches Medium darin eingeschlossen ist, was sollte uns daran hindern, uns vorzustellen, dass etwas aus dieser leuchtenden Substanz – durch seltene und außergewöhnliche Ereignisse veranlasst – die Schale unseres Globus durchschwitzen und durchdringen könnte und, befreit, die Phänomene uns zeigt, die oben beschrieben sind. Dies scheint durch einen Umstand begünstigt zu sein: die Gestalt der Erde. Da diese ein an den Polen abgeflachtes Sphäroid ist, muss die Schale über den Polen dünner sein als an irgendeinem anderen Teil, und ermöglicht daher am wahrscheinlichsten den Durchgang dieser Dünste; daher der abgeleitete Grund, dass dieses Licht immer im Norden sichtbar ist.»[19]

Bei dieser eigentümlichen Konstruktion blieb Halley aber nicht stehen. In seinen Überlegungen stieß er bald auf eine Kraft von subtiler Natur. Er nannte sie «magnetical effluvia», eine magnetische Ausdünstung. Sie ist imstande, alle Stoffe einschließlich Gold zu durchdringen. Halley zeichnete das magnetische Dipolfeld der Erde. Die dazugehörigen Beschreibungen sind sprachlich etwas aphoristisch, greifen aber mit erstaunlicher Erkenntnisfantasie bis in den Forschungsstand der Gegenwart: «... subtiler Stoff, der die Poren der Erde frei durchdringt, der in sie eindringt nahe dem Südpol und sie wieder verlassen kann in den Äther hinein und in derselben Entfernung vom Nord(pol?) ... Ansonsten sich selbst entdeckend durch seinen Einfluss auf die Magnetnadel, völlig unwahrnehmbar und zu anderen Zeiten unsichtbar, vermag er hin und wieder – durch das sehr seltene zeitliche Zusammenfallen mehrerer für uns noch unbekannter Ursachen – fähig zu sein, eine kleine Menge Licht hervorzubringen ... (wie) ... sie selber leuchtend werden oder eher mögen sie manchmal mit sich tragen aus den Schalen der Erde eine Art Atom, welches fähig ist, im Äther Licht hervorzubringen.»[20] Doch konnte Halley – trotz dieser weitreichenden Einsichten – noch nicht die Eingliederung des Polarlichtes in die Feldlinien des die Erde umgebenden Magnetfeldes erkennen. Er hatte aber dann das Glück, im Jahre 1716 die schönste Aurora des Jahrhunderts zu sehen, und verfasste hierüber eine Schrift für die Royal Society.

Erst ein Jahr vor dem Tode Halleys (1741) gelang es Forschern in Skandinavien, die enge Verbindung von Magnetfeld und Polarlicht festzustellen. Der schwedische Astronom Anders Celsius (1701 – 1744) hatte einen Mitarbeiter, der zugleich sein Schwager war: Olof P. Hiorter (1696 – 1750). Diese beiden Forscher richteten ihre Aufmerksamkeit auf die Abweichungen der Kompassnadel bei magnetischen Störungen und das gleichzeitige Auftreten von Polarlicht. Celsius, bekannt für seine Gradeinteilung des Thermometers, veröffentlichte 1733 eine zusammenfassende Abhandlung über das Nordlicht, die in ganz Europa Aufsehen erregte. Hier hatte vorher der französische Naturphilosoph Jean de Mairan (1678 – 1771) die Anschauungen über den Ursprung des Polarlichtes entscheidend erweitert. Mairan brachte seine Entstehung in Zusammenhang mit dem Zodiakallicht in dem außerirdischen Raum der Ekliptik. Er nahm an, dass die Erde auf ihrer Bahn um die Sonne zeitweise in dieses Licht eintrat – es wurde damals als eine Erweiterung der Sonnenatmosphäre angesehen – und das Polarlicht das Aufleuchten des Zodiakallichtes in der weiteren Erdatmosphäre darstelle. Außerdem sah Mairan eine Verbindung zwischen der Häufigkeit der Sonnenflecken und den Erscheinungen des Polarlichtes. Damit war ein wichtiger Schritt getan, der jedoch nicht voll verwirklicht werden konnte. Celsius schloss sich nicht diesen Anschauungen an, gab aber auch keine eigene Erklärung für das Rätsel Polarlicht ab. Sein Mitarbeiter Hiorter war ungewöhnlich fleißig. Celsius überließ ihm eine Magnetnadel. Hiorter überwachte diese Nadel in Uppsala Tag und Nacht und notierte seine Beobachtungen fast zu jeder Stunde. Ein ganzes Jahr hindurch – von 1741 bis 1742 – nahm er 6638 Messungen vor (das Jahr hat 8760 Stunden!). Daraus wurde der enge Zusammenhang zwischen Polarlicht und magnetischen Feldbewegungen voll überschaubar.

Die klare Eingliederung des Nordlichtes in das Magnetfeld wurde jedoch erst von Johann C. Wilcke

(1732 – 1796), dem schwedischen Physiker, vorgenommen. Er wurde bekannt durch seine Herausgabe von Weltkarten mit eingezeichneten magnetischen Feldlinien und den dabei auftretenden Inklinationen (vertikale Abweichungen der Magnetnadel). Die Blickrichtung in die Polarlicht-Korona lag parallel zu den magnetischen Feldlinien. In diese Richtung zeigt auch die abweichende Kompassnadel.

Der Fortschritt der physikalischen Experimente im 18. Jahrhundert kam dem dänischen Bischof in Trondheim, Erich Pontoppidan (1698 – 1764) zugute, der zu der Auffassung gelangt war, dass das Polarlicht eine elektrische Erscheinung sei. Ein Freund hatte ihn auf die Schrift eines Franzosen (M. Desaguliers) aufmerksam gemacht, in welcher beschrieben wurde, wie schwere Regentropfen durch elektrische Kräfte in der leichteren Luft schwebend gehalten werden konnten. Das führte Pontoppidan zu der Vorstellung: «Die Erdkugel mit ihrem Luftkreis kann man sich vorstellen wie eine Glaskugel in einer Elektrisier-Maschine. Ist die Luft herausgepumpt und wird die Kugel schnell gedreht, versenkt sich darin eine purpurgefärbte Flamme, welche auch die Färbung des Nordlichtes ist; diese Flamme muss der entzündete Äther sein (Aether ignens) … Das gegen die Pole zu beobachtende Nordlicht wird nicht nur alleine im Äther seinen Ursprung haben, sondern wird selbst Äther sein …»[21] Elektrizität und alte Äthervorstellungen gehen hier eine eigentümliche Verbindung ein. Die genaueste Beobachtung, die Pontoppidan machte, war, dass das Polarlicht nicht nach Norden zunahm, sondern nach Nordwesten. Damit begann sich die Aufmerksamkeit auf den geomagnetischen Pol zu richten. Halley und Mairan hatten schon eine Methode zur genauen Höhenmessung des Polarlichtes angegeben, die Triangulation: Zwei Menschen beobachten das Polarlicht von zwei verschiedenen Orten aus, die weit genug auseinanderliegen, um klare Winkelmessungen vornehmen zu können. Aus den Ergebnissen dieser Messungen kann die Höhe berechnet werden. Die Schwierigkeit beim Polarlicht liegt darin, dass die Beobachter genau feststellen müssen, ob sie den gleichen Punkt eines ruhigen Nordlichtvorhanges beobachten. Dies erwies sich als sehr schwierig. Es gelang erst dem englischen Wissenschaftler Henry Cavendish (1731 – 1810), diese Methode erfolgreich anzuwenden. Im Jahre 1796 kam er zu dem erstaunlich genauen Ergebnis von 52 bis 71 Meilen (83 bis 114 Kilometer). Diese Methode konnte jedoch erst vom Beginn des 20. Jahrhunderts an durch die modernen Kommunikationsmittel gesichert werden. Bis zu dieser Zeit herrschte größte Unsicherheit im Hinblick auf die tatsächliche Höhe des Nordlichts, denn die Angaben schwankten von Bodennähe bis über 1000 Kilometer. Cavendishs Ergebnisse konnten nicht kontrolliert werden und wurden daher nicht allgemein anerkannt.

Russland und Lomonosov

Im nördlichen Russland war das Polarlicht eine häufige Erscheinung. Genaue Beschreibungen gehen bis in das Jahr 919 n. Chr. zurück. Das geheimnisvolle Licht spielte eine entscheidende Rolle bei Kriegen und Schlachten. In späterer Zeit sah Peter I. (der Große, 1682 – 1725) auf dem Kaspischen Meere nahe bei Astrachan im Jahre 1722 das Nordlicht und beschrieb es als ein großes Feuer. Der extrem südliche Breitengrad von 46° N wurde von einem Polarlicht-Ausbruch getroffen, der in derselben Nacht in Paris, Berlin und Lynn (bei Boston, 42.3°) gesehen wurde. – Der große Begründer russischer Wissenschaft, Sprache und Literatur, Michail Lomonosov (1711 – 1765), hatte gegen Ende seines Lebens vor, ein umfassendes Werk in drei Teilen über das Nordlicht zu schreiben, wozu er durch das Schicksal vorausbestimmt zu sein schien. In seiner Heimat Kholmogory, nicht weit vom Weißmeerhafen Archangelsk (64° N), lag Lomonosov als Junge oft auf dem Boden, zum Nordlicht aufblickend und sich in das farbige Wechselspiel der Formen hineinträumend. Andere Menschen mussten ihn dann oft aus seinem tranceähnlichen Zustand wecken. Er war der Sohn eines armen Fischers, konnte es aber unter großen

Anstrengungen und Opfern durchsetzen, in Moskau zu studieren. Im Laufe der Zeit entwickelte er sich zu einem universellen Wissenschaftler.

Lomonosov lebte etwa gleichzeitig mit Benjamin Franklin (1706 – 1790), dem amerikanischen Schriftsteller, Naturwissenschaftler und Politiker. Dieser beschäftigte sich ab 1746 mit den Erscheinungen der Elektrizität und insbesondere deren Entladungen in gasigen oder luftarmen Räumen. Lomonosov führte im Anschluss an Franklins Anschauungen viele Versuche durch, um die leuchtend elektrische Natur des Polarlichts nachzuweisen. Damit verbunden war seine Anschauung von aufsteigenden und absteigenden Luftströmungen im Polgebiet. Nach seiner Auffassung erzeugten diese Reibungsspannungen, die sich dann im Nordlicht entladen und dadurch leuchtend sichtbar werden. Zur Vorbereitung einer Expedition im Jahre 1763, welche die Nordostpassage nach Sibirien finden sollte, scheute Lomonosov keine Mühe nachzuweisen, dass es in der Polgegend eine große Fläche nicht gefrorenes Wasser geben müsse, von der diese gedachten Warmluftströme nach oben steigen. – Sein großes Werk über Aurora Borealis wurde nur begonnen; einige Kapitel sind erhalten, außerdem der Entwurf: I. Forschungen zum Ursprung der Aurora Borealis, II. Theorie der Elektrischen Kräfte, III. Erscheinungen (Offenbarungen) des Nordlichts. Achtundvierzig Zeichnungen von Lomonosov selber sollten das Werk illustrieren. Eine Anzahl dieser Zeichnungen sind noch erhalten und in der Gesamtausgabe seiner Werke (Moskau 1951–1959) zu finden. In seinem Buch *Die Rhetorik* (1747) dichtet Lomonosov:

> Doch, woher o Natur, ist dein Gesetz?
> Von den Ländern der Mitternacht
> entsteigt die Morgendämmerung!
> Stellt nicht die Sonne ihren Thron?
> Strahlen nicht die Eisseen ihr Feuer?
> Siehe, eine kalte Flamme hat uns bedeckt!
> Siehe, zur Nacht kam der Tag zur Erde.

Das Ende des 18. Jahrhunderts sah eine unüberschaubare Fülle von Theorien und auseinandergehenden Beobachtungen auf dem Wege zur wissenschaftlichen Erfassung des Polarlichts. Diese sollten sich erst im Verlaufe des 19. Jahrhunderts ordnen und verdichten. In diesem Jahrhundert zog eine Wissenschaft ein, welche die Möglichkeit hatte, wahrnehmungsarme Verstandesspekulationen auszuschließen.

Naturwissenschaft und Polarlicht

Der Weg zum Aurora-Oval

Zu Anfang des 19. Jahrhunderts begann die wissenschaftliche Forschung ihre Aufmerksamkeit immer mehr auf die magnetische und elektrische Natur der Aurora zu richten. Der norwegische Forscher Christopher Hansteen (1784 – 1873) übernahm nach 1812 die Professur für Mathematik und Astronomie an der Universität Christiania (Oslo) nach der Beantwortung der Preisaufgabe: «Kann man alle magnetischen Erscheinungen der Erde von einer Magnetachse herleiten oder muss man mehrere annehmen?» Hansteen unternahm 1829/30 eine Expedition nach Sibirien, um die dort ungewöhnlich hohe Feldstärke des Erdmagnetismus zu untersuchen. Er beobachtete, wie die horizontale Komponente des Magnetfeldes vor einem Nordlicht-Ausbruch zunahm, um beim Erscheinen des Lichtes wieder abzunehmen. Auch konnte er nachweisen, wie der höchste Punkt eines Aurorabogens meistens in der Nähe des magnetischen Meridians am Beobachtungsort liegt. Mit diesen Forschungsergebnissen wurde das Polarlicht endgültig mit den magnetischen Erscheinungen in Zusammenhang gebracht. Schon während seiner Studienzeit war Hansteen von dem bekannten dänischen Physiker Hans C. Ørsted (1777 – 1851) auf die Bedeutung des Erdmagnetismus hingewiesen worden. Auch er untersuchte die Aurora und verwies 1826 auf die wechselnden magnetischen Feldspannungen in der Nähe von Polarlichtbögen; diese könnten von elektrischen Entladungen entlang der Bögen stammen. Damit hatte Ørsted auf Vorgänge aufmerksam gemacht, die erst etwa hundert Jahre später voll überblickt werden konnten. Erst da wurde entdeckt, wie die obere Atmosphäre, die Ionosphäre, ein hervorragender Leiter elektrischen Stromes ist und dadurch sich dort umfassende elektrische Strömungsvorgänge bilden.

Noch zu dieser Zeit tauchte immer wieder die Frage auf, ob die Aurora nicht doch irgendwie gespiegeltes Sonnenlicht sei. Um diese Frage genau zu beantworten, wurde in den Jahren nach 1800 das Polarlicht mithilfe eines Polarimeters beobachtet. Mit diesem Gerät lässt sich eine Eigenschaft des Lichtes feststellen, welche dieses durch Spiegelung oder Brechung annimmt; sie wird Polarisation genannt. Der französische Physiker Jean B. Biot (1774 – 1862) hielt sich 1827 auf den Shetlandinseln (Schottland) auf, um das Nordlicht mithilfe eines Polarimeters zu beobachten. Dabei fand er keine Spur von Polarisation. Durch Biots Untersuchung wurde entschieden, dass die Aurora nicht eine Spiegelung des Sonnenlichts sein kann.

Während dieser Jahre wurde auch das Verfahren der Spektralanalyse entwickelt: Mit einem optischen Gerät, dem Spektrometer, wird das hervorgerufene Farbspektrum einer Lichterscheinung fotografiert. Aufgenommenes Sonnenlicht zeigt ein durchgehendes vollständiges

Farbspektrum. Dagegen zeigt die Aurora ein auf das Gesamtband verteiltes, jedoch immer wieder unterbrochenes Spektrum. Die so entstehenden Farbbänder und -linien werden mit bestimmten Stoffen in der Lichterscheinung in Verbindung gebracht; es wird angenommen, dass das Spektrogramm den Nachweis der Anwesenheit bestimmter Gase im fotografierten Lichtobjekt erbringt. Zur Kontrolle werden diese in Laboratorien erzeugt und spektroskopisch untersucht, wobei die Schwingungszahlen der aufgenommenen Farblinien genau gemessen werden. Der schwedische Physiker Anders J. Ångström (1814 – 1874) untersuchte das Polarlicht mit dem Spektrometer und stellte fest, dass die Aurora aus leuchtenden Gasen besteht und nicht, wie bis dahin noch vielfach angenommen, aus anderen Stoffen wie etwa Wasser oder Eisenstaub. Die von Ångström gemessene Hauptfarblinie des Spektrogramms war das Gelbgrün. Er benutzte hierbei eine Maßeinheit, die später mit seinem Namen belegt wurde; sie betrug den zehntausendmillionsten Teil eines Meters. Ångströms Messung der gelbgrünen Aurora-Linie ergab 5567 Längeneinheiten. Das genaue Maß wurde später festgestellt als 5577 Å (Ångström).

In den ersten Tagen des *September 1859* ereignete sich der größte bisher bekannte Polarlicht-Ausbruch. In Puerto Rico (18° Nord) wurde das Polarlicht sogar im Zenit gesehen. Bei entsprechender Beobachtung hätte es wahrscheinlich auf der ganzen Erde gesehen werden können. Bevor es zu diesem Ausbruch kam, hatte ein englischer Astronom extrem hell strahlende Sonneneruptionen beobachtet. Richard C. Carrington (1826 – 1875), der zuerst Theologie studiert hatte, besaß in Redhill/England eine private Sternwarte. Er widmete sich besonders der Beobachtung von Sonnenflecken. Am 1. September 1859 war Carrington dabei, mit dem Teleskop projizierte Sonnenfleckengruppen zu zeichnen. Er beschreibt das Erlebnis: «… als innerhalb des Gebietes der großen nördlichen Gruppe zwei Flächen hellen und weißen Lichtes ausbrachen. Mein erster Eindruck war, dass durch irgendeinen Zufall ein Lichtstrahl durch ein Loch des am Objektiv befestigten Filters eingedrungen war, denn die Lichtfülle entsprach völlig der des direkten Sonnenlichts.»[22] Nach achtzehn Stunden brach auf der Erde der kräftigste Magnetsturm aus, der bisher verzeichnet wurde; er verursachte eine weltweit sichtbare Aurora. Für Carrington war der Zusammenhang zwischen Ausbrüchen auf der Sonne (Flares) in Verbindung mit Sonnenflecken und dem Polarlicht mit Nachdruck hergestellt worden. Doch er hielt diesen Schluss noch zurück, um weitere, sichere Bestätigungen zu finden.

Die Aufmerksamkeit der Forscher richtete sich schon seit der Mitte des Jahrhunderts auf die Verbindung von Sonnentätigkeit und Polarlicht-Erscheinung. Erst der dänische Pädagoge und Physiker Sophus Tromholt (1851 – 1896) stellte den vollen Zusammenhang her. Als Lehrer ließ er sich von Dänemark nach Norwegen versetzen und erhielt bald vom dänischen Staat wie von den norwegischen Behörden Stipendien, die es ihm ermöglichten, seine ganze Kraft der Aurora-Forschung zu widmen. In Norwegen blieb Tromholt fünfundzwanzig Jahre lang und richtete während dieser Zeit ein weitverbreitetes Netz von Beobachtungsstationen ein, über die er Ergebnisse von mehr als hundert skandinavischen Orten erhielt. Außerdem trugen mehrere tausend Einzelpersonen zur Vervollständigung der Beobachtungen bei. Während des ersten internationalen Polarjahres (1882/83) trug er die Verantwortung für eine der beiden norwegischen Stationen in Lappland (Kautokeino). Hier im Norden begann Tromholt, sich intensiv für das Leben der Lappen zu interessieren; auf verschiedenen Fotografien ist er in Lappenkleidung mit seinen Beobachtungsgeräten abgebildet. Seine Erfahrungen dieser Aufenthalte im hohen Norden schlugen sich nieder in seinem Buch *Unter den Strahlen des Nordlichts* (København 1885). Das Werk, in mehrere Sprachen übersetzt, behandelt vor allem die

Abb. 20: Violette Strahlung und Mond. Arctic Valley im Winter 1990. © Cary Anderson
Abb. 21, Seite 54 und 55: Mehrfarbiger Großvorhang über Arctic Valley im Dezember 1988 (nahe Sonnenflecken-Maximum). © Cary Anderson

Europa etwa oberhalb des 80. Breitengrades – nimmt das sichtbare Nordlicht ab. In der Polgegend selber ist das Nordlicht kaum sichtbar. Während die Polarlicht-Prozesse innerhalb des Ovalbandes selbst vor allem horizontal verlaufen, verändert sich diese Grundrichtung zur Vertikalen in den Polgegenden, wobei die Nordlichthöhe ansteigt und das Licht selber schwächer und schließlich unsichtbar wird.

Im Jahre 1881 fasste Sophus Tromholt in einer Schrift seine umfassenden Beobachtungen zusammen. Er hatte bemerkt, dass das Nordlicht-Maximum gegen Norden zu – bedingt durch das tiefere Eindringen in die Nordlicht-Zone – immer regelmäßig später eintrat. Bei diesen Beobachtungen konnte er auf wichtige Hinweise früherer skandinavischer Forscher bauen. Der dänische Justizrat Erich J. Jessen-Schardeboll (1705 – 1783) hatte schon auf die erdumgreifende Form des Ovals hingewiesen, und der schon erwähnte Christopher Hansteen sah das Polarlicht-Oval eingefügt in die umgebenden Feldlinien des geomagnetischen Nordpols. Tromholt jedoch hatte um 1879 als Erster beobachtet, wie sich das Polarlicht-Oval bei zunehmender Sonnenaktivität innerhalb des elfjährigen Sonnenflecken-Zyklus äquatorwärts verbreitete. Die weitreichenden Entdeckungen Tromholts wurden nicht aufgenommen und sein begeisterter und großangelegter Einsatz bis vor Kurzem übersehen und verkannt. Erst die Gegenwart hat seine überragende Bedeutung auf dem Felde der Polarlicht-Forschung erkannt. Noch Mitte der 1880-Jahre sprach Tromholt die von Bescheidenheit und Begeisterung geprägten Worte aus: «Wird der Mensch jemals die vom Nordlicht am Himmel in Feuer geschriebene Schrift entziffern? Wird sein Auge jemals die Geheimnisse der Schöpfung durchdringen, die hinter dieser blendenden Draperie von Farbe und Licht verborgen sind? Wer wird es zu sagen wagen? Nur die Zukunft kennt die Antwort.»

Häufigkeit und geografische Verteilung

Die Zone der maximalen Nordlichthäufigkeit verläuft durch Nordnorwegen (Tromsö), Nordkanada (Hudson Bay), Nordalaska und die Meeres- und Eisflächen nördlich des russischen Kontinentes. In dieser Zone ist fast in jeder Nacht das Nordlicht sichtbar. In Verbindung mit der Erdumdrehung im Tageslauf entsteht ein sich stetig veränderndes Verhältnis des Ovals zu den geografischen Orten des Isochasmas. Je andere Abschnitte des Ovals kommen über den Beobachtungsorten zu stehen. Hierdurch verändern sich fortwährend die Intensität und der Charakter des Polarlichts. Denn dieses hat innerhalb des Ovalbandes sehr verschiedene, jedoch wesentlich festgelegte Erscheinungsformen. So wird in weit nördlich gelegenen Gegenden wie etwa Spitzbergen (Svalbard) das sogenannte Tages-Polarlicht als fein-verteilte, schwach rot-leuchtende Erscheinung sichtbar. Dieses Tages-Polarlicht ist die während der Dunkelheit des winterlichen Polartages etwa zur Mittagszeit sichtbare Aurora. Dieser gegenüber bildet das Abend- und Nacht-Polarlicht das eigentliche, ausgeprägte Erscheinungsbild des Polarlichts. Doch auch dieses kann im Laufe des Tages selber – vormittags oder nachmittags – gesehen werden, sofern es genügend dunkel ist.

In weiter südlich liegenden Gebieten nimmt die Erscheinungshäufigkeit des Nordlichts schnell ab. Auf dem Isochasma, das in Europa durch den 60. Breitengrad geht, liegen Oslo, Nordschottland, Südkanada, Anchorage in Südalaska und Archangelsk in Nordrussland. In diesem Gürtel erscheint das Polarlicht in 30 bis 40 Nächten im Jahr, ist also gut sichtbar, wenn auch nicht sehr häufig, denn größere Wolkenbildungen oder Dunst verhindern die Sichtbarkeit in vielen Nächten. In Mitteleuropa sinkt die Häufigkeit ab auf etwa fünf bis sieben Nächte im Jahr; das Nordlicht ist also in diesem Gebiet selten sichtbar, doch bei großer Aufmerksamkeit durchaus zu beobachten. Im Mittelmeerraum (35. Breitengrad), in Mexiko, im nördlichen Japan und in den Gegenden des Kaspischen und Schwarzen Meeres zeigt sich das Polarlicht nur etwa einmal im Verlaufe von zehn Jahren, ist also praktisch nicht mehr sichtbar. Doch können sehr seltene kräftige Aurora-Ausbrüche auf der gesamten Erde gesehen werden.

Mit der annähernden Zentrierung des Nordlicht-Ovals im geomagnetischen Pol ist der nahe *Zusammenhang von Polarlicht und Magnetismus* gegeben. Das Polarlicht wird sichtbar an den magnetischen Feldlinien, den Trägern des Magnetismus im Erdumkreis, in den Polargebieten. Diese magnetischen Linien umgeben die Erde wie ein längengradartig strukturiertes, vielfältig geschichtetes Netz. Die Feldlinien neigen sich den Erdpolen zu und dringen in den Polargebieten in die Erde ein. Ein in den Umkreis schauender Beobachter in der Pol-Gegend würde diese Feldlinien – wären sie sichtbar – von allen Seiten wie mächtige, hochragende Abhänge vor sich sehen. Umgekehrt sähe ein Beobachter in tieferen Breitengraden die eintauchenden Feldlinien von sich weg nach dem Pol zu abgeschrägt.

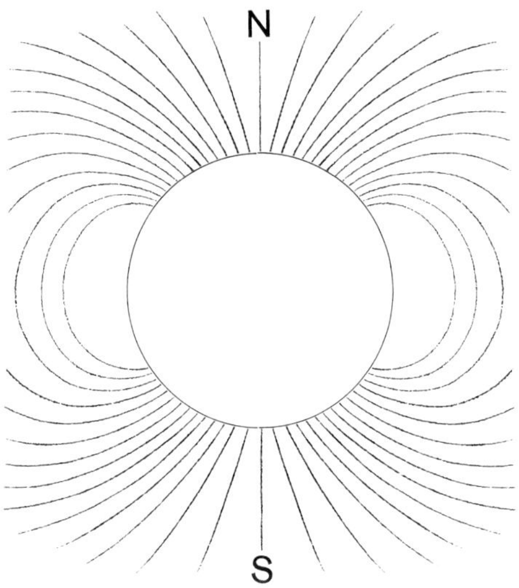

Diese Feldlinienstruktur des nahen Erdumkreises ist nicht starr, sondern in einem empfindlich-labilen Zustand, der schnell übergehen kann in Vibrationen, Ausschläge und völlig unerwartete kräftige und größere Bewegungen (Magnetfeldschwankungen). Der Zustand ist vergleichbar dem der irdischen Lufthülle. Wie in dieser können sich die Bewegungsvorgänge in diesem Magnetfeld auch zu «Stürmen» steigern. Das Nordlicht und damit die Polarlicht-Ovale kommen zur Erscheinung an der Struktur dieses bewegten Umkreismagnetismus der Erde. Diese Struktur wird, wie noch genauer beschrieben werden soll (siehe S. 75 ff.), von dem Magnetismus des ankommenden Partikelstromes der Sonne, des Sonnenwindes, beeinflusst.

Es gehört zur Eigentümlichkeit der Polarlicht-Erscheinung, dass sie der Wahrnehmung des Menschen bisher weitgehend verborgen geblieben ist. Denn in den Gegenden der Sichtbarkeit auf der Nordhalbkugel ist im Durchschnitt höchstens ein Mensch ansässig auf einem Raum von zwei Quadratkilometern. Auf der Südhalbkugel sind die Erscheinungsgebiete des Südlichts so gut wie menschenleer. In Melbourne in Australien ist die Sichtbarkeit etwa ebenso häufig wie in Mitteleuropa. Nur ein verschwindend geringer Bruchteil der Menschheit lebt also unmittelbar im Wahrnehmungsgebiet des Polarlichts.

Abb. 24: Satelliten-Aufnahme vom 8. November 1981, im ultravioletten Licht aus einer Höhe von etwa 20.300 km. Das Polarlicht-Oval ist sichtbar auf dem Hintergrund der computer-gezeichneten Umrisse der Kontinente (im Vordergrund Nordamerika; breiteste Ovalfläche über Labrador und Neufundland zur Mitternacht; Nordskandinavien im Hintergrund). Das Zentrum der Breiteneinteilung ist nicht der geografische Nordpol, sondern der geomagnetische Pol bei Thule in Nordgrönland, der zugleich das Polarlicht-Zentrum ist. Der asiatische Kontinent mit Russland liegt im Sonnenlicht. (Foto: L. A. Frank.)
Abb. 25, Seite 62 und 63: Ausgebreitete Vorhänge mit Komet Hale-Bopp. Chugach Mountain Range mit Knik River im März 1997. © Cary Anderson
Abb. 26, Seite 64: Orangener Strahl. Knik Valley, sehr seltener Farbton, Dauer: 15 Sekunden im Februar 1989. © Dave Parkhurst
Abb. 27, Seite 65: Kreuzende Strahlen, False Peak. Sterne: Zwillinge. Seltene Pastellfarben. Oktober 1989. © Dave Parkhurst
Abb. 28, Seite 66 und 67: Roter Aurora-Sturm über Chugach Mountains nahe Anchorage, November 1989. © Cary Anderson

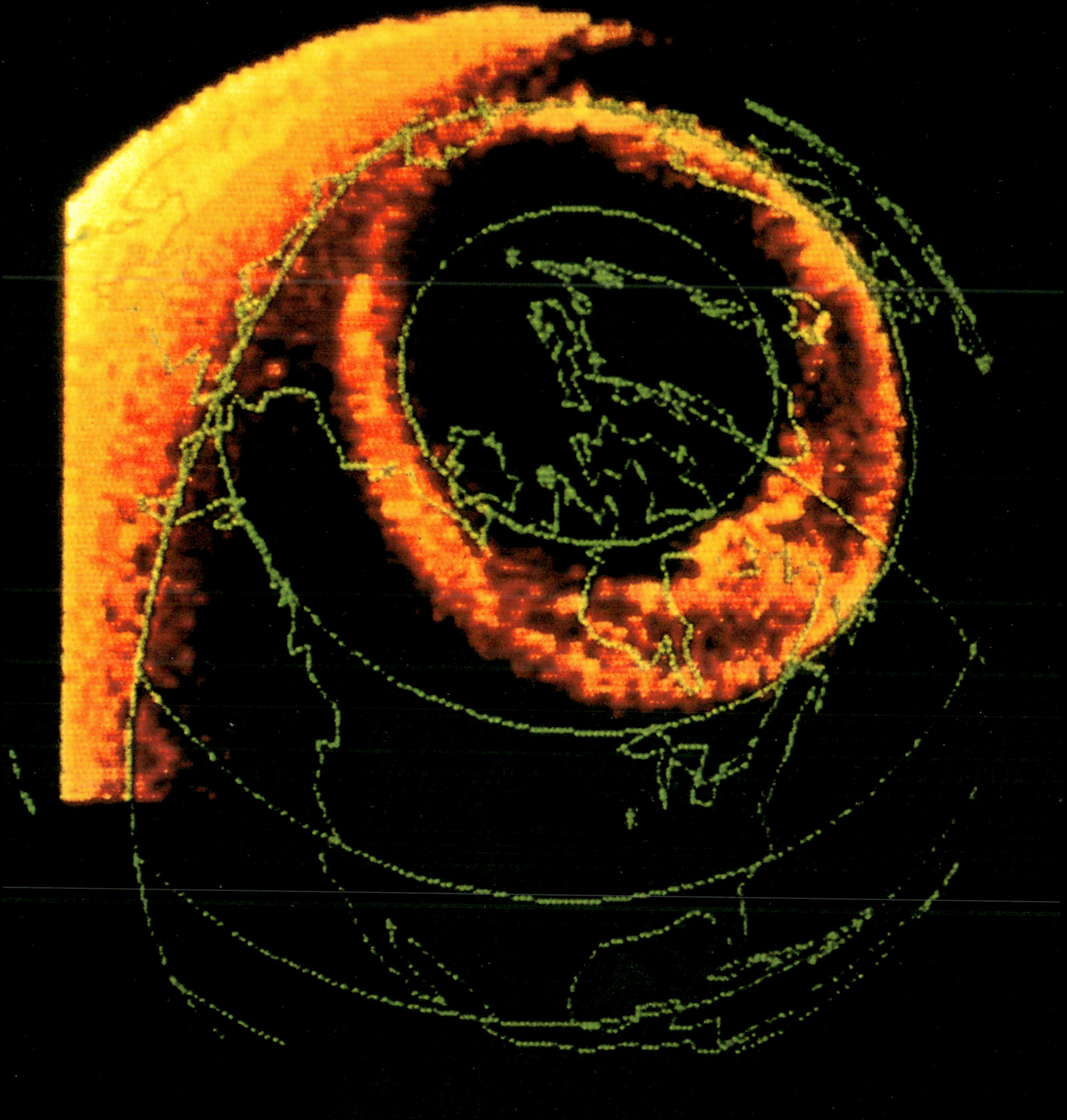

Es ist daher eine absolute Ausnahmeerscheinung innerhalb des naturgegebenen Menschenlebens. Erst die technisch-wissenschaftlichen Errungenschaften des 19. und 20. Jahrhunderts – etwa außerirdische Beobachtungen durch Satelliten – haben das Polarlicht heute in die unmittelbare Wahrnehmungssphäre aller Menschen gerückt. Sie haben außerdem eine umfassende globale Phänomenologie erst möglich gemacht. Diese hat eindeutig gezeigt, dass die Polarlicht-Erscheinungen innerhalb der Ovale im Norden und Süden der Erde in ihren Entfaltungsverläufen und Gestaltungen annähernd gleich sind, also zusammenhängen. Damit bestätigte sich eine Vermutung, die schon 1872 der Begründer der Meteorologie in Norwegen, Henrik Mohn (1835 – 1916), ausgesprochen hat.

Die physikalische Dynamik dieses kosmischen, die Erde umspannenden Phänomens war allerdings außerordentlich schwierig zu verstehen. Der Schwede Karl S. Lemström (1838 – 1904) hatte die Gesamtfrage auf den Kopf gestellt. Nach seiner Auffassung entstand das Polarlicht durch einen aus der Erde nach oben ausströmenden elektrischen Strom. Erst im luftleeren Raum würden sich die farbigen Entladungserscheinungen bilden. Um das zu beweisen, brachte er viele hundert Quadratmeter spiraligen Kupferdrahtes auf der Spitze eines Berges in Finnland bei Sodänkylä an (Oratunturi), erdete das mit Eisenspitzen versehene Drahtgeflecht durch eine in den Boden versenkte Platinplatte und setzte die Anordnung unter Strom. Als Ergebnis beschrieb Lemström ein aufstrahlendes, matt-gelbliches Licht, das schwache spektroskopische Polarlichtspuren enthielt. Tromholt und andere Forscher wiederholten diese Versuche in anderen Zusammenhängen, ohne jedoch die Ergebnisse Lemströms bestätigen zu können.

Der dänische Forscher und Direktor des Meteorologischen Institutes, Adam Paulsen (1833 – 1907), übernahm die Ergebnisse Tromholts und arbeitete damit weiter. Die genaue physikalische Natur der Oberflächenausbrüche auf der Sonne war noch unbekannt. Paulsen nahm an, dass diese Flares ultraviolette Strahlungen hervorriefen, die wiederum das Polarlicht erzeugten, und identifizierte hiermit auch die schon entdeckten und technisch hervorgebrachten Kathodenstrahlen, den elektrischen Stromfluss in Vakuumröhren. Paulsen schrieb 1896 einen Aufsatz über *Die Strahlungstheorie des Nordlichts*. Die entscheidende Aussage darin zeigt, wie die Blickrichtung der Aurora-Forschung nunmehr eindeutig sich *auf physikalisch verstandene kosmische Phänomene* einspielt: «Ich meine nachweisen zu können, dass die Auffassung des Nordlichts als ein Phänomen, welches sich durch die Aufnahme von Kathodenstrahlen bildet, uns die Erscheinung des Nordlichts erklären wird, sein Verhältnis zum Erdmagnetismus und die verschiedenen Intensitätsperioden seiner Erscheinung.»[23] Mit dieser zwar noch unvollständigen, jedoch im Kern vorläufig richtigen Anschauung wurde der Schritt in das nächste Jahrhundert eingeleitet. Denn damit war die Aufmerksamkeit auf den von der Sonne kommenden kosmischen Ionenstrom gelenkt, der in der zweiten Hälfte des 20. Jahrhunderts weiträumig beobachtet werden konnte.

Abb. 29: Strahlendes Pastell. Pioneer Peak (Matanuska-Sustina Valley) im südlichen Himmel. Sehr seltener Farbton. März 1989. © Dave Parkhurst

Der Partikelstrom und die spektralanalytische Forschung

Die wissenschaftlichen Arbeiten des norwegischen Polarlicht-Forschers Kristian Birkeland (1867 – 1917) führten einen großen Schritt weiter. Er hatte in Bonn, Genf und Leipzig studiert und gearbeitet. Im Jahre 1898 wurde er Professor in Oslo und entfaltete im Laufe der Zeit eine inspirierende Lehrtätigkeit an der Universität Christiania. Zwei Jahre zuvor hatte er seine Aurora-Theorie vorgelegt, wonach elektrisch geladene Partikel aus der Sonne mit annähernder Lichtgeschwindigkeit das irdische Magnetfeld erreichen. Hier werden sie eingefangen und entlang der Feldlinien zu den Polen geführt. Die Partikel würden dabei komplizierte Spiralbahnen durchlaufen und beim Auftreffen auf die erdnahen atmosphärischen Gase gebremst und zum Aufleuchten gebracht. – Birkeland ging bald daran, diese Vorstellungen gründlich experimentell darzulegen. Er baute ein Modell: In einem luftleeren Glaskasten von etwa 1,5 Kubikmeter Größe wurde eine Kugel aufgehängt, die einen unter Spannung stehenden Elektromagneten enthielt. Die Kugel war ein Modell der Erde mit ihrem magnetischen Feld, das sie umgebende Vakuum ein Abbild des luftleeren Weltenraumes. Die «Erdkugel» Terrela wurde von außen mit Elektronenwolken beschossen. Dabei bildeten sich leuchtende Ringe um die beiden Pole der magnetischen Kugel. Birkeland hatte künstliches Polarlicht erzeugt. Sein Modell und der Versuch um das Jahr 1910 ähnelten dem Prinzip eines modernen Fernsehempfängers. Birkeland ging nun daran, die Bahnen der eintretenden Partikel zu berechnen. Das war – trotz der gewaltigen Arbeitsleistung – eine zunächst unlösbare Aufgabe. – Wie Tromholt errichtete auch Birkeland Nordlichtstationen, auch weit über die skandinavische Halbinsel hinaus: in Nordnorwegen (Bossekop), Island, Spitzbergen und Novaja Semlja. Seine Beobachtungen, Berechnungen und vor allem fantasievollen Kombinationen führten ihn zu der Anschauung, dass dieselben Partikel, die das Nordlicht hervorbringen, auch die Ursache sind für das Schwanken des irdischen Magnetfeldes. Birkeland beschrieb und berechnete die elektrischen Strömungen in der oberen Atmosphäre (Ionosphäre) und stellte dar, wie diese zunächst den Feldlinien folgen, um dann bei abnehmender Höhe auf die Aurorabögen überzugehen. Diese Energieströme werden daher heute noch Birkelandströme genannt.

Die fundamentale Schwierigkeit der Auffassung Birkelands trat dadurch auf, dass die physikalische Natur der ankommenden Sonnenpartikel unbekannt war; sie wurde als lichtverwandt angesehen, wobei sich die ungelöste Diskrepanz ergab zwischen den mit Lichtgeschwindigkeit sich bewegenden Partikeln und dem deutlichen Beobachtungsergebnis, dass nach einem Sonnenausbruch mindestens ein halber Tag vergeht, bevor das Polarlicht aufleuchtet.

Durch Birkelands allseitigen Einsatz wurde in Norwegen das Fach der Kosmischen Geophysik begründet und eingeführt, dem sich begeisterte Schüler anschlossen. Der bekannteste war Carl Störmer (1874 – 1957). Schon 1904 befand er sich im Kreis der von Birkeland impulsierten Wissenschaftler. Störmer war Mathematiker; er übernahm die Berechnungsaufgaben von Partikelbahnen direkt von Birkeland. Zusammen mit seinem Assistenten hat Störmer etwa 18.000 Stunden lang Berechnungen durchgeführt. Ein frühes Ergebnis konnte er schon 1907 in einer Schrift vorlegen, die erst 50 Jahre später im Internationalen Geophysikalischen Jahr 1957 voll beachtet wurde. Darin stellt er die Bahnberechnungen geladener Partikel dar, die sich innerhalb des magnetischen Dipolfeldes der Erde bewegen. Störmer zeigte, wie die eingedrungenen Partikel sich in immer dichteren Spiralen den Polgebieten nähern, bis sie vorübergehend in Erdnähe zum Stillstand kommen, um sich dort kürzer oder länger zu «spiegeln». Danach können die Partikel sofort wieder zum anderen Erdpol überwechseln, wo sich der gleiche Vorgang wiederholt. Die Partikel schwingen in ihrer «Gefangenschaft» hin und her im Zeitmaß von etwa einer Sekunde. Damit hatte Störmer einen Vorgang beschrieben, der erst über fünfzig Jahre später in den hochenergetischen Van-Allen-Gürteln gefunden wurde. Hier liegt auch der Grund, warum auftretendes Nordlicht gleichzeitig am Südpol als Südlicht gesehen werden kann.

Störmers Forschung ging ganz auf die quantitativ-materielle Erfassung der Aurora-Erscheinungen zu, wobei er auch die aufkommende Fototechnik zu Hilfe nahm, um endgültig die genaue Höhe und damit die stofflich-greifbare Erscheinung des Polarlichts festzustellen. Er schreibt darüber: «Die einzig sichere und objektive Methode ist die Fotografie. Doch lange waren alle Versuche, das Nordlicht zu fotografieren, vergebens. Erst 1892 gelang es zwei deutschen Forschern, auf einer Reise nach Bossekop eine Fotografie von einer lichtstarken Draperie mit einer Exponierungszeit von nur sieben Sekunden aufzunehmen. Doch dieses war das einzig vorliegende Bild mit kurzer Belichtungszeit, bis ich 1909 systematische Versuche zur Nordlicht-Fotografie unternahm. Durch Vergleiche fand ich eine kleine, sehr lichtstarke Filmapparatlinse, die ausgezeichnete Ergebnisse zeigte. Mit dieser und den violett-empfindlichen Filmplatten glückte es mir, Bilder von starkem Nordlicht aufzunehmen mit einer Exponierungszeit von einer Sekunde und weniger. – Nachdem das Problem der Nordlicht-Fotografie zufriedenstellend gelöst war, unternahm ich 1910 und 1913 Expeditionen nach Bossekop, um Nordlicht zu fotografieren und seine Höhe zu bestimmen durch gleichzeitiges Fotografieren von zwei Stationen aus mit entsprechendem gegenseitigen Abstand und Telefonverbindung. Auf den Platten erscheinen nämlich auch die Sterne, und durch die unterschiedliche Lage des Nordlichts auf dem Hintergrund der Sterne, von den beiden Stationen aus beobachtet, kann die Höhe nach Ausmessung der Platten berechnet werden.»[24] Störmer nahm 40.000 fotografische Bilder vom Nordlicht auf, davon 9.000 gleichzeitig von zwei Orten aus. Er war damit der Forscher, der mit eindeutiger Genauigkeit die Höhe der Aurora festgestellt hat. Sie beginnt bei etwas über 70 Kilometern, erreicht einen Höhepunkt um 105 Kilometer, wo die allermeisten Polarlichter zu sehen sind, und erstreckt sich, zahlenmäßig abnehmend, bis hinauf zu etwa 900 Kilometern. – Störmer entdeckte außerdem in Höhen über etwa 200 Kilometern das sonnenbelichtete Polarlicht, welches sehr schwach in den späten Dämmerungsstunden sichtbar ist.

Eine andere Forscherpersönlichkeit, die ebenfalls zum Kreis um K. Birkeland gehörte, war Lars Vegard (1880 – 1963). Ab 1905 war er durch einige Jahre Assistent Birkelands. Vegard widmete sich der *spektralanalytischen Erforschung* der Aurora. Er führte damit die Arbeit Ångströms fort. Die von diesem schon gefundene grüne

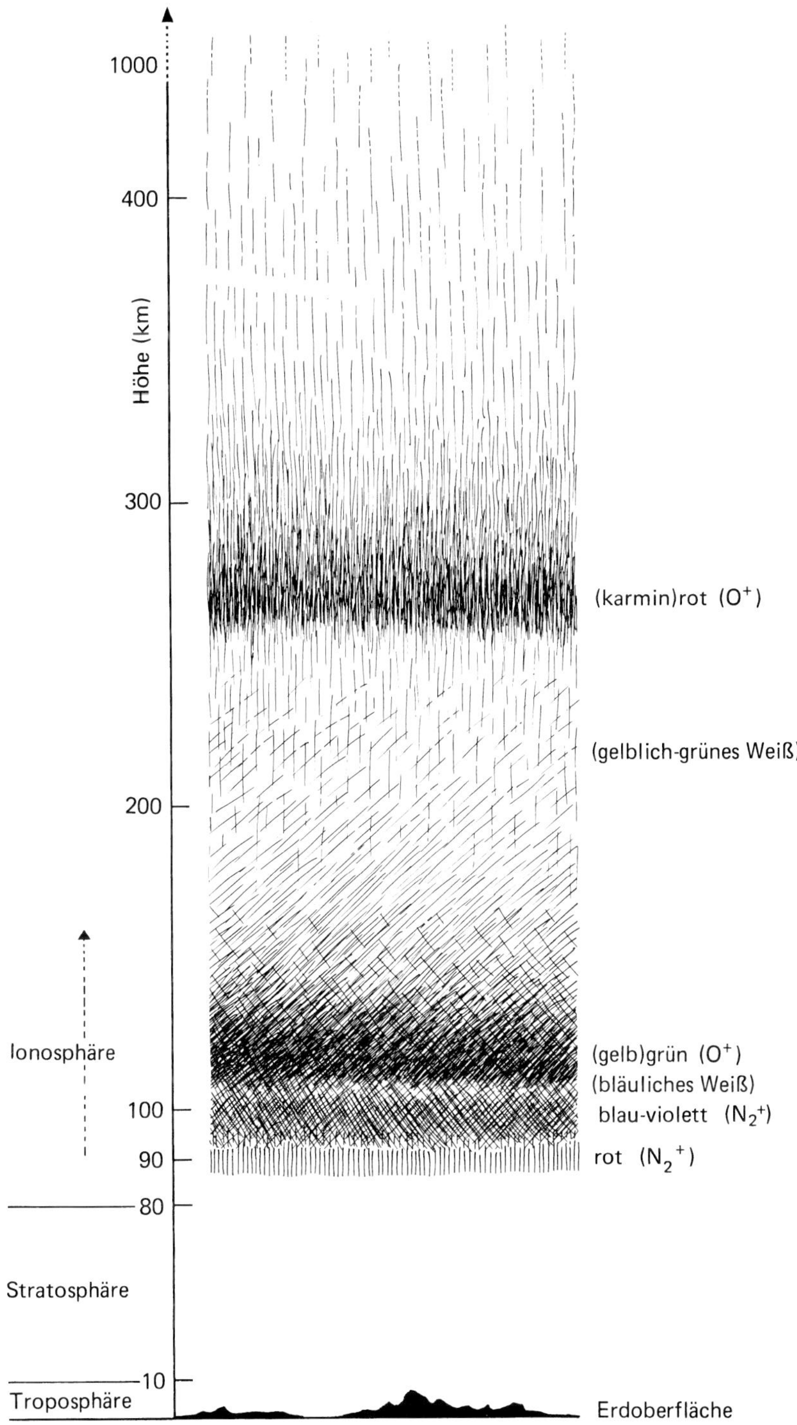

Höhenverteilung des Polarlichts nach Farbe und korrespondierender Stofflichkeit. Das farblich getönte Weiß entsteht als aufgehellte Mischfarbe sich durchdringender komplementärer Polarlichter.

Aurora-Hauptlinie stellte ein Rätsel dar; denn nirgends wurde ein Gas gefunden, das dieselbe Schwingungszahl in der Spektralanalyse aufwies. Erst viele Jahre später (1923) gelang es, diese Linie doch zu identifizieren – durch den Nachweis, dass ihr eine Emission zugrunde liegt, die nur in hochverdünnten Medien, wie in der Hochatmosphäre, möglich ist («verbotener Übergang» des atomaren Sauerstoffs).

Die Licht- und Farberscheinungen des Polarlichts werden angesehen als das Ergebnis einer Begegnung von einem Partikelstrom sonnenverwandten Plasmas mit Gaspartikeln in der oberen Atmosphäre der Erde. Die stoffliche Struktur der atmosphärischen Schichten wurde durch spektroskopische Untersuchungen des Polarlichtes bestimmt, indem man deren Ergebnisse mit den spektroskopischen Eigenschaften bekannter Gase im irdisch-physikalischen Bereich verglich. Es wurde festgestellt, dass in Aurora-Höhe vor allem atomarer und molekularer Sauerstoff und Stickstoff vorhanden sind. Ihr Vorkommen erstreckt sich über viele hundert Kilometer. Das Aufleuchten in verschiedenen Höhen wird durch die wechselnde Intensität (Geschwindigkeit) der ankommenden induzierenden Partikel hervorgerufen. So dringen Partikel mit höchster Geschwindigkeit am tiefsten in die Atmosphäre hinab. Es zeigte sich, dass in den tiefsten Aurora-Bereichen, unter 100 Kilometer Höhe, die blau-violetten und roten Bänder des Stickstoffspektrums vorherrschen; zwischen 100 und 240 Kilometer ist die grüne Sauerstofflinie am stärksten und über 240 Kilometer Höhe erscheinen rote Sauerstofflinien. Damit war ein Zusammenhang zwischen den erscheinenden Aurora-Farben und bestimmten irdischen Stoffen hergestellt (siehe Schema S. 71).

Ein Bezug zur kosmischen, sonnenverwandten Materie wurde ebenso gesucht. Da es lange bekannt war, dass Helium und Wasserstoff in ionisierten Prozessen von der Sonne ausgingen, erwartete man, diese im Nordlichtspektrum zu finden. Das geschah lange Zeit nicht. Erst 1939 entdeckte Vegard die Wasserstofflinien im Spektrometer. Er ging von der Überlegung aus: Wenn es negativ geladene Sonnenelektronen sind, die Polarlicht hervorrufen, so müssten diese von positiv geladenen Atomkernen begleitet sein, welche Protonen oder Ionen genannt werden. Ohne Letztere würden die negativen Elektronen auf ihrem Wege ein polarisiertes Spannungsfeld zur Sonne aufbauen und dadurch abgelenkt werden. Auf diese Frage hatte schon früh der englische Physiker Sir Arthur Schuster (1851 – 1934) hingewiesen. Darüber schrieb Vegard im Jahre 1952: «Schon in den Jahren 1939 – 1941 gelang es mir, einen direkten Beweis zu erbringen, dass diese Strahlenbündel aufgebaut waren wie von mir angenommen (Elektronen und Ionen). In Oslo nahmen wir 1939 eine Serie von Nordlicht-Spektrogrammen auf, auf der die Wasserstoffspektrallinie mit bedeutender Stärke erschien … Dies zeigte, dass die Sonne zu gewissen Zeiten positive Ionen (Protonen) aussendet. – In den darauffolgenden Jahren konnten wir mehrere Spektrogramme aufzeichnen, die starke Wasserstofflinien wiedergaben. Am Nordlicht-Observatorium in Tromsö konnten wir im Winter 1939/40 eine Serie stark exponierter Spektrogramme mit einem Spektrograf aufzeichnen, der eine bedeutend größere Auflösung hatte als der in Oslo verwendete. Mithilfe dieser Aufzeichnungen konnten wir mit absoluter Sicherheit einmal feststellen, dass wir es mit Wasserstofflinien zu tun hatten; hinzu kam, dass auf einzelnen dieser Spektrogramme die Wasserstofflinien die Formen von schmalen Bändern angenommen hatten, die besonders stark in Richtung der kürzeren Wellenlängen verschoben waren … Diese Verbreiterung und Verschiebung in Richtung der kürzeren Wellen konnte nicht einer unscharfen Abbildung zugeschrieben werden, denn die anderen Linien in der Nähe waren sehr scharf. Es konnte nur darin seine Ursache haben, dass die das Licht ausstrahlenden Wasserstoffatome sich in schneller Bewegung befanden, und da vor allem in Richtung des Beobachters, also zur Erde hinunter.»[25]

Diese Entdeckung Vegards war ein Durchbruch in der Aurora-Forschung. Das sogenannte Protonen-Nordlicht war entdeckt worden. Die Beobachtung der höheren Schwingungsfrequenz – der kürzeren Wellen – der

Wasserstoffprotonen konnte als Wirkung des sogenannten Dopplereffektes gedeutet werden (aufgrund dessen sich die Schwingungszahl erhöht, wenn die Strahlungsquelle sich auf den Beobachter zubewegt). Die Farbe des Protonenlichtes ist Rot, und je schneller die Wasserstoffträger sich zur Erde bewegen, desto mehr ist sie zum blauen Spektrumende verschoben.

Mithilfe der Spektralanalyse wird auch versucht, die Temperaturen im Gebiet der Nordlicht-Erscheinungen festzustellen. Man geht davon aus, dass in Höhen von 100 bis 150 Kilometern die Mitteltemperatur zwischen – 70° und + 427° Celsius (200 bis 700° Kelvin) schwankt.

Bevor das Polarjahr 1957/58 anbrach, war es inzwischen bekannt, dass die auslösende Ursache der Aurora-Entstehung ein sowohl negativ als auch positiv geladener Partikelstrom ist. Ohne den dazugehörigen Sonnenstrom direkt wahrgenommen zu haben, weil er im außerirdischen Wahrnehmungsbereich des Menschen lag, hatte sich der menschliche Forschergeist intuitiv an die außerirdische physikalische Wirklichkeit der Sonnenwirksamkeit herangetastet.

Das Raumfahrt-Zeitalter und die Magnetosphäre

Im Oktober 1957 wurde der russische Satellit Sputnik I in eine Umlaufbahn um die Erde gebracht. Damit war das Raumfahrtzeitalter Wirklichkeit geworden. Jenes Ereignis beschleunigte die diesbezüglichen Anstrengungen der Amerikaner. Sie starteten den Satelliten Explorer I im Januar 1958, der einen Geigerzähler mit sich führte, welcher von einer Forschergruppe um James van Allen entwickelt worden war. Nach Auswertung der Ergebnisse des Zählers im Mai 1958 zeigte sich, dass er blockiert worden war. Die hochenergetischen Strahlungen (unter anderem auch Röntgenstrahlen) waren in solch unerwarteter Intensität in den Zähler eingedrungen, dass er sie nicht mehr aufnehmen konnte. Im Hinblick auf die geplante Raumfahrt löste die überraschend intensive Strahlung in bestimmten Bereichen des außerirdischen Raumes einen Schock aus; das Vordringen des Menschen in gewisse Zonen des erdnahen Weltraums war infrage gestellt. Es war die Entdeckung mehrerer großer energiegeladener Gürtel in der Äquatorzone der Erde, die danach den Namen ihres Entdeckers erhielten: die *Van-Allen-Gürtel.* Durch viele weitere Satelliten, Sonden und Raketenflüge wurde die indirekte und direkte Wahrnehmungsmöglichkeit des Menschen in den außerirdischen Raum hineingetragen.

Für die Polarlicht-Forschung brachte diese Erweiterung die Wende: Sie wurde global und international. Eine völlig unbekannte Umgebung der Erde wurde entdeckt und erforscht. Gestalt und Grenzen des irdischen Magnetfeldes, vorher erdacht, errechnet und vermutet: Jetzt konnten sie gemessen werden. Die *Magnetosphäre* als schützende Hülle und Träger von energetisch-physischen Prozessen wurde entdeckt. Das Bild der Erde erweiterte sich; diese war nicht länger ein isolierter Körper mit dem leeren und kalten Nichts um sich. Die Erde ist eingebettet und umhüllt von sonnenähnlichen Vorgängen, die beschreibbar, messbar und errechenbar sind. Im Blick auf dieses Ereignis schreibt der Polarlicht-Forscher Robert H. Eather in seinem Werk *Majestic Lights* (1980): «Das moderne Verständnis des Polarlichts ist gebunden an unser Verständnis der Magnetosphäre als ein Ganzes. Sogar das Wort Magnetosphäre ist verhältnismäßig neu in der Wissenschaft; es wurde im Jahre 1958 durch T. Gold geprägt, um das Gebiet des erdnahen Raumes zu beschreiben, der durchzogen ist von magnetischen Feldlinien, die mit der Erde verbunden sind und worin sehr heiße oder ionisierte Gase über die neutrale Atmosphäre herrschen. In dieser Art repräsentiert sie die äußeren Grenzen der Umwelt des Menschen und ist erfüllt von Ionen und Elektronen, die ihren Ursprung sowohl in der irdischen Atmosphäre als auch in der Sonnenatmosphäre haben. In den vergangenen Jahren ist deutlich geworden, dass die Magnetosphäre – als ein einheitliches System von sich gegenseitig kräftig beeinflussenden Regionen – als ein Ganzes studiert werden muss, wobei keine der einzelnen Regionen isoliert betrachtet werden kann. So sind theoretische Beschreibungen verboten kompliziert, und eine gegebene beobachtbare Erscheinung wie die Aurora ist Teil einer komplizierten, geschlossenen Kette von Ursache und Wirkung.»[26]

Die Entdeckung der Magnetosphäre bedeutete gleichzeitig die Entdeckung des Sonnenplasmas, auch Sonnenwind genannt. Beides war Jahrzehnte zuvor theoretisch bekannt, doch war das Wissen unvollkommen. Schon 1931 hatten die englischen Physiker Sydney Chapman (1888 – 1970) und V. C. A. Ferraro (1907 – 1974) einen Sonnenwind angenommen, der durch seinen Strom eine Höhlung im umgebenden Magnetfeld der Erde hervorrufen würde. Doch die Natur eines solchen Sonnenwindes war noch unbekannt. Genau um die Mitte des Jahrhunderts hatte der deutsche Physiker Ludwig Biermann es vermocht, Berechnungen vorzunehmen, die aufzeigen, dass die Schweife der Kometen, die immer von der Sonne abgewendet sind, nicht durch den ausgeübten Druck der Sonnenlichtstrahlung in diese Raumesrichtung gebracht werden, sondern dass ein anderer Sonneneinfluss vorhanden sein müsse. Erstaunlicherweise hatte der Norweger K. Birkeland diese Anschauung schon 1908 vertreten, doch hatte die Hypothese vom Strahlungsdruck des Lichtes seine Auffassung verdrängt. Das Jahr 1959 brachte die konkrete Entdeckung des Sonnenwindes durch Raumsonden, genau hundert Jahre nach dem erdumspannenden Polarlicht-Ausbruch des Jahres 1859. Der Sonnenwind erwies sich als ein Partikelstrom, der nichts zu tun hatte mit den vielen bekannten Strahlenarten der Sonne, die alle lichtverwandt sind, angefangen bei den ultravioletten Strahlen über das Tageslicht mit seinen Farben bis hin zu den infraroten Strahlen. Die Verwandtschaft aller dieser Strahlen zeigt sich durch ihre gemeinsame Fortpflanzung, die Lichtgeschwindigkeit von ca. 300.000 km in der Sekunde.

Dagegen ist der Sonnenwind plasmatischer, stofflicher Art. Seine Partikel können gemessen und gezählt werden, selbst bei ihrer unwahrscheinlichen Winzigkeit und extrem dünnen Verteilung im Raum. Ihr Verhalten ist, dem hochverdünnten Zustand entsprechend, extrem energetisch. Doch zeigt die Geschwindigkeit des Sonnenplasmas im Weltraum, dass ein Vergleich mit dem irdischen Wind durchaus berechtigt ist. Der Sonnenwind bewegt sich etwa zwischen 200 und 1500 km in der Sekunde. In kosmischen Maßstäben, am Licht gemessen, ist das sehr langsam, ungefähr dreihundert Mal langsamer als die Lichtgeschwindigkeit. Daher kann der Mensch diese Plasmabewegung im planetarischen Raum mit seiner Vorstellung durchaus verfolgen. Auch deutet diese Geschwindigkeit auf einen Transport von Stofflichkeit, der zusammen mit der variierenden Geschwindigkeit eine Windverwandtschaft zeigt. – Das Sonnenplasma erfüllt den gesamten planetarischen Raum bis zu den transsaturnischen Planeten. Dort trifft es auf die für das Leben gefährliche Weltraumstrahlung (kosmische Strahlung), hält sie zurück und bildet eine Hülle um unser planetarisches System. – Das Sonnenplasma besteht im Wesentlichen aus ionisiertem Wasserstoff und Helium. Die hoch aufgelösten Bestandteile dieser Stoffe durcheilen den Raum als Elektronen und Protonen und führen die magnetischen Kräfte und Feldlinien der Sonne mit sich. Die Elektronen sind negativ, die Protonen (und Ionen) positiv geladen; der Gesamtstrom befindet sich im Spannungsausgleich. Es ergibt sich ein Bild, das der erwähnte norwegische Spektroskopist L. Vegard schon 1939 entworfen hatte.

Das Gebilde der Magnetosphäre ist im Lauf der letzten Jahrzehnte durch ungezählte Messungen im erdnahen planetarischen Raum erforscht worden. Diese magnetische Hülle ist ein die Erde umgebendes, von energetischen Prozessen erfülltes Hohlgebilde. Ohne Einfluss von außen würde sie identisch sein mit der magnetischen Feldliniensphäre der Erde und hätte das Aussehen eines Dipolmagnetfeldes mit den zentrierten Scheiteln am Nord- und Südpol. Jedoch verändert der ständig strömende Sonnenwind die Form der elastisch-labilen Magnetosphäre. Auf der sonnenzugewandten Seite wird diese Sphäre weit in Richtung Erde zusammengedrückt, bis auf etwa 60.000 km oder zehn Erdradien von der Erde. An dieser Grenze bildet sich eine Stoßfront (mit Turbulenzen).

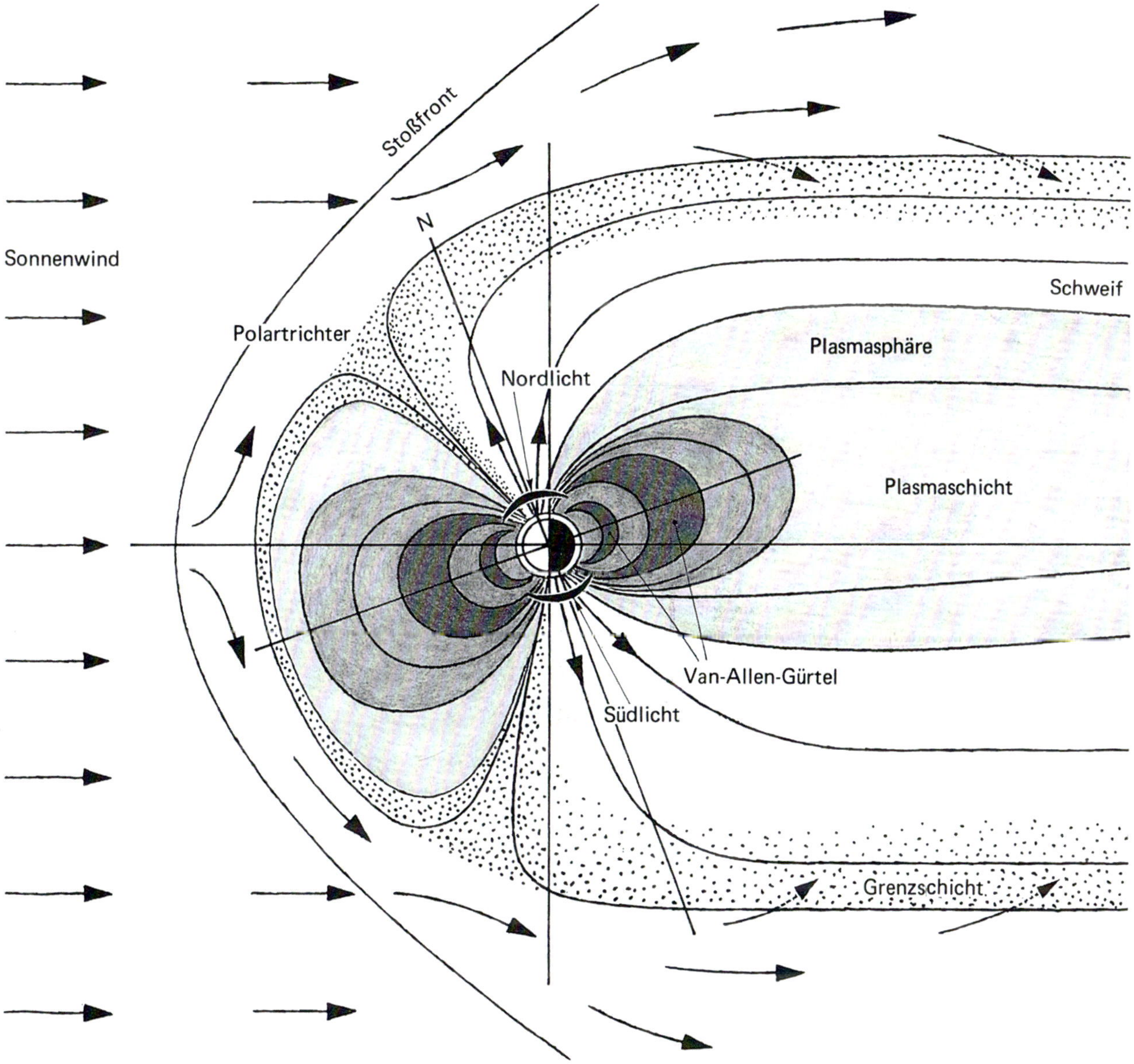

Der Sonnenwind umströmt im Wesentlichen diesen Bereich. Im Strömen entlang der Magnetosphärengrenze verschmelzen Sonnen- und Erdfeldlinien. Die Magnetosphäre der Erde wird im Sonnenwindstrom mitgeführt, die sonst runde Sphärenform stark sonnenabgewandt in die Länge gezogen (verschleppt) und zu einem Hohlschweif gebildet, der mehrere hunderttausend Kilometer weit in den Raum hinausreicht, bis in den Bereich der Umlaufbahn des Mondes. Durch dieses Vorbeiströmen des Sonnenwindes werden gewaltige elektromagnetische Energien erzeugt. Der schwedische Physiker Hannes Alfvén, der für seine Arbeiten auf diesem Gebiet 1970

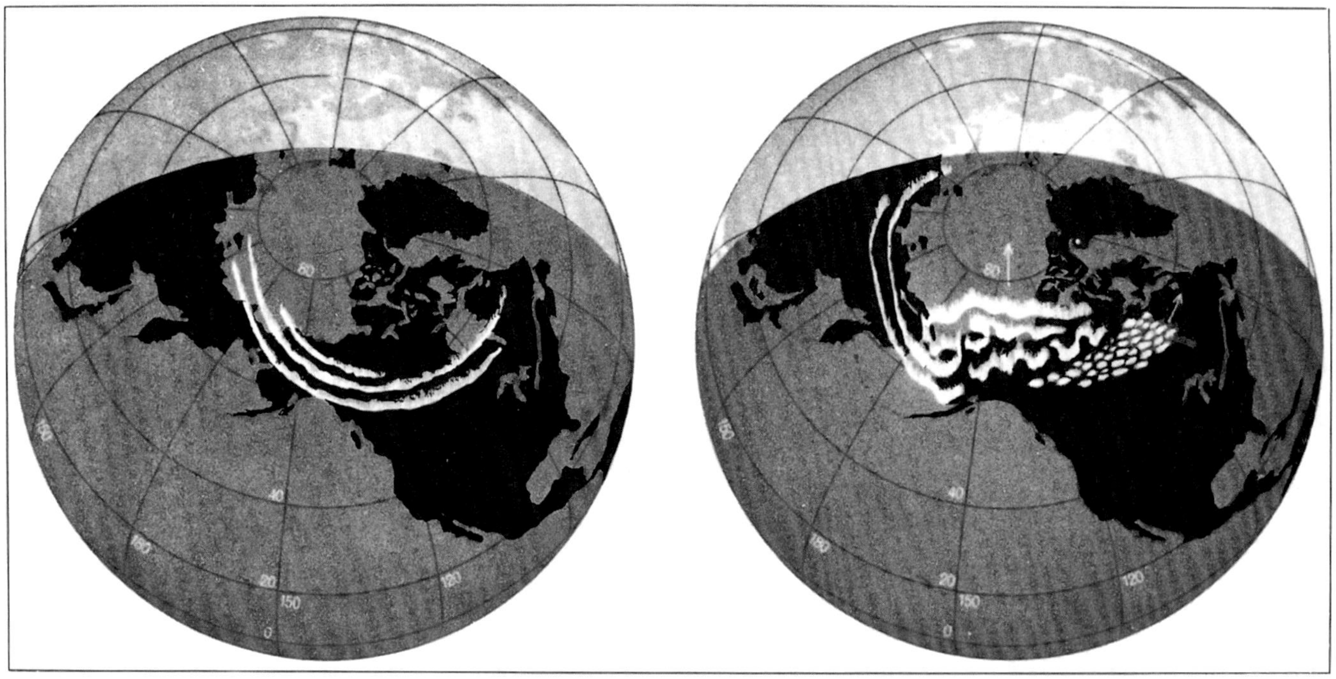

Abb. 30: Ein aufgrund vieler fotografischer Aufnahmen gezeichneter magnetosphärischer Teilsturm, wie er aus großer Entfernung von der Erde gesehen würde. Das linke Bild zeigt ruhige Polarlicht-Bögen innerhalb des Ovals. Auf der rechten Seite erkennt man die Entstehung eines Sturms: Die Bögen falten sich und lösen sich auf, um sich zu verteilen. (Zeichnung von S. I. Akasofu 1979.)

den Nobelpreis erhielt, brachte die Aufladungen an der Magnetosphärengrenze, der «Magnetopause», in Verbindung mit der Entstehung der Aurora. Durch Jahrzehnte hindurch – auch noch vor der genauen Feststellung der Magnetosphäre – wurde angenommen, dass die ionisierten Sonnenpartikel mit dem Sonnenwind in die Magnetosphäre eindringen, wenn auch auf spiraligen Umwegen, um dann an den Polen der Erde die Aurora zu erzeugen. Ein solches Eindringen ist aber niemals wirklich genau festgestellt worden. Allerdings ist das kleine Gebiet um die geomagnetischen Pole nicht magnetisch abgeschlossen. Hier bilden die eindringenden oder ausstrahlenden Feldlinien tiefe Scheitelöffnungen auf der sonnenzugekehrten Seite der Magnetosphäre. In diese trichterförmigen Öffnungen kann das Sonnenplasma, stark abgeschwächt, direkt eindringen.

In früheren Zeiten wurde diese Erscheinung noch ganz deutlich hellseherisch wahrgenommen. In dem schon erwähnten norwegischen *Königsspiegel* aus dem 13. Jahrhundert gibt es eine bildhaft-genaue Beschreibung dieses Vorganges. Die umgebende Erdenatmosphäre wird in diesem Bericht noch das «große oder leere Meer, das die Welt umströmt» genannt, so wie etwa die Genesis der Bibel auch von den Wassern «über der Feste» (1. Mos. 1, 7) spricht, um die Substanz jenseits des Firmamentes zu bezeichnen. In dem nordischen Dokument heißt es: «Ferner bezeichnet man als sicher, dass Grönland am äußersten Rande der Welt im Norden liegt, und ich glaube, dass kein Land auf dem Erdkreis jenseits von Grönland liegt, nur das große Meer, das die Welt umströmt. Das behaupten die Männer, die kundig sind, dass bei Grönland ein Sund eingeschnitten ist, durch den das leere Meer» – der Verfasser des *Königsspiegels* nimmt hier die Vorstellung von dem den Erdkreis umgebenden Meere auf; es heißt das «leere» Meer im Gegensatz zu dem Meer, das die von den Menschen bewohnten Festlande und Inseln enthält

(Bemerkung des Übersetzers R. Messner) – «in die Lücke zwischen den Ländern eindringt, sich dann verteilt in den Fjorden und Meerestiefen zwischen allen Ländern, wo es ihm gelingt, in den Kreis der Welt einzuströmen» (XIX, 30–35). Der eingeschnittene Sund und «in die Lücke sind die imaginativ geschauten Bilder für die trichterförmigen Öffnungen, durch welche das aus den Weiten kommende Plasma (das ‹leere› Meer) in den Kreis der Welt eindringt» – in unserer heutigen Sprache: die Erde innerhalb der Magnetosphäre umströmt. Die imaginativen Wahrnehmungen dieser alten Erkenntnisart sehen die irdisch-horizontalen Ebenen der Raumesweiten zusammen mit den Himmelshöhen: Der Raum auf und oberhalb der Erde ist zusammengeschaut; dieses Schauen verläuft vorwiegend in der zweiten Dimension und beschreibt vor allem Bewegungsvorgänge.

Der die Erde umfließende Ringstrom der Griechen – der Okeanos – entspricht dem «leeren» Meer und ist aus demselben Bewusstsein heraus entstanden. – Der Grund, warum der Erzähler des *Königsspiegels* sein Wissen aus Grönland erhält, ist in der Tatsache zu suchen, dass der geomagnetische Pol wandert. Er lag um das Jahr 1200 im Verhältnis zu heute auf der entsprechend gegenüberliegenden Seite des Nordpols in der Nähe der Neusibirischen Inseln. Dadurch verlagerte sich auch das Aurora-Oval in dieselbe Richtung, sodass Norwegen um diese Zeit außerhalb der Polarlichtzone zu liegen kam; dagegen lag Nordgrönland noch voll innerhalb derselben.

Der Sonnenpartikelstrom dringt nun in den Gegenden der offenen Feldlinien oberhalb der geomagnetischen Pole direkt in die Erdumgebung ein. Dabei verschmilzt er mit den sich trichterförmig verengenden Feldlinien, wodurch er kräftig abgebremst wird. Es entsteht hierdurch eine kaum sichtbare, hoch liegende Aurora, die wie eine zartrote Kuppel im höchsten Norden – etwa auf Spitzbergen – auch während des dunklen Polartages im Winter sich in die Himmelswölbung einfügt. Dieses Polarlicht – Tages-Aurora genannt – wurde erst im Jahre 1960 beobachtet und gemessen. Es ist mitunter auch mit bloßem Auge sichtbar. Die Sonnen-Partikel haben bei dieser Aurora-Entstehung nur die vom Sonnenausstoß herrührende Geschwindigkeit, welche nicht genügt, um das bekannte, intensiv leuchtende Polarlicht hervorzubringen.

Innerhalb der Magnetosphäre bilden sich gewaltige elektromagnetische Zirkulationssysteme, deren erdnähere Teile zusammen mit der Erde rotieren: die Plasmasphäre. Die um sie gebildeten äußeren Systeme mit der Grenzschicht, der Magnetopause, sind ruhend in Richtung Sonne orientiert. Innerhalb der gesamten Magnetosphäre befindet sich auch Plasma, das aber hier ebenso gut Sonnen-Erden-Plasma genannt werden könnte; es kann besondere Eigenschaften gegenüber dem Sonnenplasma haben. Es konzentriert sich in der Plasmasphäre und auch in den Van-Allen-Gürteln. Die größte Konzentration befindet sich aber in einem Kerngebiet des langen Magnetosphärenschweifes. Das Kerngebiet wird *Plasmaschicht* genannt, worauf heute die meiste Aufmerksamkeit gerichtet wird. Wenn das Sonnenplasma mit besonderer Intensität die Magnetosphäre von außen durch Druck, Reibung und Verschmelzung in Bewegung bringt und damit dynamisiert, reichert sich im Magnetosphären-Kerngebiet (Plasmaschicht) das gespeicherte Plasma an, gerät unter Spannung, um dann in eine Entladung überzugehen. Diese ereignishafte Entladung stößt das Plasma in Richtung Erdumgebung und zugleich in die umgekehrte Richtung: hinaus in den Weltraum durch die sonnenabgekehrte und magnetisch geöffnete Seite der Magnetosphäre. Erst durch diesen Vorgang erhält das Erden-Sonnen-Plasma die Energie und damit Geschwindigkeit, durch die es von der sonnenabgewandten Seite auf den magnetischen Feldlinien zu den Erdpolen hingetrieben wird und am Abend- und Nachthimmel als Polarlicht erscheint.

Im Erdenbereich entstehen durch die übergeordneten Magnetosphären-Entladungen, welche als sturmähnliche, eruptive Plasmabewegungen erscheinen, untergeordnete magnetische Stürme, die in Ausschnitten als besondere Polarlicht-Entfaltungen innerhalb der Aurora-Ovale sichtbar werden. Diese weiträumigen Aurora-

Bewegungen haben den Namen *Teilstürme* (englisch: substorms) erhalten. Im Hinblick auf die Entstehung der Magnetosphären-Entladungen wird vonseiten der Plasma-Forschung gegenwärtig von einem Vorgang gesprochen, der in diesem erweiterten Erdenraum *einer ursprünglichen Sonnenaktivität gleichkommt*: «Als Ergebnis speichern sich magnetische Ströme auf der Nachtseite (der Magnetosphäre), bis irgendeine Erscheinung der Instabilität die Auslösung verursacht. In diesem Prozess verwandelt sich ein Teil der magnetischen Energie in die Teilchenenergie der Plasmaschicht, in das, was ein irdischer Parallelvorgang zu einem Sonnenausbruch sein mag.»[27] Die Geschwindigkeit dieses Magnetosphärenplasmas beträgt ein Vielfaches des von der Sonne kommenden Plasmas. Das Rätsel, die entscheidende Frage ist: Woher kommt oder wie entsteht dieses energiereiche Kernplasma innerhalb der Magnetosphäre?

Der Ablauf einer Aurora-Entfaltung ist das Ergebnis eines gewaltigen Energieaufwandes. Das sichtbare Polarlicht selber stellt dabei nur 0,1 % der aufgebrachten und sich entladenden Energien dar. Die Energie einer mittleren Aurora-Entfaltung von etwa einer Stunde ist vergleichbar der Energiekapazität aller von Menschen errichteten Kraftwerke der Erde, nämlich hundert Millionen Kilowatt. Die hierbei auftretenden magnetischen Stürme legen den Funkverkehr lahm. Der auftretende Induktionsstrom führt zur Korrosion an Rohrleitungen; zugleich ist dieser Strom schon gelegentlich zur Nachrichtenübermittlung in Fernmeldeeinrichtungen benutzt worden. Inwieweit diese gewaltigen Energien in der Zukunft vom Menschen beherrscht und angewendet werden können, ist eine echte und dramatische Zukunftsfrage. Die übersinnlichen und elektrischen Kräfte, die zunächst geistig in den Händen der Götter gesehen wurden, etwa im Blitze schleudernden griechischen Gott Zeus, sind im Laufe der Jahrtausende in Menschenhände übergegangen. Wird ein entsprechender Vorgang sich in der Zukunft mit den Kräften der Aurora ereignen? – Doch schon jetzt hat das Polarlicht den Menschen zu umfassenden Erkenntnisbemühungen herausgefordert und dabei zu neuen wesentlichen Einsichten in den Zusammenhang von Kosmos und Erde geführt.

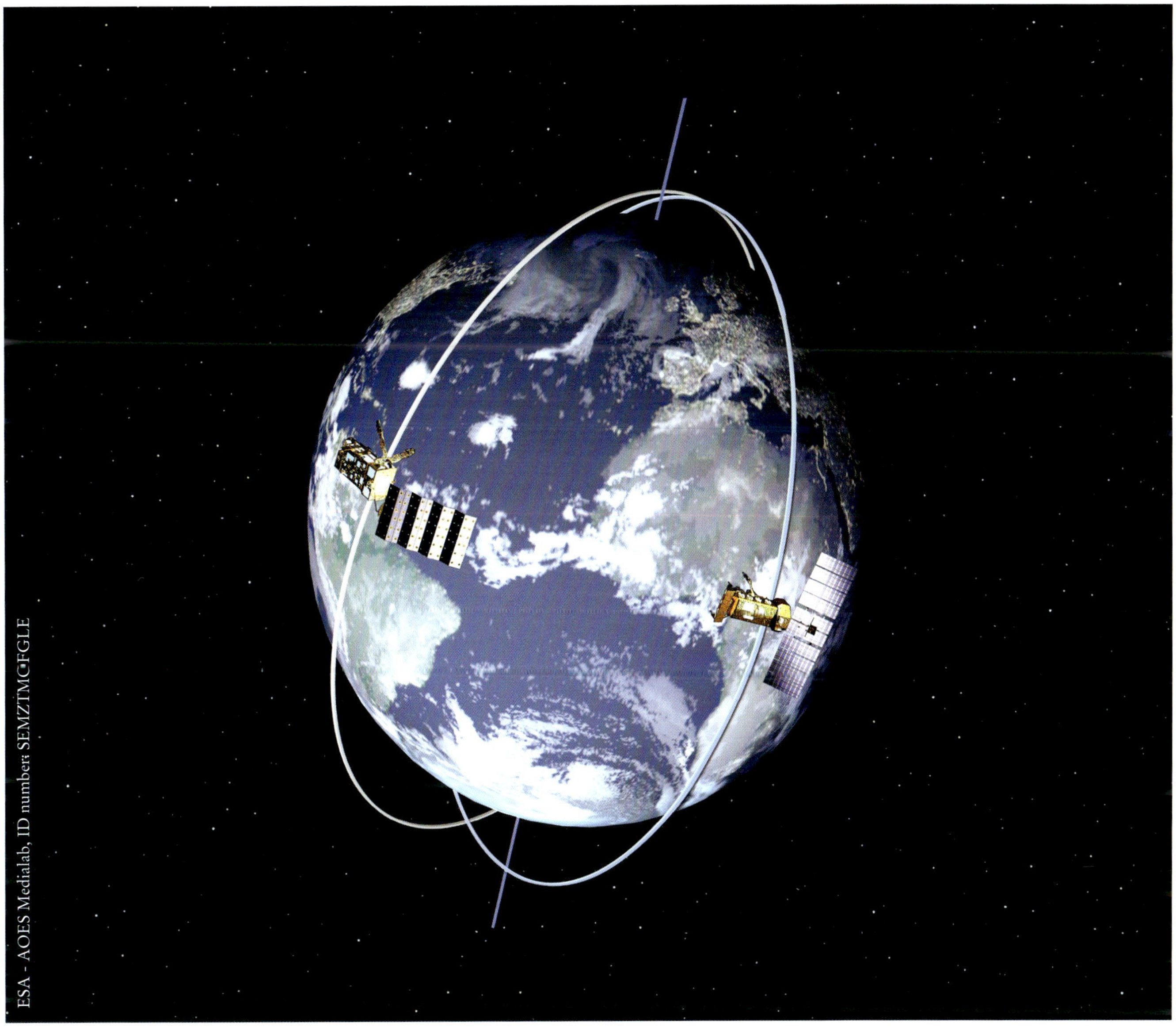

Abb. 31: Die auf den nächsten Seiten folgenden Bilder zeigen Satelliten-Aufnahmen der amerikanischen Luftwaffe (US Air Force) aus den Jahren 1973 bis 1977. Die Wetter-Satelliten umkreisten die Erde in einer Höhe von 833 Kilometern auf einer sonnensynchronisierten Bahn, wie oben (Abb. 31) aufgezeichnet. Sie überquerten den Äquator zu den Lokalzeiten: Mittag – Mitternacht oder Morgendämmerung – Abenddämmerung. Um die rhythmischen Überquerungen sicherzustellen, waren die Umlaufbahnen um 9° versetzt, jeweils der Sonne zu- oder abgewandt. Die einzelnen Bilder sind das zusammengefügte Ergebnis vieler 35-mm-Scanner-Teilaufnahmen, die jeweils ein Erdenfeld von 2,8 x 2963 Kilometern wiedergeben.

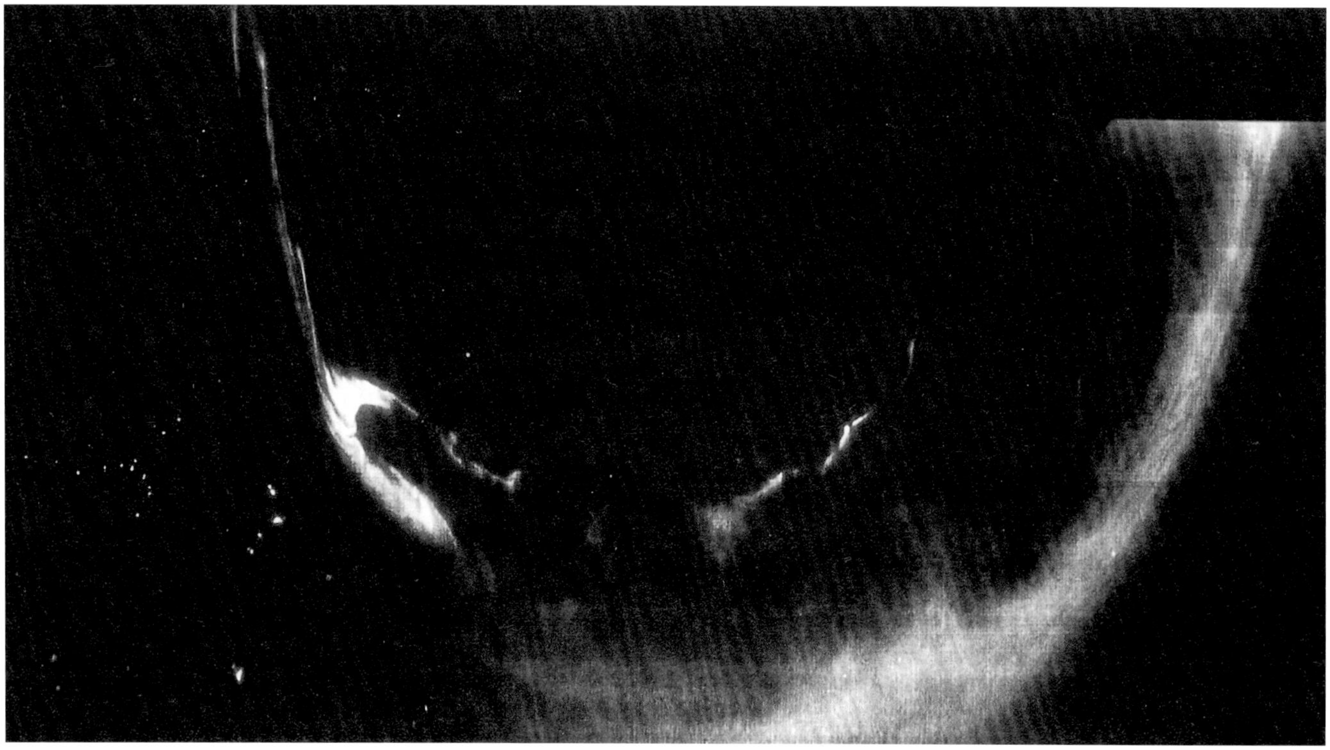

Abb. 32: Das Polarlicht-Oval ragt, vom Norden des nordamerikanischen Kontinents kommend, über der Arktis auf und formt die hier sichtbare Rundung etwa über Novaja Zemlja und der Kara-See nördlich des russischen Kontinents. Der Nordpol liegt hier etwa im Zentrum des Ovals, etwas oberhalb der Aufnahme. – Die links im Bild sichtbaren Lichtpunkte sind Städte in Nordskandinavien. Der kleine Bogen mit den vielen Lichtpünktchen veranschaulicht den abschließend oberen Teil des Bottnischen Meerbusens mit den Städten – beginnend von unten – Oulo, Kemi, Tornio, Luleå-Boden, Skelleftea und Umea. Die vom Bogen aus nach Norden ragenden zwei Lichtpunkte sind die Städte Gällivare und Kiruna. Der in derselben Richtung folgende viel schwächere Punkt weist auf die Stadt Tromsø an der norwegischen Küste. Die Städtelichter entlang dieser Küste sind von oben oft schwer sichtbar aufgrund der häufigen vom Atlantik ankommenden Wolkenbildung. Einzelne der südlich Tromsø gelegenen Küstenstädte bis zu Trondheim am linken Bildrand sind auf der Aufnahme noch schwach erkennbar. Unterhalb Trondheims, ebenfalls am Bildrand, leuchten die kräftigen Lichter Stockholms mit angrenzenden Städten wie etwa Uppsala auf. In größerer Entfernung, in Richtung Norden, fast am oberen Bildrand und direkt im Ovallicht, ist eines von mehreren Lichtern Spitzbergens (Svalbard) zu erkennen: die Stadt Longyearbyen. – Die helleren Lichtpunkte, vom Bottnischen Meerbusen her in Richtung des Ovals gesehen, markieren die Nordküste Norwegens und der UdSSR, von oben beginnend mit den Doppelpunkten: Kirkenes und Nachbarstädte, dann der größere Lichtfleck: Murmansk. Weiter südlich die Städte Monchegorsk und Kandalakscha. Als letztes kräftiges Licht im Südosten leuchtet die Hafenstadt Archangelsk auf. – Im Bild entspricht 1 cm etwa 250 km auf der Erdoberfläche. Die Höhe der Aufnahme erfasst etwa 3000 km Erdenraum, sodass der Rundungsausschnitt des Polarlicht-Ovals einem Umfang von über 6600 km entspricht. Aufnahme von Anfang Januar, etwa 18:15 Uhr MEZ.

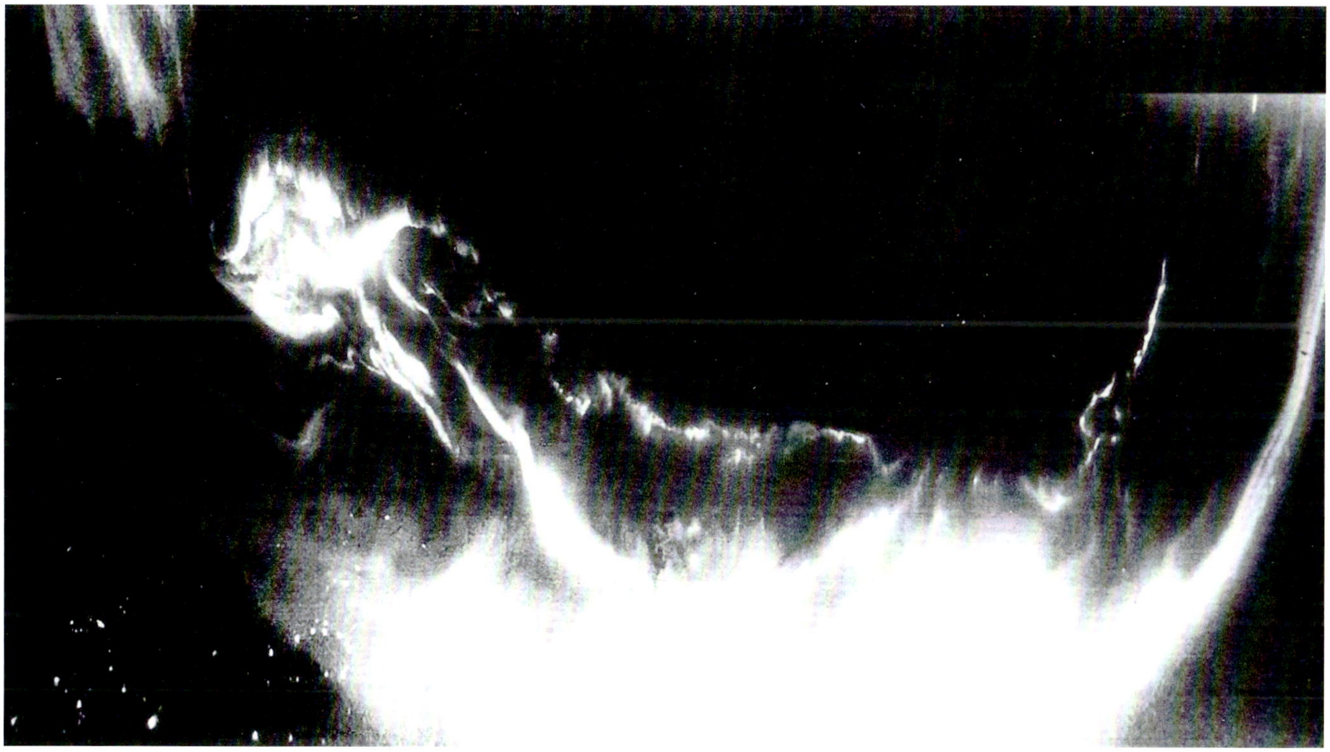

Abb. 33: Während die Polarlicht-Tätigkeit auf der vorigen Aufnahme verhältnismäßig ruhig verharrt, befindet sie sich hier in kräftiger Entfaltung. Das Oval hat sich verbreitert und Polarlicht-Teilstürme entwickelt. Ein sich ständig verformendes Gebilde strömt innerhalb des Ovals nach Westen (links oben). Es ist die Zeit der intensiven Entfaltung in den Abendstunden.
Diese Aufnahme bildet fast das gleiche geografische Gebiet ab wie die vorige. Das gefüllte Oval überdeckt dabei jetzt ganz Nordskandinavien einschließlich der Städte des nördlichen Bottnischen Meerbusens. Anstelle der russischen Städte sind auf dieser Aufnahme die Städte Südskandinaviens sichtbar. Der größere Lichtfleck zeigt Stockholm, schräg nach links oben herauf – westwärts – folgen die kleinen Städte Örebro und Karlstad. Dann leuchtet Oslo auf mit mehreren Lichtpünktchen auf beiden Seiten. Der deutliche Lichtfleck am linken Bildrand zeigt die kräftigen Lichter von Ölbohrinseln. – Aufnahme von Anfang Januar, etwa 20:30 Uhr.

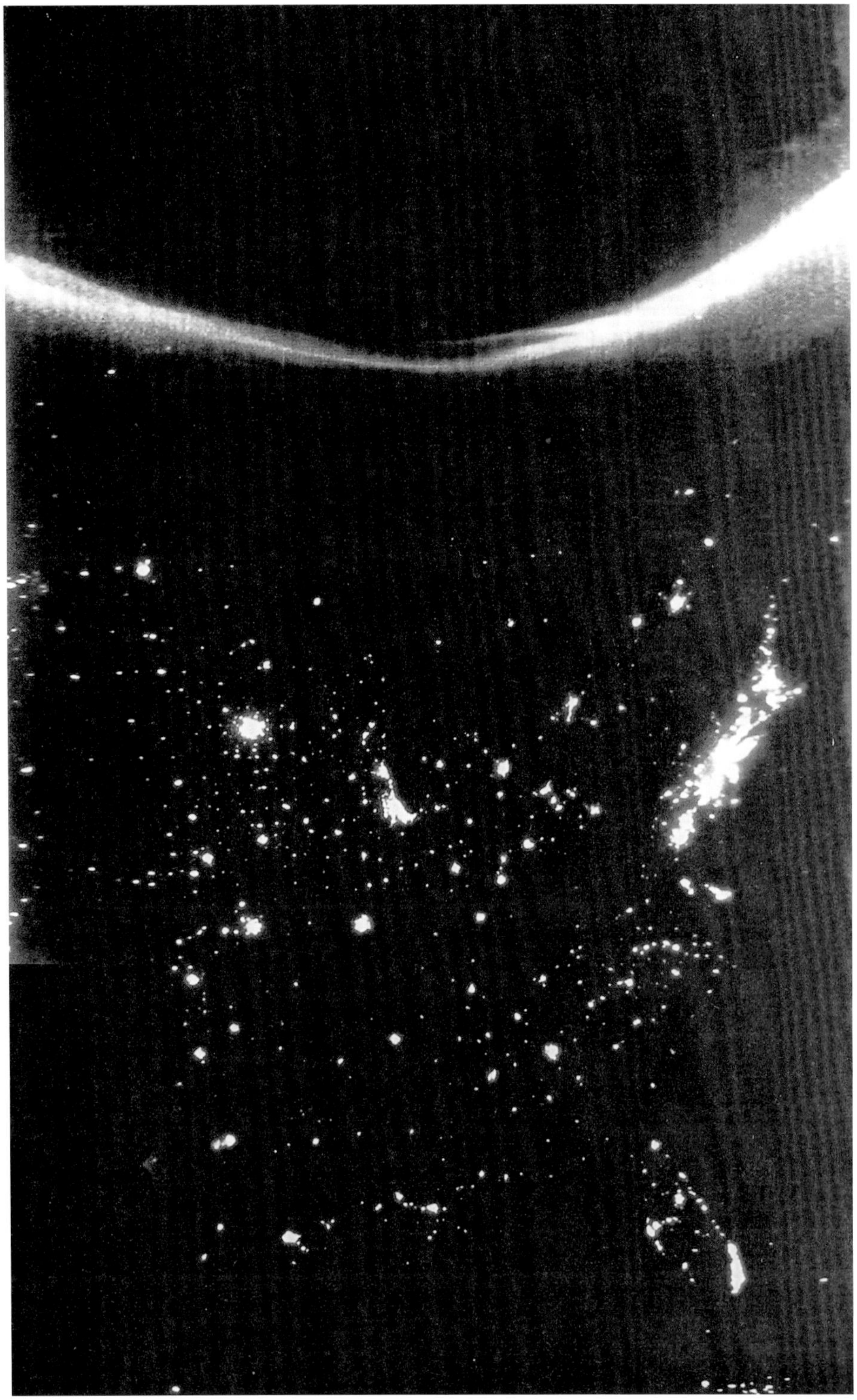

< *Abb. 34: Ruhiges Oval ohne Teilsturm über dem nordamerikanischen Kontinent zwischen dem 50. und 54. Breitengrad. Die Stadt unterhalb des Ovals links oben zwischen zwei kleineren Städten ist Thompson in North Manitoba (Kanada). Das große Lichtmeer im Osten: Stadt und Staat New York. In der Bildmitte Chicago. Die Halbinsel Florida unten rechts.*

Abb. 35: Ein Polarlicht-Oval mit einem Teilsturm entwickelt sich über Alaska, Anfang Januar, etwa 5:15 Uhr. In Richtung Ovalmitte liegt der geomagnetische Mittelpunkt in Nordgrönland. Rechts, außerhalb des Ovals, sind die Lichter der Städte Anchorage und Fairbanks zu erkennen, die etwa 430 km voneinander entfernt liegen. >

Abb. 36: Ein gefülltes Oval mit fackelartigen Gestaltungen über Russisch-Sibirien (Khanti Mansiyski) Anfang Januar, etwa um 17:00 Uhr. Das Oval nimmt einen sonnenartigen Charakter an, indem seine Prozesse die Tendenz zeigen, ein gefülltes Sphärengebilde zu formen. >

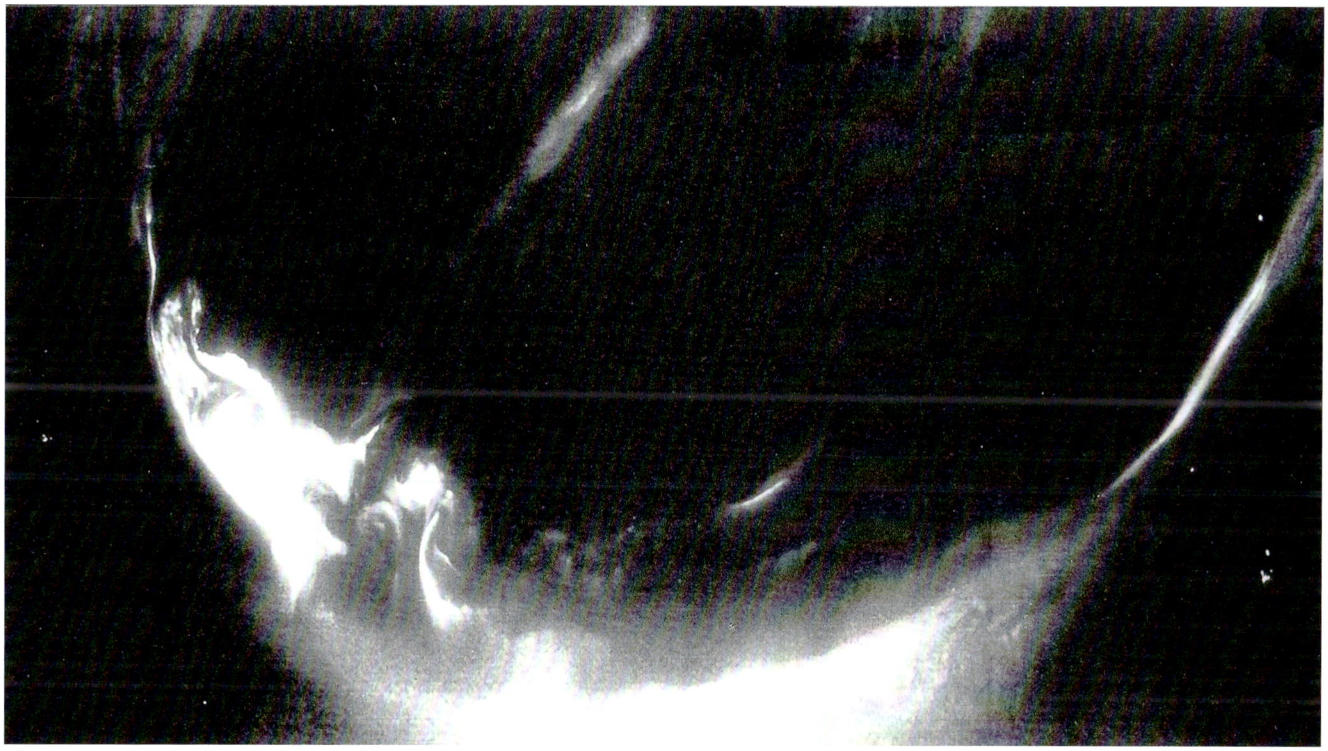

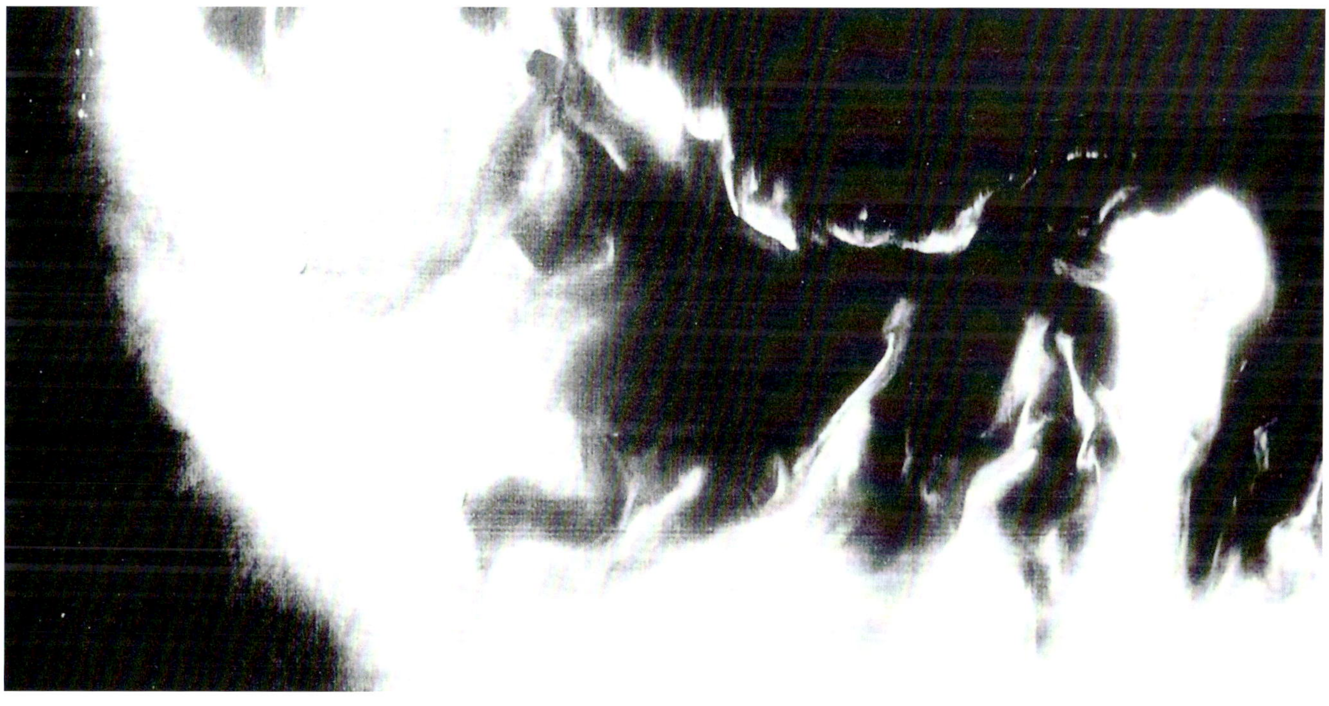

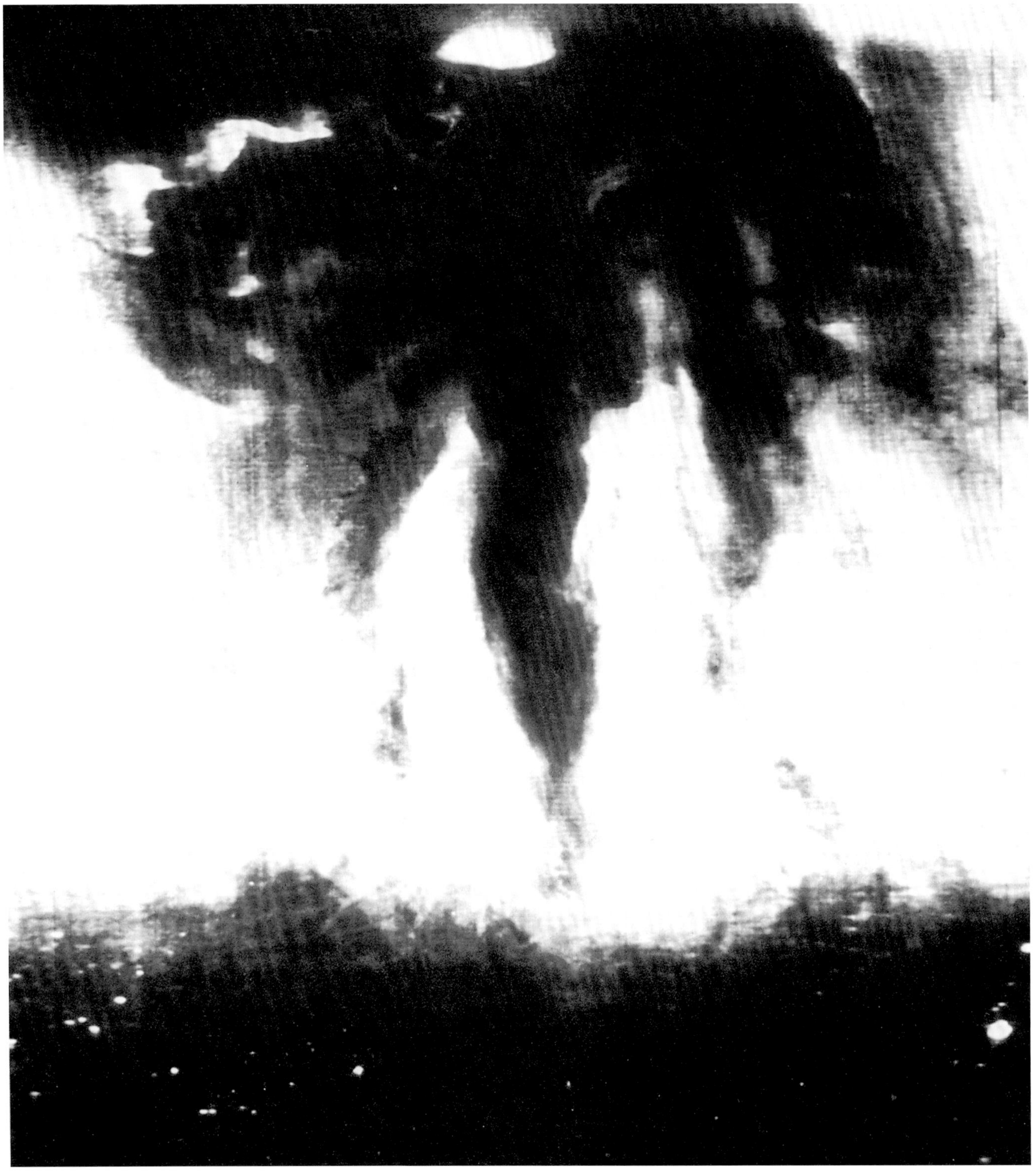

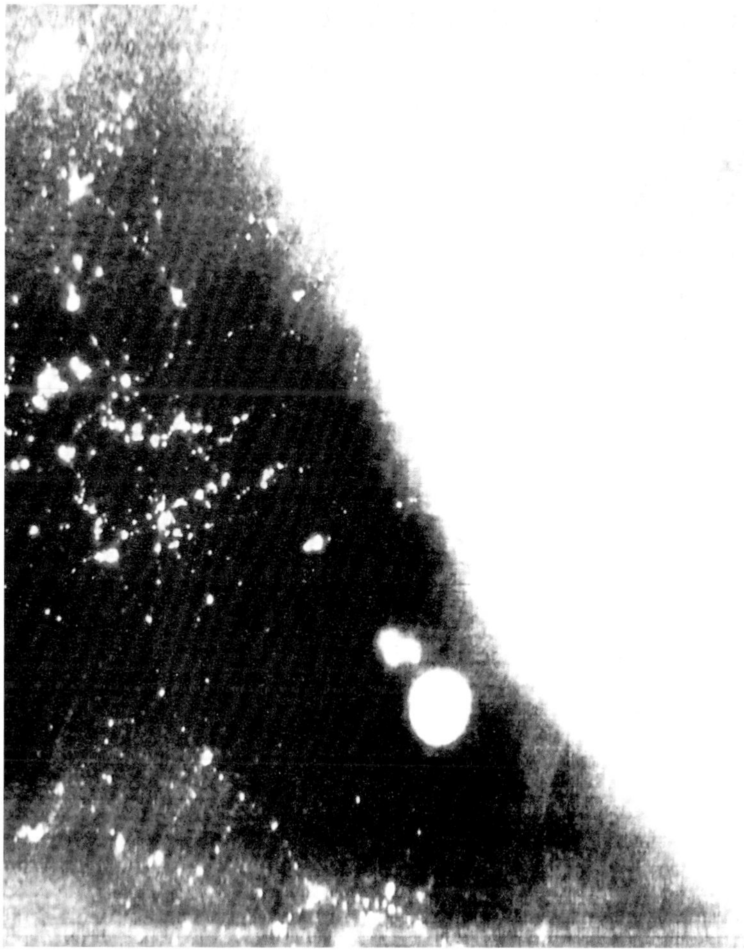

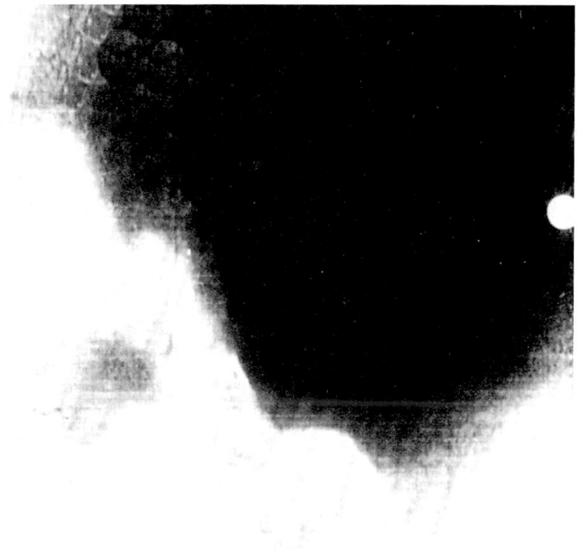

Abb. 37: Das Oval über Mittel-Kanada um Mitternacht Ende Oktober hat Fackelgebilde hervorgebracht. Die Tiefen dieser Fackeln überbrücken hier Entfernungen zwischen 1500 und 2200 km. Die Sonnenverwandtschaft zeigt sich auch in der Tendenz, die Außenseite des Ovals geschlossen zu formen, während die nach innen gerichteten Fackeln sich teilen, ähnlich dem Granulationsprozess auf der Sonne. Diese Abbildungen veranschaulichen deutlich, wie sich in den Vorgängen der Aurora ein plasmatischer Sternenprozess ereignet. Der Betrachter schaut in farbige Sternprozesse hinein.

Abb. 38: Ein geschlossenes und regelmäßig geformtes Oval über der Sowjetunion von Anfang November, etwa um 23:00 Uhr. Die Ovalbildung hat einen Höhepunkt erreicht mit einer durchgehenden Ovalbreite von über 1500 km. Die von Ost nach West (links aufwärts entlang des Ovals) zusammenhängenden Lichtpünktchen veranschaulichen den Verlauf der transsibirischen Eisenbahnstrecke. Die Lichter um Moskau erscheinen in der linken unteren Ecke. Die kräftigen kreisförmigen Lichtformen werden durch Abfackeln von Gasen der Ölraffinerien verursacht.

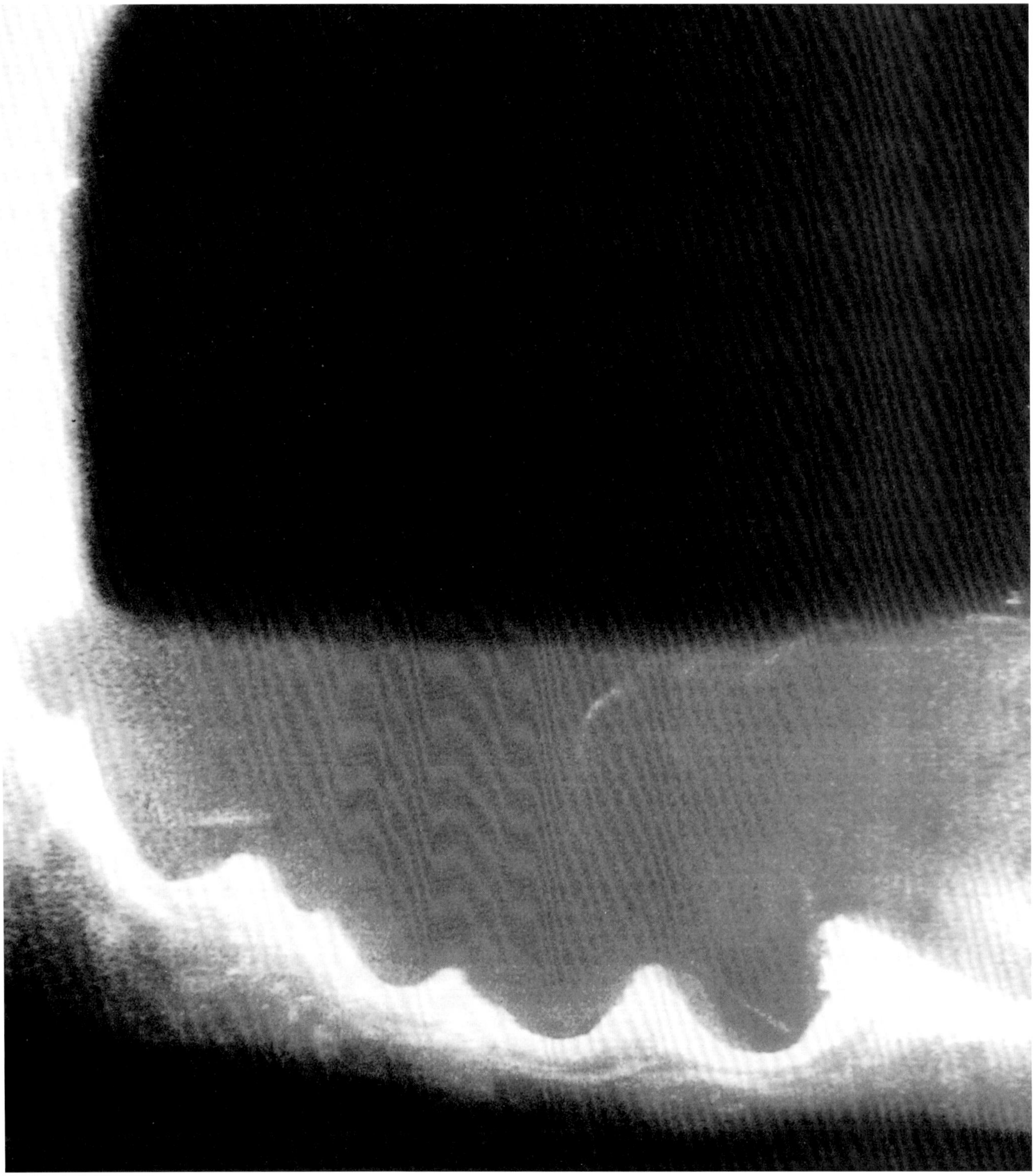

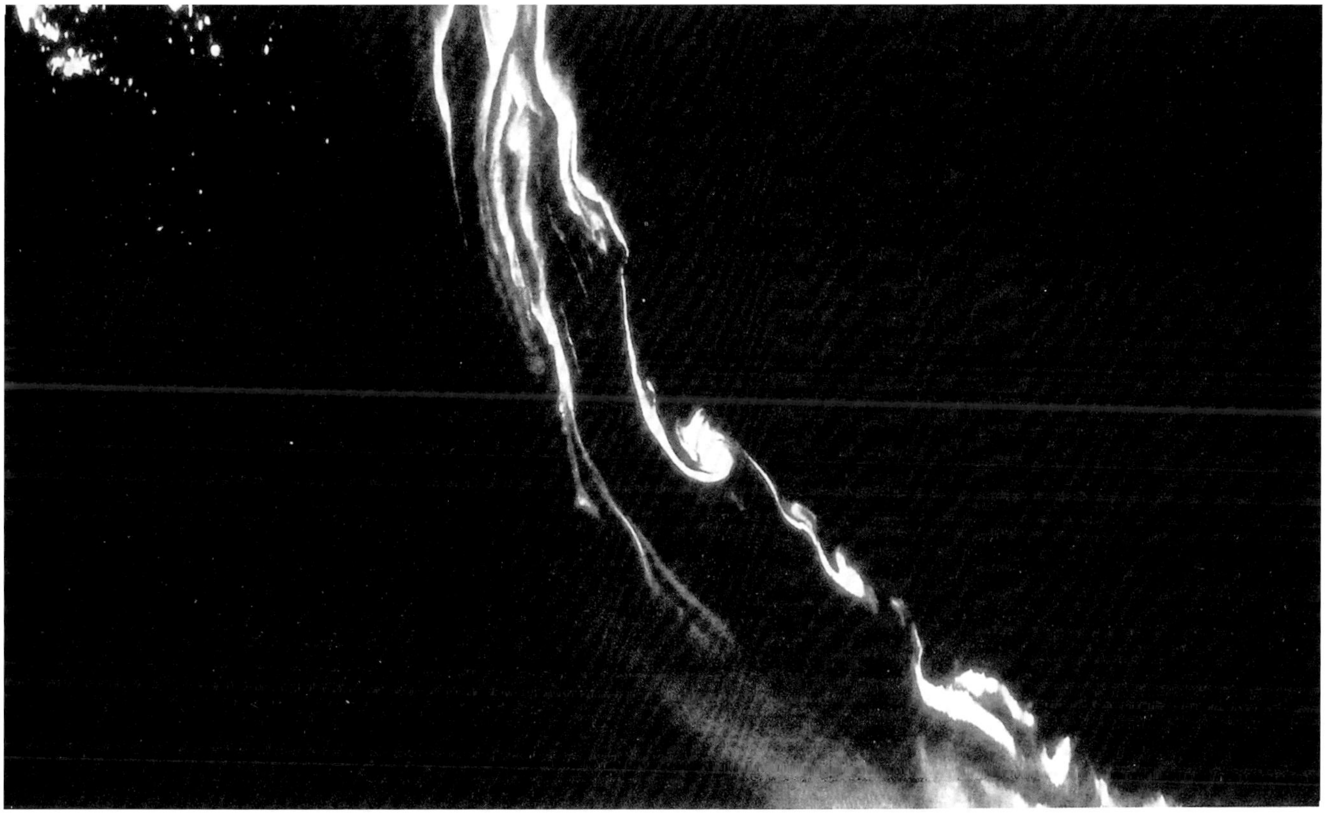

Abb. 39: Ein Ovalausschnitt über der Antarktis Anfang Mai um 8:00 Uhr. Eine Reihe von sechs Teilstürmen bewegt sich nach Osten. Die rhythmischen Gliederungen der Stürme gestalten wasserverwandte, wellenartige Bewegungen, die eine organhafte Gesamtform hervorrufen.

Abb. 40: Das Oval verläuft südlich (links) von Island (Lichtpünktchen rechts unten) und Grönland (Pünktchen rechts vom Oval) vorbei direkt nach Westen (oben) und überquert Labrador; Anfang Januar, etwa 20:15 Uhr. Als einzelner Lichtpunkt, direkt südlich (links) vom Oval, erscheint St. John's auf Neufundland; nach Westen verlaufend (zur oberen linken Ecke): die verstreuten Lichter auf Nova Scotia (Halifax) und New Brunswick, danach das Lichtermeer von Boston bis New York. Nördlich (rechts) hiervon Québec und Montreal (am Bildrand). – Auch in diesem Oval bilden sich in rhythmischer Folge Teilstürme als Wellen, die sich nun überschlagen und Wirbel bilden. Diese sind als grundlegende Struktur innerhalb des Polarlichts im Großen als äußere wie auch im Kleinen als innere Struktur vorhanden. Die kosmischen Wirbelstrukturen der Spiralnebel und Galaxien erscheinen im Polarlichtprozess wieder.

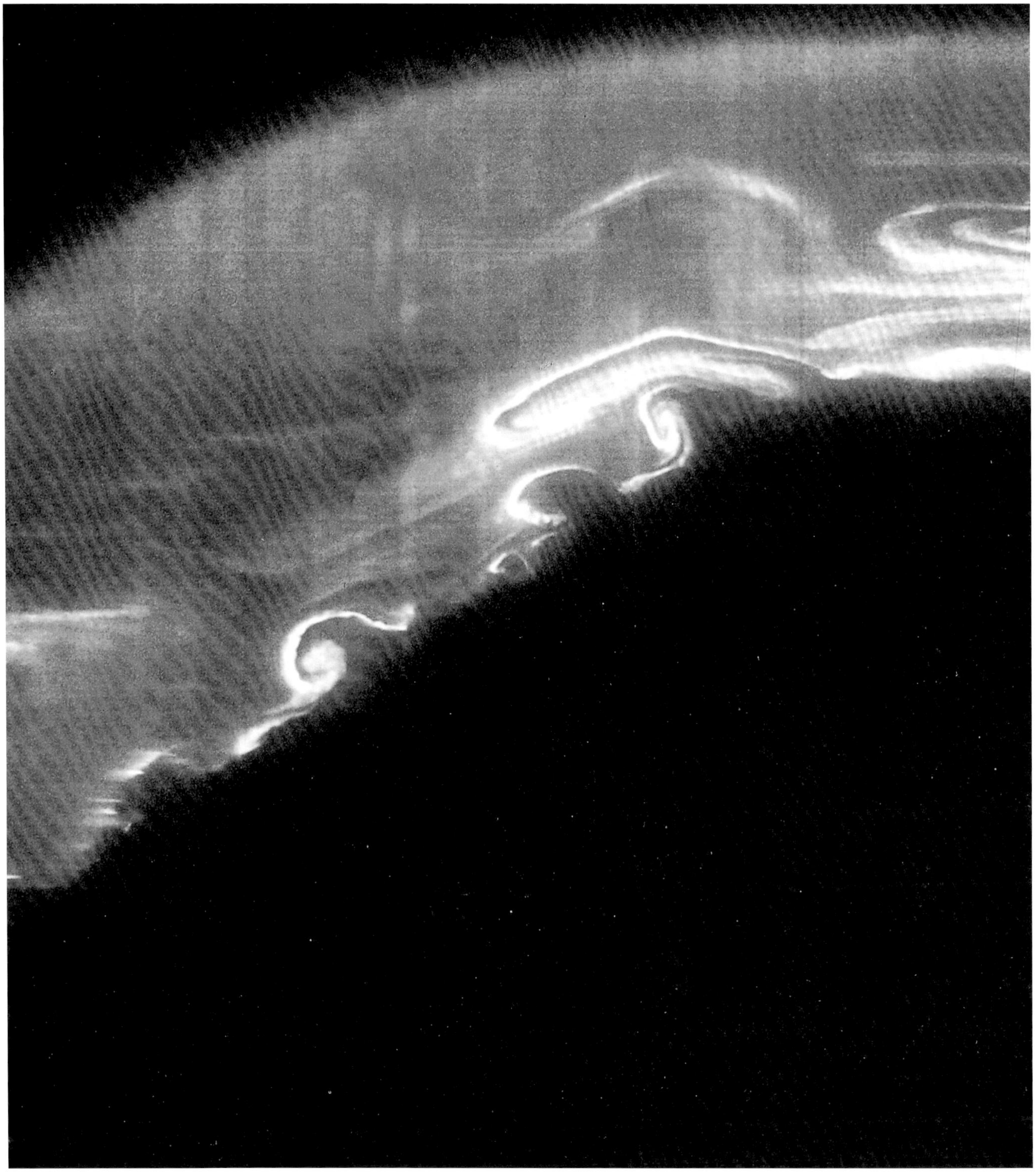

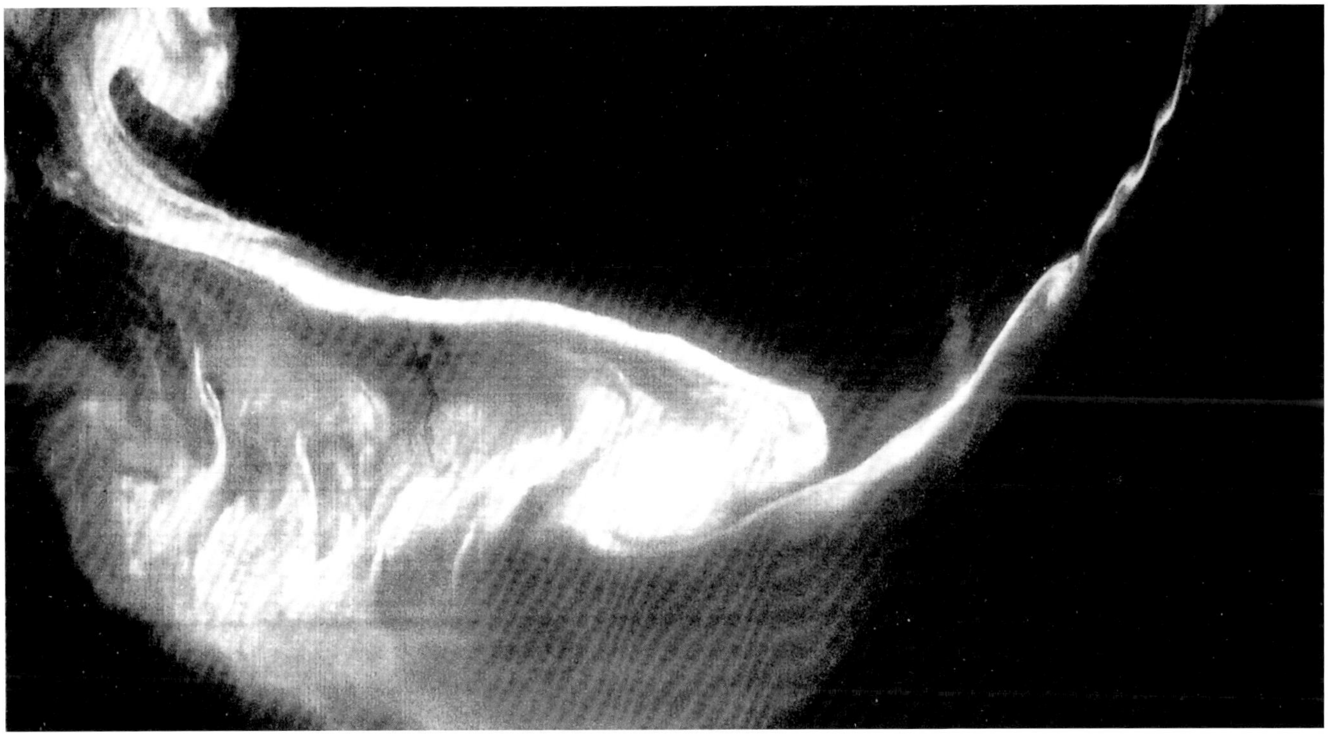

Abb. 41: Die nebenstehende Aufnahme zeigt die Wirbel noch weiter eingewickelt, ebenfalls auf der Innenseite des Ovals, das hier vom nördlichen Zentrum aus gesehen wird (Süden oben). Aufnahme über Sibirien, Anfang Dezember, etwa 14:00 Uhr.

Abb. 42: Die Aufnahme über der Antarktis Anfang Juni um 17:30 Uhr Weltzeit zeigt einen vollgefüllten Ausschnitt des Südlicht-Ovals mit mehreren breit verteilten, ineinandergewickelten Spiralen. Daneben erfüllen den gesamten restlichen Raum des Ovalteiles rippenartige Strukturen, die an organische Formen erinnern. Die Abbildung verdeutlicht, wie der Polarlicht-Prozess hier eine Strukturstufe zu veranschaulichen vermag zwischen freien kosmisch-ätherischen Kräften und zu weiteren Gestaltungen führenden irdischen Formkräften, die sich beim Eintritt in die physischen Gesetzmäßigkeiten der Erdumgebung geltend machen.

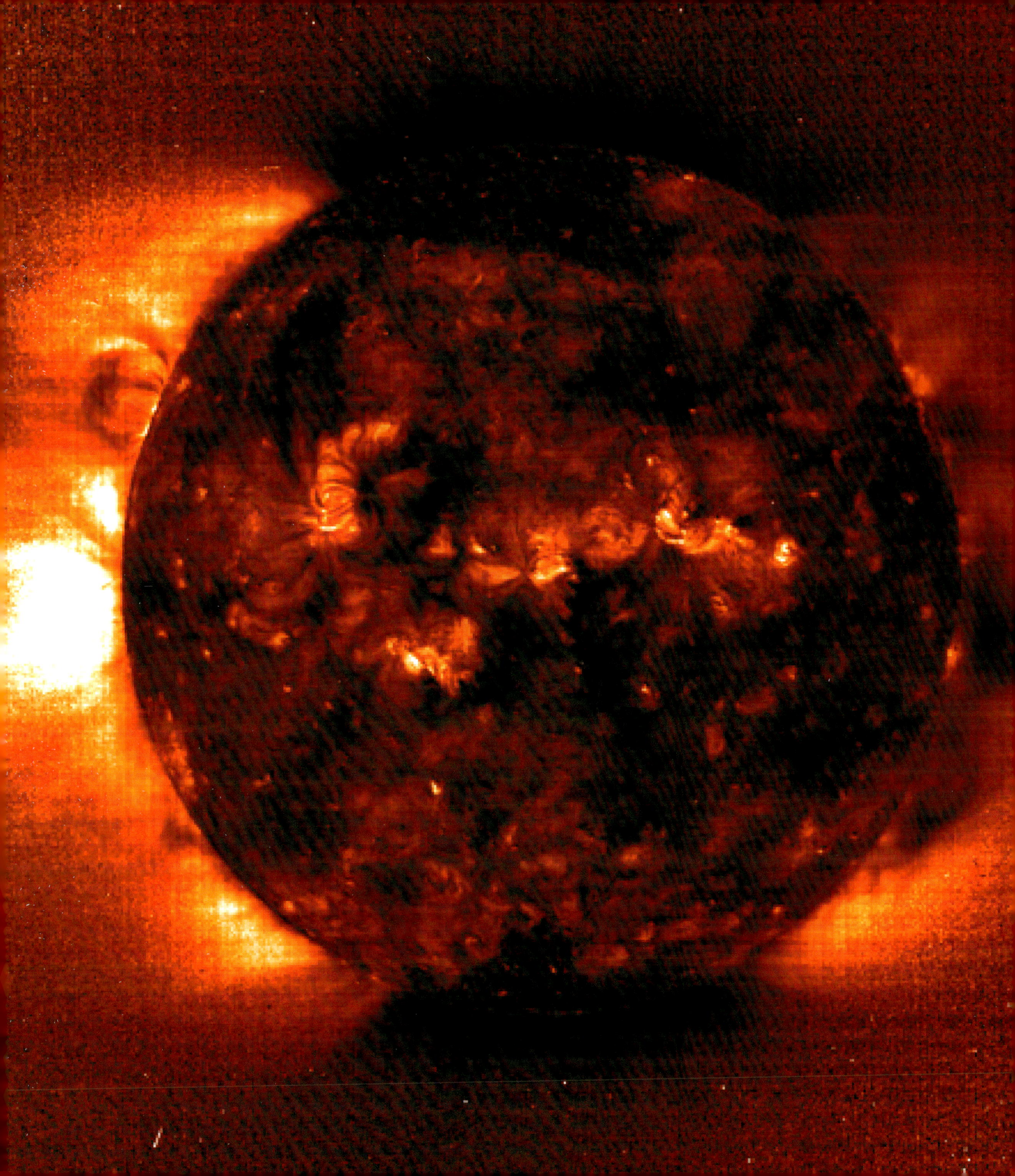

Die Offenbarungen der Sonne und der Aurora

Das Polarlicht lenkt die Aufmerksamkeit des Forschers auf Vorgänge im Bereich der Sonne. In diesem ist in unserem Jahrhundert der von der Sonne kommende Plasmastrom entdeckt worden. Dieser durchdringt das ganze Sonnensystem. Seine Kenntnis verbessert entscheidend unser Verständnis der sichtbaren und messbaren Sonnenorganisation. Der äußere Teil dieser Organisation kann zunächst vierfach gegliedert werden: die Oberflächenschicht des Sonnenkörpers (die Fotosphäre), das flammende Fackelfeld unmittelbar um diesen Körper (die Chromosphäre), die umgebende Lichtaura (die Korona) und das den planetarischen Raum erfüllende Sonnenplasma (der Sonnenwind). Die Konvektionszone direkt unterhalb der Fotosphäre und das weder wahrnehmbare noch direkt messbare Sonneninnere sind hierbei nicht berücksichtigt. – Erst die neuerliche Entdeckung des Sonnenplasmas führt zum klareren Erfassen dieser äußeren vierfachen Sonnenorganisation.

Seit dem Anbruch des wissenschaftlichen Zeitalters gilt der sichtbare Sonnenkörper als die eigentliche Sonne, vordergründig mit Recht. Denn von der Oberfläche dieses Körpers, der Fotosphäre und Chromosphäre, gehen die Licht- und Wärmewirkungen aus, die das Leben auf der Erde mit hervorbringen. Sinkt der Sonnenkörper unter den Horizont, verschwinden gleichzeitig die Lichtstrahlen in die Höhen hinaus, und auf der Erde breiten sich Dunkelheit und Kälte aus. Kein anderer Teil der weit ausgedehnten und stark energetischen Sonnenorganisation vermag in der Gegenwart die Vorgänge zu ersetzen, die auf der Oberfläche des Sonnenkörpers vor sich ge-

Abb. 43: Bild des Sonnenkörpers im ultravioletten Licht, aufgenommen vom Hubble Weltraumteleskop (SOHO) am 26. Juni 1996 während des Tiefpunktes der letzten Sonnenflecken-Minimumsphase. Die hellweißen und gelben Gebilde veranschaulichen die ungewöhnlich hohen Temperaturen der umgebenden Korona.
Diese Abbildung enthüllt mit seltener Deutlichkeit die entscheidende Phase im Sonnen-Hohlraumprozess. Über den Sonnenpolen erscheinen die Aussparungsräume, die messtechnisch dunkel wiedergegeben werden müssen, weil sie im ultravioletten Licht nicht erfasst werden (neben der Tatsache hier, dass diese Räume kühler erscheinen). Diese Hohlräume verbreitern sich nach außen in den Umkreis und verdichten sich zum Sonnenkörper hin in Gestalt der an diesem Körper auftretenden trichterförmigen Feldlinienstrukturen. Die Räume dehnen sich weiter über den Sonnenkörper aus und umgeben weite Teile der Sonnenoberfläche (der Fotosphäre). Hier lagern sie – sich ständig verändernd – viele Jahre lang während der fleckenfreien oder -armen Sonnenzeit, verbinden sich mit dem Sonnenkörper und durchdringen ihn.
Die Abbildung veranschaulicht die Phase der «ruhigen Sonne». Im deutlichen Gegensatz zu diesem Eindruck erscheint der gleichzeitig nach außen fleckenfrei leuchtende und strahlende Sonnenkörper. Im Verborgenen aber ist er umgeben und erfüllt von intensiv bewegten Aufnahmevorgängen. – Ist die Sonne im Fleckenmaximum als «aktive Sonne» ein Ausdruck der tätig wachenden Sonne, so ist die «ruhige Sonne» im Fleckenminimum ein Ausdruck des empfangend schlafähnlichen Sonnenkörpers. Die Abbildung zeigt die mit den umwölkenden Umkreiskräften verbundene «schlafende Sonne».

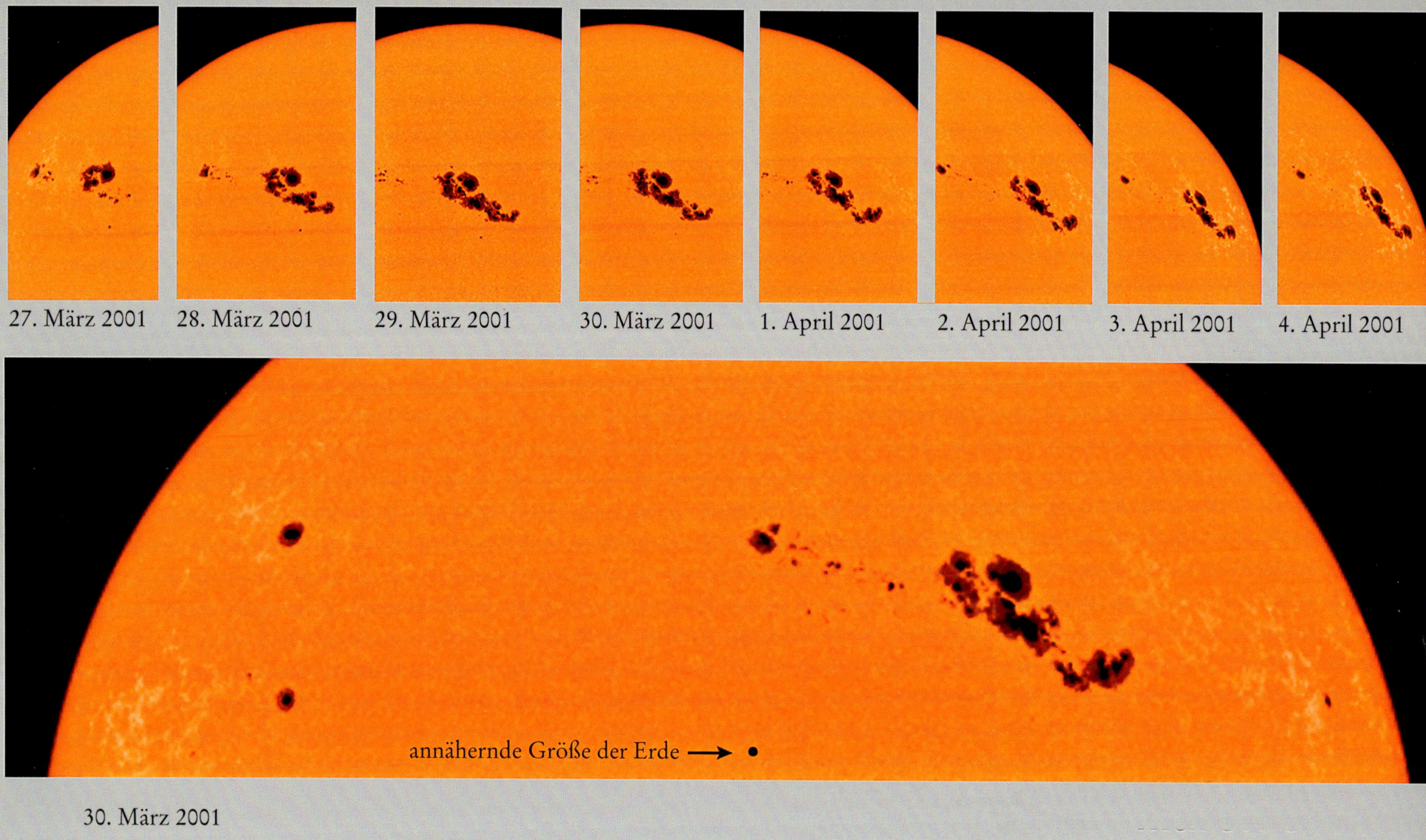

hen. Auf ihr nehmen die Sonnenprozesse eine Form an, die eine Verwandtschaft mit irdischen Prozessen zeigt. So vermögen das physische Licht und die physische Wärme zusammen mit irdischen Kräften Leben zu erzeugen. Darüber hinaus sind es die sichtbaren Vorgänge auf der Fotosphäre – etwa die Sonnenfleckentätigkeit –, die wesentliche Aufschlüsse über die stoffliche und räumlich-zeitliche Beschaffenheit des Sonnenkörpers ermöglichen und zugleich die Verbindung herstellen zu der im Erdendunkel aufleuchtenden Aurora.

Abb. 44: Ein besonders aktiver, großer Sonnenfleck im Sonnenausschnitt mit einer bewegt-ausgebreiteten Penumbra (rote Übergangszone um die Umbra, das schwarze Zentrum), aufgenommen vom 27. März bis zum 4. April 2001. Die durchsichtige Chromosphäre gibt den Blick frei für die unterhalb der Fotosphäre aufsteigenden Granulen (Aufnahme: SOHO, Solar and Heliospheric Observatory).

Abb. 45: Ein einfacher, herzförmiger Sonnenfleck im monochromatischen Licht (H-alpha, Wasserstofflinien) vom 4. Juli 1974. Wasserstoffbögen verbinden den Fleck mit den darüber liegenden Aktivitätszentren, den Fackeln und Plages (Aufnahme: Great Bear Observatory, USA).

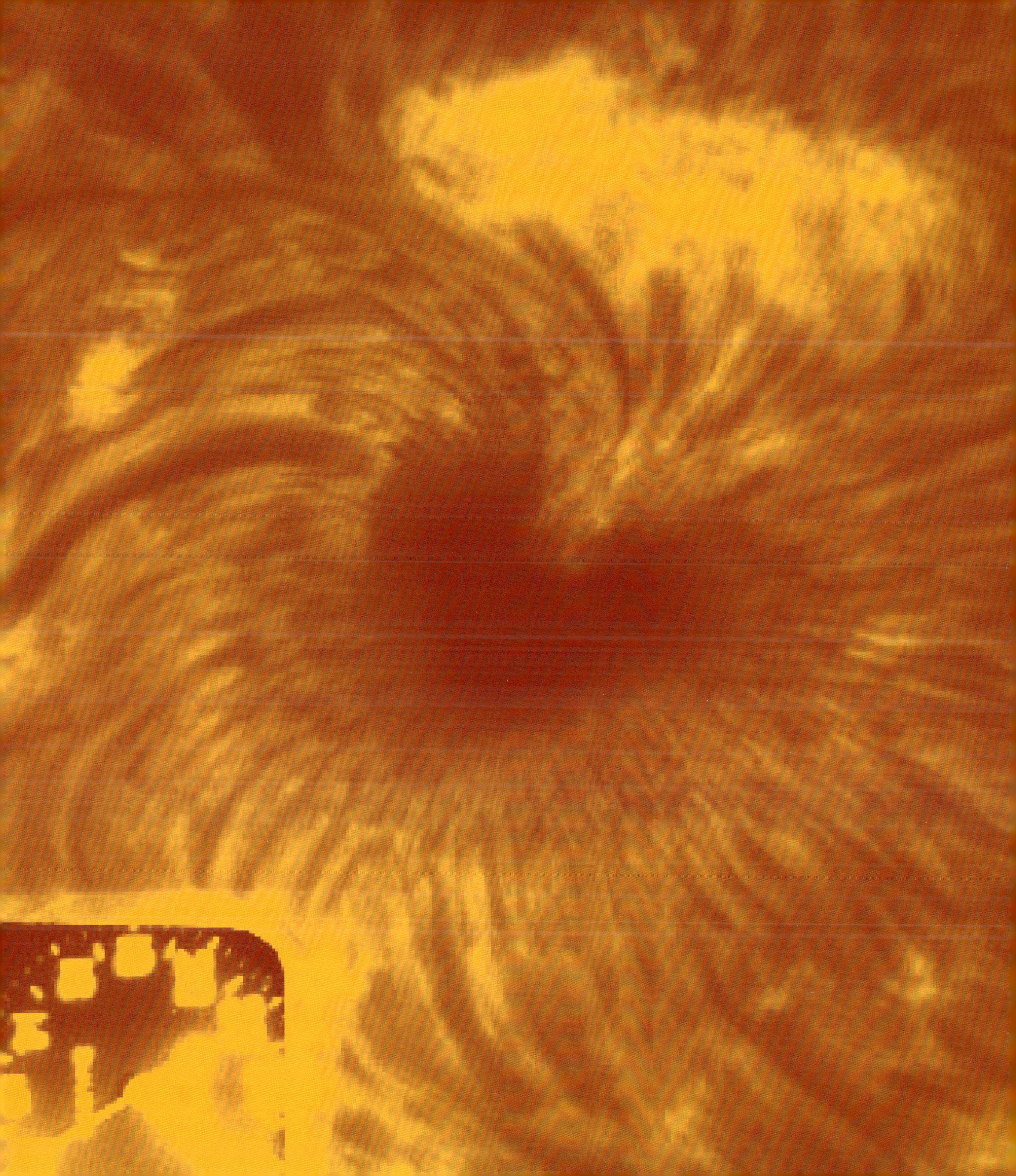

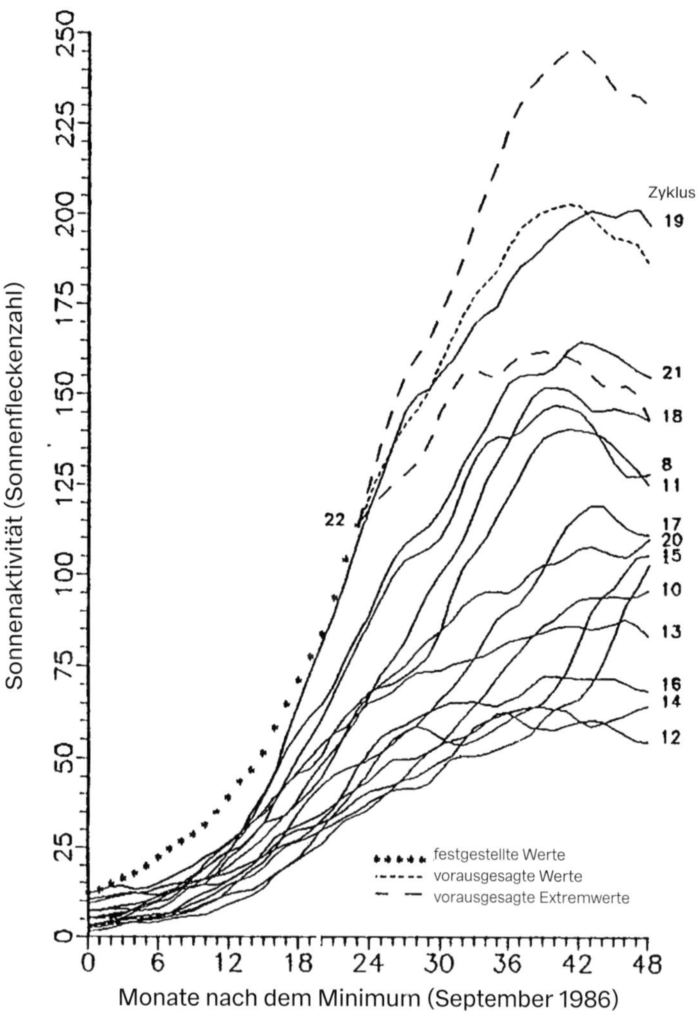

Aufstieg des 22. Sonnenflecken-Zyklus im Vergleich zu den vorangehenden Zyklen. Die Kurven veranschaulichen den ungewöhnlichen Anstieg der Sonnentätigkeit durch die Fleckenzyklen der vergangenen 150 Jahre hindurch bis zum 22. Zyklus. Die vertikale Achse veranschaulicht die Sonnenaktivität (Sonnenfleckenzahl), die horizontale die Anzahl Monate nach dem jeweiligen Zyklus-Minimum (für den 22. Zyklus im September 1986). – Erstellungsdatum: 7. März 1989, 30 Monate nach Minimum. Die Darstellung der Kurven: gesternt – festgestellte Werte; eng gestrichelt – vorausgesagte Werte; breit gestrichelt – vorausgesagte Extremwerte. Quelle: NOAA Space Environment Laboratory, Boulder, USA.

Die rätselhaften Sonnen- und Sternflecken

Die dunklen Sonnenflecken sind Vertiefungen auf der Fotosphäre. Im Untergrund dieser geöffneten Oberfläche wird eine tiefere Schicht des Sonnenkörpers sichtbar: die Konvektionszone, in welcher die Gebilde aufsteigen, die dann als mächtige Körner (Granulen) die Kugelgestalt des Sonnenkörpers bilden. Messungen haben ergeben, dass die dunklen Fleckenpartien deutlich kühler sind als die Umgebungsoberfläche. Von der Erde aus gesehen erscheinen die Flecken auf der Sonne klein, verglichen mit irdischen Dimensionen sind sie gigantisch. Die dunklen Fleckenkerne (die Umbra) haben im Durchschnitt einen Durchmesser von etwa 20.000 Kilometern, mit der umgebenden helleren Bruchzone (Penumbra) von etwa 50.000 Kilometern. Solche Größen sind das Vielfache des Erddurchmessers. Eine der größten fotografierten Fleckengruppen war die des Jahres 1947. Sie erreichte einen Durchmesser von über 300.000 Kilometern, das entspricht fast der Entfernung von der Erde zum Mond.

Die Zunahme und Abnahme der Flecken erfolgt in wechselnden Phasen. Während einzelne kleinere Flecken einer abklingenden Phase in Äquatornähe noch sichtbar sein können, bilden sich wieder neue auf der Fotosphäre in heliografischen Höhen von 30° bis 40° Nord und Süd. Von diesen wandern die zunächst kleinen Flecken in Richtung Äquator, werden aber durch die Eigenrotation der Sonne in eine diagonal-ost-westliche Richtung abgelenkt, entsprechend der Passatwinde auf der Erde. Dabei nehmen sie an Größe zu und haben die Tendenz, paarweise zu entstehen, wobei sie innerhalb starker, aktiver magnetischer Felder selber magnetische Polaritäten annehmen. Der vorausgehende Fleck hat die gleiche Polung wie der Sonnenpol seiner Hemisphäre, der nachfolgende den entsprechenden anderen Pol. Während sich die Fleckengruppen dem Äquatorbereich nähern, nehmen sie wieder an Größe ab, um in Äquatornähe ganz zu verschwinden. Von einer Flecken-Aktivitätsperiode, beginnend mit einem Minimum, bis zur nächsten findet eine Umpolung der Sonnenpole und damit der ganzen Sonne statt. Dabei vertauschen auch die Sonnenflecken ihre magnetischen Polungen, sodass eigentlich erst eine doppelte Aktivitätsperiode einen vollständigen Sonnenfleckenzyklus ergibt. Da die einzelnen Fleckenzyklen größeren Schwankungen unterliegen, bedurfte es zunächst langer Beobachtung, bis das Mittelmaß gefunden wurde. Dieses beträgt etwa 11,1 Jahre von einem Maximum zum nächsten, sodass ein

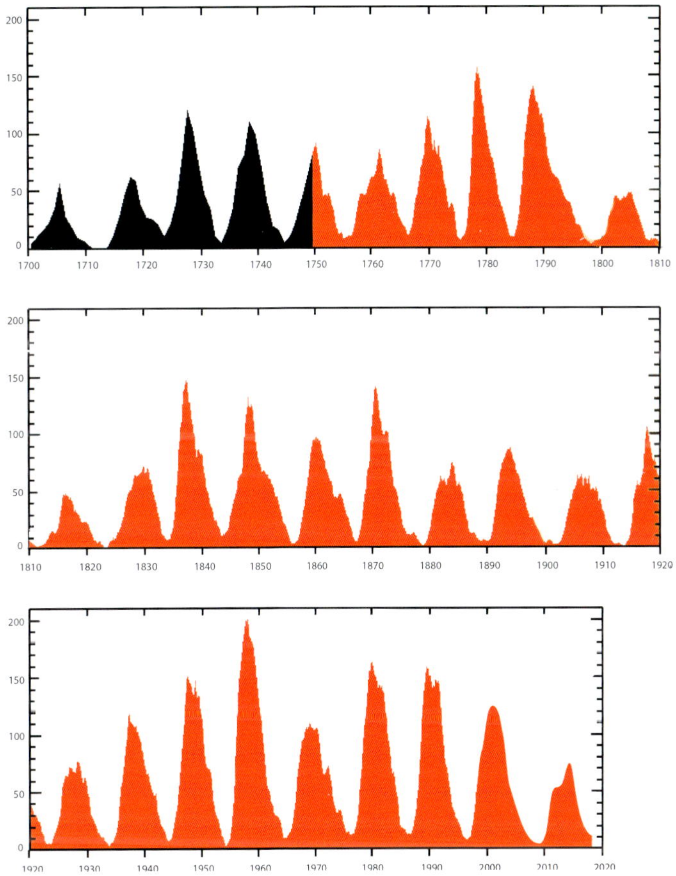

Ausgefüllte Kurven des Fleckenrhythmus der Sonne. Bis 1750 aufgrund jährlicher, danach monatlicher Zählungen. Für das 20. Jahrhundert setzt nach dem Minimum nach 1910 ein allgemeiner Aufstieg ein (14. Zyklus). Ein vorläufiger Höhepunkt wird um 1958 erreicht (19. Zyklus). Gleichzeitig verringert sich der durchschnittliche Zeitraum zwischen den Spitzenwerten (den Maxima) von 11,1 auf 10 Jahre. Der Rhythmus ist verkürzt und damit intensiver; die Gipfel der Maxima wachsen durch die zeitliche Zusammendrängung weiter hinauf. Der steilste Aufstieg ereignete sich bis zum Maximum von 1989. Das Maximum der Sonnenflecken im Jahr 2000 erreichte nicht mehr die Höhe von 1989 und das nächste Maximum 2011-2014 zeigte eine Doppelspitze, die verzögert und viel kleiner ausfiel. Sollte der Trend sich fortsetzen, so ist das nächste Maximum 2022 oder später wohl noch schwächer. 2018 ist das Sonnenfleckenminimum erreicht. (Royal Observatory of Belgium)

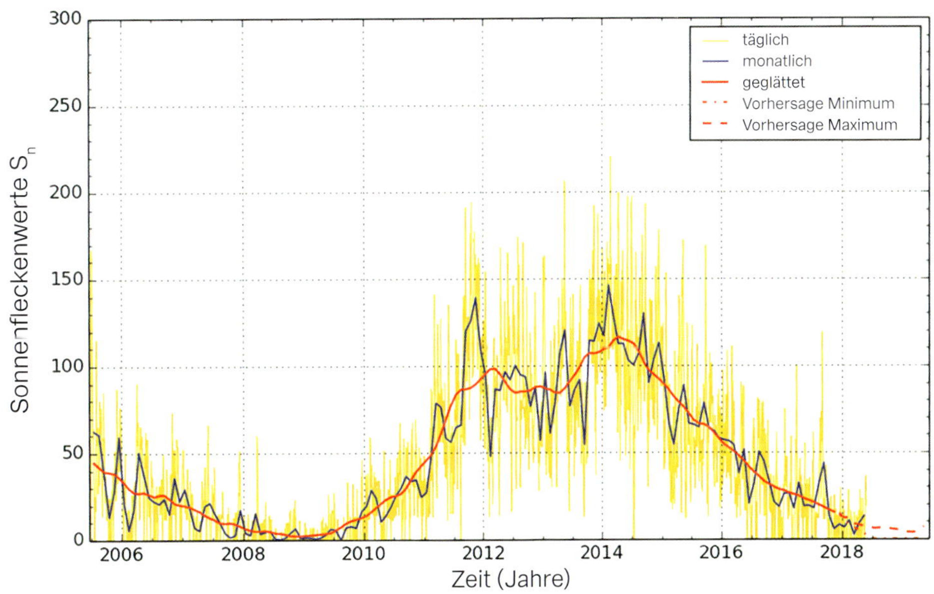

Gesamtzyklus aus zwei mal 11,1 Jahren besteht, also ein 22,2-jähriger Fleckenzyklus.

Die Fleckenzunahme vollzieht sich sehr viel schneller als die Abnahme. Dadurch steigt die aufgezeichnete Kurve der Fleckenzahl steil an und bildet mit der flacher abfallenden Kurve eine Spitze. Sie zeigt also ein Impulsbild. Rhythmisch bedeutet dies, dass die Zeit von einem Minimum zum Maximum nur etwa vier, die Zeit des Abklingens etwa sieben Jahre dauert. Der Züricher Astronom RUDOLF WOLF (1816–1893) führte eine Zählung der Sonnenfleckenzyklen ein, beginnend mit dem Jahr 1755 (einer Zeit, in der es noch nicht möglich war, die magnetische Umkehrung der Flecken festzustellen). Nach dieser Zählung begann im Jahre 1976 mit dem Minimum der 21. Zyklus, der seinen Höhepunkt 1980 erreichte. Der 22. Zyklus begann 1986, wonach die Sonnenfleckentätigkeit einzigartig schnell zunahm und ihren Höhepunkt schon drei Jahre später, 1989, erreichte. In diesem Jahr war das Polarlicht in großen Teilen Europas zu sehen. In Deutschland wurden Aufnahmen gemacht vergleichbar mit solchen aus Nordskandinavien. Es war zugleich das Jahr der großen Umwälzungen in Europa: Fall der Mauer in Deutschland, Aufhebung des Eisernen Vorhangs in Europa und damit Ende des Kalten Krieges.

Andere besondere Aktivitäts- und Fleckenhöhepunkte in unserem Jahrhundert waren 1917 und jeweils ansteigend 1937 und 1946 bis zum bisherigen Maximum des Jahrhunderts im Dezember 1957. Zu dieser Zeit waren große Teile der Sonnenoberfläche mit Flecken übersät. Bei einer etwas später aufkommenden Aurora-Entfaltung war der nördliche Teil des nordamerikanischen Kontinents durch Spiegelungen im Schnee völlig in rotes Polarlicht eingehüllt. Der 23. Zyklus begann 1996 und wird um das Jahr 2000 kulminieren. *In unserem Jahrhundert hat sich eine fortgesetzte Zunahme und damit Intensivierung der Sonnenfleckentätigkeit ereignet; der Grundrhythmus ist beschleunigt und beträgt jetzt nur etwa zehn Jahre.*

Erst als etwa um das Jahr 1600 das Fernrohr erfunden wurde, konnten die Sonnenflecken genauer beobachtet werden. Ihre nun deutlich gewordene Wirklichkeit löste eine tiefe Erschütterung in den Seelen der christlichen Forscher und Denker des Abendlandes aus. Der Jesuitenpater CHRISTOPH SCHEINER (1575 – 1650) meldete diese umwälzende Entdeckung seinem Ordensprovinzial; dieser konnte in seiner Ratlosigkeit nur Aristoteles befragen, um dann Scheiner später mitzuteilen: er habe bei Aristoteles gründlich nachgelesen, es stünde bei ihm nichts über die Flecken; sie könnten daher nur einem Fehler an Scheiners Gläsern oder Augen zuzuschreiben sein. – Die Unruhe über die nun deutlich wahrgenommenen Sonnenflecken entsprang den tieferen Empfindungen der Menschen. Mit Recht wurde die Sonne als ein rein leuchtender Seins-Ausdruck erlebt. Diese Dunkelheiten schienen nicht nur die Sonne, sondern auch das mit ihr verbundene Sein zu bedrohen. Hinzu kommt, dass die Verdunklungsursache völlig rätselhaft erscheinen musste. Dieser Zustand hat angehalten. Seit der Entdeckung der Flecken wurden viele Theorien über ihren Ursprung entworfen und wieder verworfen.

Diese Unsicherheit betrifft nun auch die in unserem Jahrhundert entdeckten Dunkelzonen, die Flecken auf einer größeren Anzahl von Sternen. Sie können die 100- bis 1000-fache Größe der Sonnenflecken annehmen und bis zu 20 % der Sternoberfläche bedecken. Auf der Sonne sind es höchstens 1 %.[28] Analog zur Sonne werden Helligkeitsschwankungen in Verbindung mit Sternflecken innerhalb Perioden zwischen 5 und 20 Jahren gemessen. Im wesentlichen Unterschied zu den Sonnenflecken erscheinen die Sternflecken auf hohen Breitengraden und vor allem als sehr große Gebilde über den Polen der Sterne. Sie veranschaulichen, wie die Fleckenbildung zum allgemeinen stellaren Prozess gehört, in den auch unsere Sonne einverwoben ist.

Die gegenwärtigen naturwissenschaftlichen Anschauungen gehen davon aus, dass aus dem Sonnen- und Sterninnern ein gasförmiger Materiestrom durch die Konvektionszone mit großer Kraft nach oben drängt. Dabei trifft dieser Energiestrom auf starke magnetische Felder, die dieses bewegte Medium festzuhalten versuchen. Dadurch bilden sich an den Feldlinien Röhrenstrukturen, die gewissermaßen magnetisch eingefroren werden und dabei dem aufsteigenden Gasstrom Widerstand leisten. So entstehen Störungen und Verformungen. Durch Abkühlung und die stufenlos auf allen Breitengraden verschiedene Rotationsgeschwindigkeit der Fotosphäre wird diese aufgebrochen, und es entstehen die räumlichen Fleckengebilde als vertiefte Öffnungen auf der Sonnenoberfläche. In der wissenschaftlichen Fachsprache formuliert es I. V. Evans folgendermaßen: «In der Konvektionszone übertrifft die Energiedichte der Gasbewegung bei Weitem die des Magnetfeldes der Sonne, und so streben die Bewegungen danach, die Felder zu ordnen. (...) Das Umgekehrte ist der Fall in der Chromosphäre und Korona, wo das Auftreffen des völlig ionisierten Gases begrenzt und gesteuert wird vom Magnetfeld. Die Sonnenflecken werden als kühlere Gebiete angesehen, wo die Magnetfelder auf der Fotosphäre stark genug sind, die Konvektionsbewegungen und den Aufwärtsstrom der Hitze zu beeinflussen. Der Elfjahreszyklus mit Anzahl und Breitenlage (der Flecken, Anm. des Verfassers) auf der Scheibe mag ein Ergebnis sein einer beobachteten differenziellen Rotation der Konvektionszone auf den Breiten; die äquatorialen Regionen drehen sich schneller als die Pole. Es wird angenommen, dass diese Differenzialbewegung das Dipolfeld der Sonne verdreht, bis Feldlinienschleifen oder Knoten die Fotosphäre durchbrechen.»[29]

Es werden also alle Versuche unternommen, mit mechanisch-magnetischen und kinetisch-thermischen Vorstellungen das Entstehen der Flecken zu erklären. Obwohl alle diese Vorgänge der Erscheinung nach ein Teil des Phänomens sein können, bleibt sowohl die eigentliche Ursache der Flecken als auch deren Entstehung selber noch im Dunkeln. Wird es deutlich, dass alle Ursachen dazugehöriger Erscheinungen wie Fackelentstehung (der Flares), Bildung koronaler Löcher, Korona-Aufheizung und der genaue Ursprung des Plasmastromes ebenfalls im Dunkeln liegen, tritt die eigentliche Erkenntnisherausforderung des Sonnenrätsels an den Menschen heran. Sie beginnt auf der Sonne selber mit ihren Flecken und endet jenseits der transsaturnischen Planeten in der Begegnung der Heliosphäre (des mit Plasma erfüllten Sonnenraumes) mit den aus allen Sternenweiten herandringenden Sternenwinden und kosmischen Strahlungen.

Sternenprozess und Planetenbildung

Zur zumindest anfänglichen Lösung dieser Fragen muss die Sonnenorganisation in ihren Differenzierungen als ein Ganzes erfasst werden. Im naturwissenschaftlichen Zeitalter ist die Sonne als ein Fixstern unter unzähligen anderen Sternen erkannt worden. Damit wurde eine entscheidende Brücke zwischen unserem Sonnensystem und dem Kosmos errichtet. Doch dabei ging ein Sonnenaspekt verloren, der früher noch selbstverständlich war: die Sonne als Planet unter Planeten. Man empfand das Wunder, dass ein selbstleuchtender und feurig-wärmender Stern sich in den Reigen der ihn umgebenden nicht selber leuchtenden Planeten einordnet, unendlich weit entfernt von allen anderen strahlenden Sternen. Ein Bild dieser harmonischen Einfügung ist die erstaunliche optisch gleiche Größe von Sonne und Mond.

In ihrer verdunkelten und erstorbenen Erscheinung können die Planeten als etwas Sekundäres und Untergeordnetes erlebt werden. Sie haben aber eine Einzigartigkeit erlangt im Wesen des Planeten Erde mit seinem Leben und seiner Menschheit. Zwar ist auch dieser Planet in unserem Jahrhundert maßlos relativiert worden als «Staubkorn im Weltall». Aber dieser Gesichtspunkt, der ein ausschließlich quantitativ materieller ist, indem er nur das Erstorbene berücksichtigt, wird inzwischen von den menschlichen Erfahrungen innerhalb der Raumfahrt anfangsweise überwunden, indem das Wunder der hauchdünnen Leben-tragenden Schicht (Biosphäre) der Erde in einem scheinbar völlig erstorbenen Kosmos elementar und neu erlebt wird.

Zum Verständnis der Sonnenorganisation kann auf diesen grundlegenden Unterschied und Gegensatz von

Abb. 46: Diese ungewöhnliche Fotomontage zeigt den Verlauf der abnehmenden Phase von der aktiven bis zur ruhigen Sonne in der Zeit etwa von 1991 bis 1996 und fortgesetzt bis 2001 (kleine Abbildung), also vom annähernden Flecken-Maximum zum Minimum. Die Einzelaufnahmen im weichen Röntgenlicht wurden vom japanischen Satelliten YOHKOH (Sonnenstrahl) aufgenommen, dessen Raumflugmission ungewöhnlich erfolgreich war.
Der größte Teil der aktiven, der «wachenden» Sonne wird im ersten Globus deutlich im Röntgenlicht erfasst. Fortschreitend beginnen dann koronale Aussparungen den Sonnenkörper zu umgeben und damit den fotografischen Röntgenmessungen zu entziehen. Die Aussparungen werden deutlich ab dem 4. Globus, um dann immer mehr Raum einzunehmen. Der letzte Globus, die Minimumssonne (die ruhig aufnehmende, gewissermaßen schlafende Sonne), wird fast nicht mehr im Röntgenlicht registriert; für dieses Licht entschwindet der Sonnenkörper in die Dunkelheit hinein, nur einzelne Aktivitätskeime bestehen noch.
Es wird durch diese Sequenz des Sonnenkörpers anschaubar, wie starke magnetische Prozesse auf dem aktiven Sonnenkörper das Eingreifen der Sonnenkräfte in die Materialität des Sonnenkörpers begleiten. Dadurch hat die Sonne Anteil am stofflichen Prozess des Weltenalls. Dieser ist messbar. Der im Unsichtbaren passiv aufnehmende Sonnenvorgang bewegt sich wesenhaft zu sinnlich-übersinnlichen Prozessen hin, die nach außen in der Ausstrahlung von Licht, Wärme und Leben gipfeln. Im Kern entziehen sich diese Wirkungen allen äußeren Messungen. So wechselt die Sonne im elfjährigen Rhythmus zwischen der jeweilig überwiegenden Hinwendung zu physisch-stofflichen und zu unsichtbar-übersinnlichen Prozessen. Dieser Sonnenphasen-Wechsel wird durch die eindrucksvolle Fotomontage veranschaulicht.
Quelle: Yohkoh/ISAS/Lockheed-Martin/NAOJ/U. Tokyo/NASA

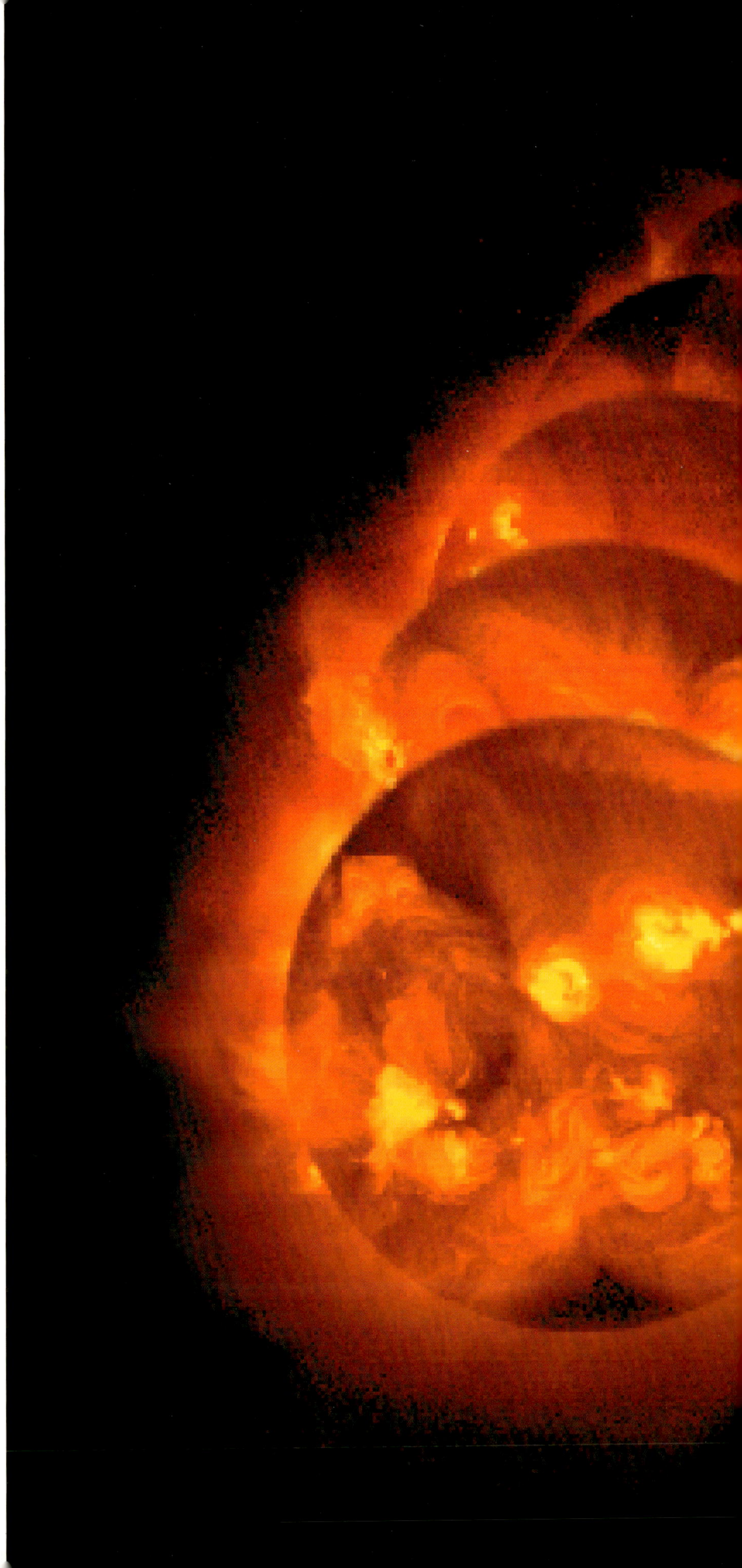

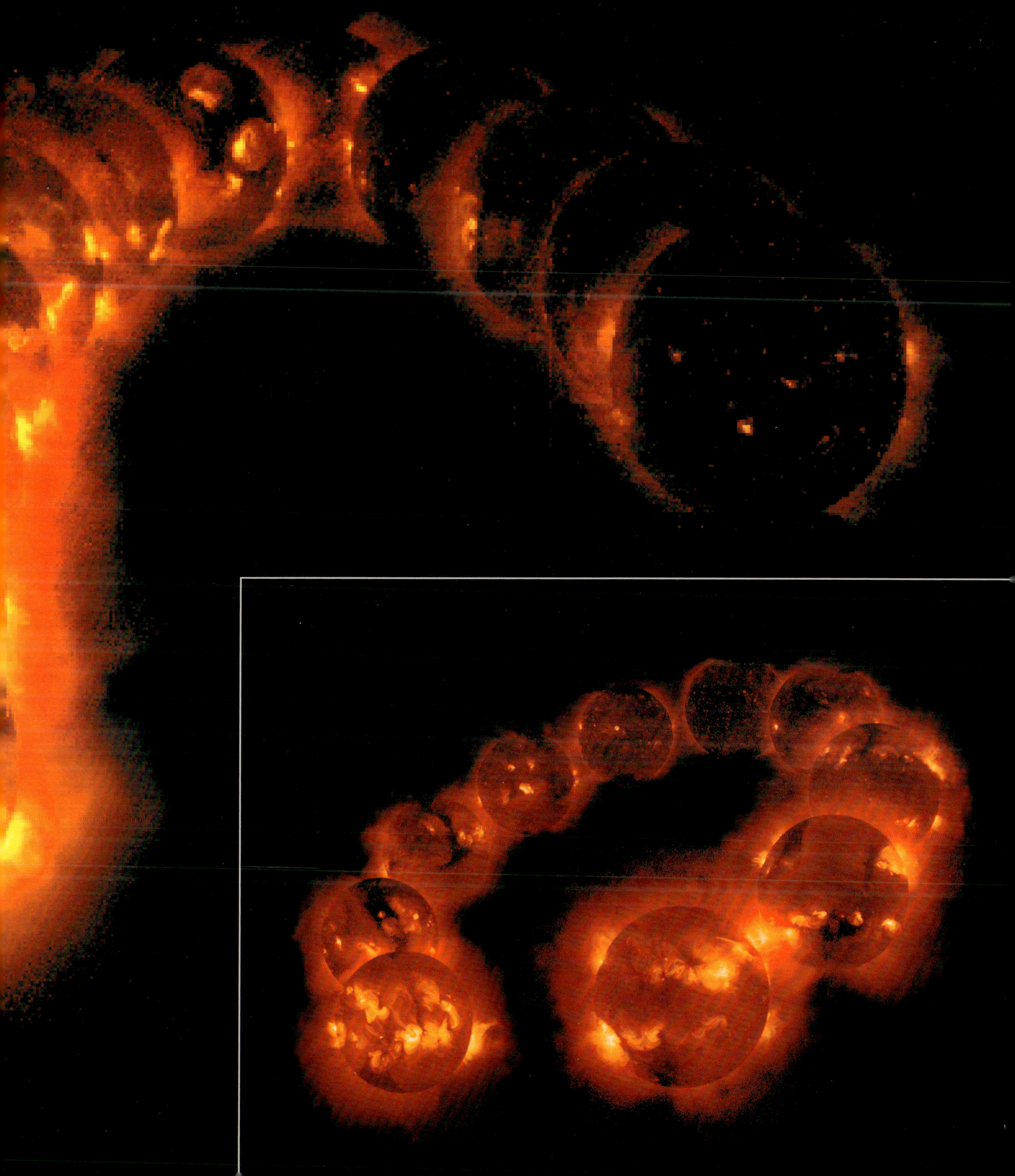

Sonne und Planet geblickt werden, vor allem aber auf die zugrunde liegenden Prozesse. Die wesentlichen Vorgänge auf der Sonne veranschaulichen eine fortwährende Ausbreitung: Licht und Wärme expandieren unaufhörlich, desgleichen der in der Gegenwart entdeckte Sonnenwind. Diese Kräfte erscheinen auch in dem sich fortwährend ausdehnenden Sternenall. Sie führen gegenüber dichteren Stoffen zur Auflösung, Verformung, Aussparung und Umformung. Im Folgenden werden sie kurz als der *expandierende Sternenprozess* bezeichnet.

Demgegenüber wirkt der planetarische Bildeprozess. Er zielt auf Verdichtung, Stoffbildung, Konzentration und Formgebung. Dies geschieht in großer Mannigfaltigkeit, wie etwa an den verschiedenen Oberflächen und Stoffesstrukturen der Planeten gesehen werden kann. Das Ziel dieser Kräfte ist die Formung der Materie, die «das Ende der Wege Gottes» (Oetinger) darstellt. Der Tod der Materie tritt hierdurch voll in Erscheinung, aber auch die Möglichkeit unbegrenzter Formgebung. Letztlich kann dieser Prozess Überformung und Verhärtung bewirken. Charakteristisch für diese Kräfte ist die Form des Globus, die planetarische Form.

Durch den expandierenden Sternenprozess ist die Sonne verbunden mit allen anderen Sternen. Zunächst erscheint der planetarische Bildeprozess nur in unserem Planetensystem, das von diesen Kräften geprägt und geordnet wird. Seit Langem suchen Astronomen Planeten in Verbindung mit anderen Sternen. Man meint, sie jetzt gefunden zu haben. Indem wir die Materiestruktur des Weltenalls entdeckt haben, ist es deutlich, dass der planetarische Prozess auch in dieser kosmischen Struktur vorhanden ist. Hierbei muss aber der grundlegende Unterschied zwischen unserem Sonnensystem mit den irdischen Naturreichen und dem Menschenreich und anderen Sternensystemen beachtet werden.

Die Sonderstellung der Sonne beruht darauf, dass sie zugleich Fixstern und Planet in einem planetarischen Zusammenhang mit Erde und Menschheit ist. Sie vereint Gegensätzliches in sich und gleicht es aus: als Fixstern, indem sie im außerirdischen Raum und doch innerhalb unseres Planetensystems durch intensivste Licht- und Wärmevorgänge alle Stofflichkeit auflöst; als Planet, insofern sie eine räumlich überschaubare und zugleich stofflich gestaltete Sphärengestalt annimmt. In der gesamten Sonnenorganisation treffen unaufhörlich Sternen- und Planetenprozesse aufeinander und werden durch die Sonne in einem harmonischen Gleichgewichtszustand gehalten. In den Sternflecken ist dieser Gleichgewichtszustand nicht gegeben, wie etwa die übergroßen Flecken zeigen.

Die aktive und die ruhige Sonne

Die geschlossene Harmonie von Planet und Stern öffnet sich und führt in der Phase erhöhter Sonnenfleckentätigkeit zu einer Dissonanz. Der Anblick der abgedunkelten Sonnenstellen kann den Betrachter beunruhigen und verleitet leicht zu einem gedanklichen Fehlschluss: zur Vorstellung einer verminderten Sonnenleistung oder einer drohenden, vielleicht völligen Verdunkelung oder eines Erlöschens der Sonne. Doch die leuchtende Fotosphäre verliert als Ganzes durch die dunklen Flecken nicht an Helligkeit. Diese sind von höher liegenden Randzonen umgeben, in denen sich eine intensive Tätigkeit besonderer Fackeln wirksam zeigt. Die Fläche eines solchen Fackelfeldes ist 20 bis 40 Mal größer als die umschlossene Umbra (das dunkle Zentrum eines Sonnenfleckens). Hier ist ein Überschuss von Energie und Fackelhelligkeit vorhanden, die das fehlende Licht und die fehlende Wärme der Flecken ersetzen. Der Sonnenkörper als Ganzes zeigt also keine Anzeichen einer Licht- oder Wärmeabnahme. Im Gegenteil: In diesem Zustand befindet sich die Sonne in erhöhter Aktivität, die zu einer Zunahme der Lichtausstrahlung führt. «Wie eine Analyse der Sonnenhelligkeit über den gesamten Messzeitraum (9,75 Jahre) nun zeigte, schwankt die Solarkonstante, die also streng genommen keine Konstante ist, im Einklang mit dem Sonnenfleckenzyklus. – Ab Messbeginn fiel die Sonneneinstrahlung beinahe linear bis Mitte 1986 um 0,1 Prozent ab, was in gutem Einklang mit dem Sonnenfleckenminimum im September 1986 steht. Daraufhin folgte ein rascherer Anstieg korrespondierend mit der Zunahme der Sonnenaktivität zum Übergang vom 21. zum 22. Zyklus.»[30] So wird dieser letztere Sonnenzustand heute als die *aktive Sonne* bezeichnet und der Gegenzustand als die *ruhige Sonne*, eigentlich die *passive, aufnehmende Sonne*. Die Messungen werden gewonnen durch den Energiebetrag, den die Erde von der Sonne pro Quadratzentimeter, gemessen an der Atmosphärengrenze, erhält. Eine nur geringfügige Schwankung von einigen Zehntel Teilen von 1 % dieser Konstante würde schon weitreichende klimatische Veränderungen auslösen.

Dagegen geht die Oberfläche des Sonnenkörpers selber in der Fleckenphase einer *Formauflösung* entgegen. In den Abbrüchen der Flecken (der Penumbra) ist die Sonnenoberfläche nach innen geöffnet. Der auseinandertreibende, die Oberfläche öffnende Sternenprozess wird sichtbar: Die planetarische Form beginnt sich aufzulösen und in einen anderen Zustand überzugehen. Schritte dieser Vorgang weiter fort, würde die Sonne sich vor unseren Augen in einen sich flammend ausbreitenden, anders geformten Stern verwandeln. Für die Erde und unser Planetensystem wäre das verhängnisvoll, und dieser Gedanke könnte berechtigterweise beunruhigen. Eine solche Vorstellung kann erst bewusst machen, was es bedeutet, dass eine Welten-Sternen-Kraft die Gestalt unserer Sonne angenommen hat und diesen Zustand im rhythmischen Wechsel energetisch-dramatischer Auseinandersetzungen harmonisch aufrechterhält. Dies gehört zum Geheimnis ihres Daseins, wodurch sie die Kraft entfaltet, äußerer Mittelpunkt unseres Planetensystems zu sein. Wenn an anderen Sternen Ähnliches beobachtet wird, so ist dies doch auch ganz anders, weil kein von Naturreichen und Menschen bewohnter Planet dabei eingeschlossen ist.

Neueste Sonnen-Forschungsergebnisse zeigen, dass der Fleckenrhythmus den Übergang von einem Lichtprozess zu einem anderen darstellt. Bei fleckenfreier Sonnenoberfläche überwiegt der aus den Tiefen kommende blaue Anteil des Lichtes. Zum Sonnenflecken-Höhepunkt überwiegt der rote Anteil. Im Letzteren bewegt sich der Sonnenprozess in Richtung des roten Chromosphärenlichts und damit in einen nach außen führenden Vorgang. Hierbei wird auch die Strahlungsenergie geringfügig vom blauen zum roten Licht übergeführt.[31] Im Wechselrhythmus von fleckenfreier und fleckenerfüllter Fotosphäre zeigt der Sonnenkörper zeitlich nacheinander, was räumlich schon als eine Zweiheit von Planet und Stern an ihm zu erkennen ist: Es lösen sich Planeten- und Sternenprozesse ab in einem lebendigen Rhythmus und erzeugen so das erhabene Sonnengleichgewicht. – In der Phase des Sternenprozesses der Fotosphäre weht dann der Sonnenwind der aktiven Sonne besonders intensiv durch das Planetensystem und erzeugt in der irdischen Magnetosphäre verdichtete Spannungen. Nach expansiver Auslösung dieser Spannungen entsteht im Erdenumkreis das Polarlicht.

Die koronalen Strukturen

Eine umfassende Ergänzung und Bestätigung des Sonnen-Gleichgewichtsvorganges enthüllt sich bei der Betrachtung der Sonnenkorona; sie konnte früher nur bei totalen Sonnenfinsternissen wahrgenommen werden. Die Korona zeigt sich als ein helles, doch zugleich zartes Licht, das den verdunkelten Sonnenball in verschieden großer Ausdehnung und Form umgibt. Neuerdings kann diese Erscheinung auch außerhalb von Sonnenfinsternissen beobachtet werden. Der Koronograf ist ein Teleskop mit einer eingefügten Vorrichtung, die es ermöglicht, die Fotosphäre der Sonne mechanisch-optisch im Sehfeld abzudecken. Der Koronograf vergrößert für die Forschung das Beobachtungsmaterial der Sonnenkorona beträchtlich und ermöglicht die genaue Erfassung der wechselnden Koronastrukturen.

Das koronale Licht entsteht durch die seitliche Abstrahlung aus der Fotosphäre. Dabei trifft es zunächst auf

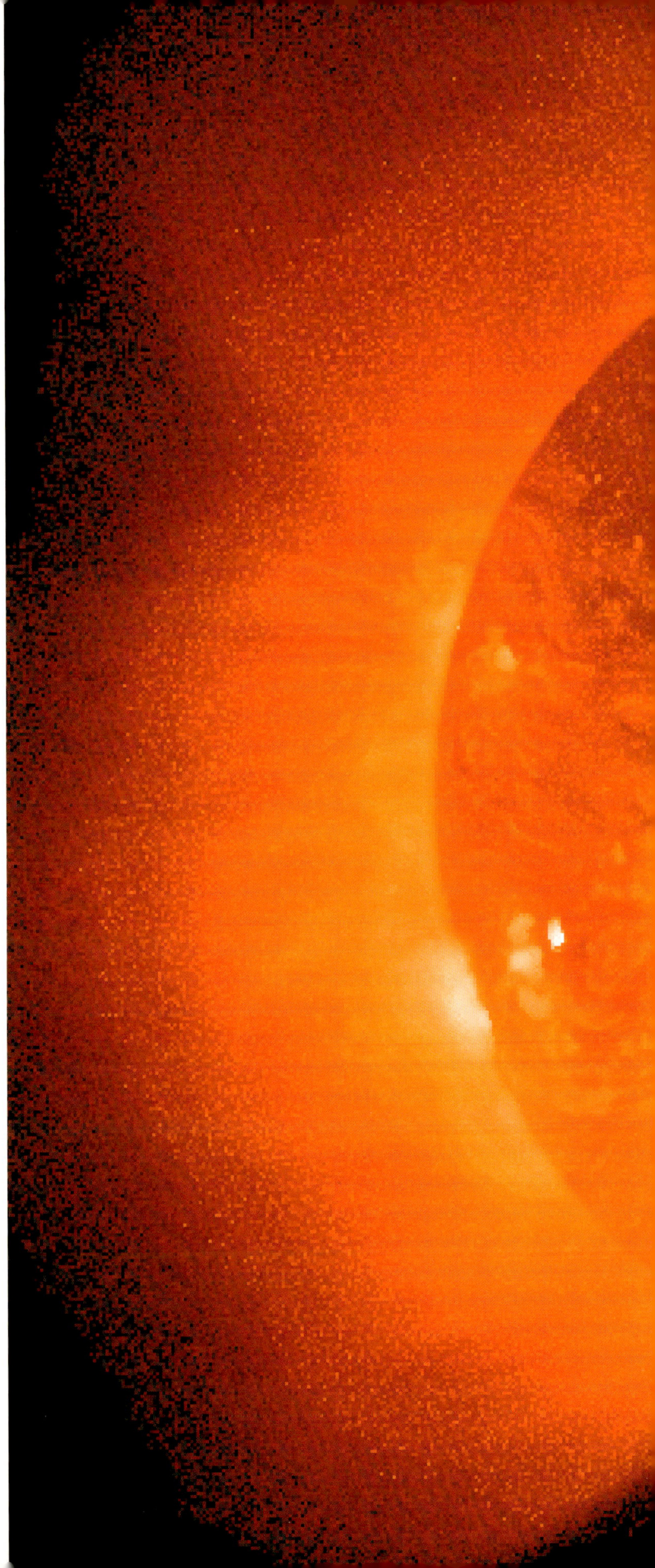

Abb. 47: Eine Aufnahme der Sonne im weichen Röntgenlicht der japanisch-amerikanischen YOHKOH-Mission. Im Äquatorbereich erscheinen die vielen stark magnetischen Aktivitätsfelder verschieden hell auf rotem Grund. Direkt über der Oberfläche des Sonnenkörpers im Nordpolbereich breitet sich als Dunkelzone eine koronale Aussparung («Loch») aus. Das Röntgenlicht registriert hier keine Aktivität, obwohl besonders in Verbindung mit diesen Aussparungen der Sonnenwind stark beschleunigt wird und somit intensive Wirkungen vorhanden sind.

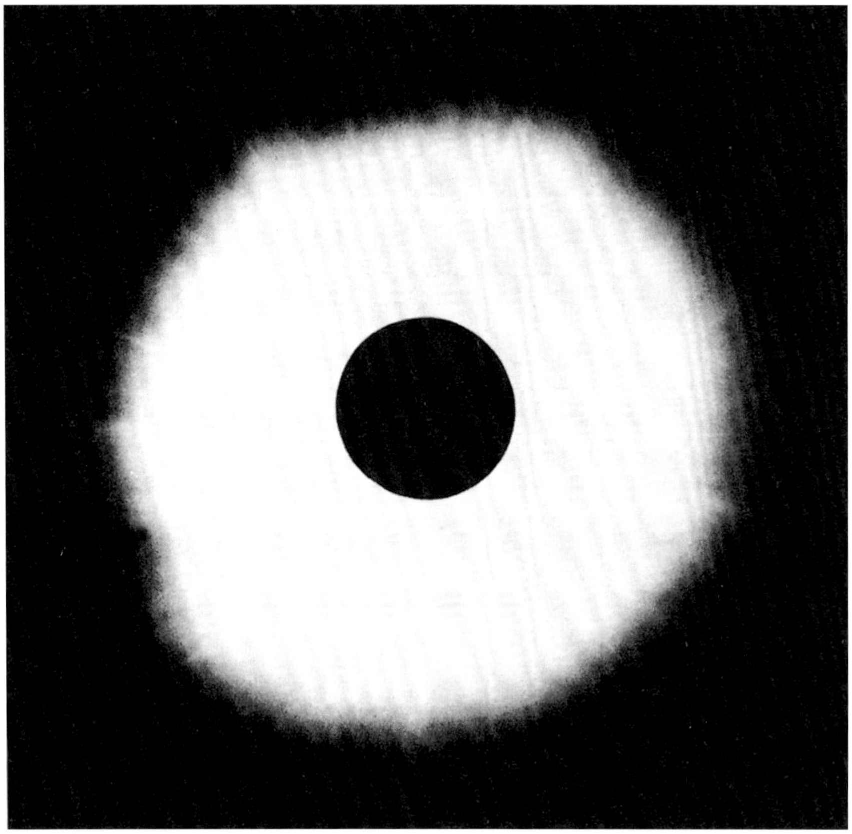

Abb. 48: Die Sonnenkorona dieser Aufnahme zeigt eine selten typische Sphärenform einer Sonnenflecken-Maximumsphase. Zugleich enthüllt die eindrucksvolle Größe dieser Korona, dass der umhüllende «planetarische Bildeprozess» auch in weiter Entfernung von der Sonne tätig ist. Die Ausdehnungen der sichtbaren Maximum-Koronen unterliegen starken Schwankungen.

das um die Sonne dichtere Sonnenplasma und im weiteren Umkreis des Planetenraumes auf feine interplanetare Materie. Durch wechselnde magnetische Zustände werden das Plasma und die Materie verschieden verteilt. In Übereinstimmung mit dieser stets wechselnden Verteilung erscheinen die vielfältigen koronalen Lichtstrukturen und veranschaulichen so die jeweiligen Phasen der magnetischen Sonnenzustände. In diesen können wiederum die dahinter verborgenen Bildeprozesse gesehen werden.

Aus der Fülle der koronalen Strukturen ergeben sich zwei typische Formtendenzen jeweils bei aktiver und ruhiger Sonnentätigkeit in Übereinstimmung mit dem elfjährigen Fleckenzyklus. Mit dem Höhepunkt der Fleckentätigkeit kann die Korona in verschiedenen Größen eine gerundete, harmonisch entfaltete Form annehmen, blütenähnlich, regelmäßig strahlenstrukturiert und vor allem geschlossen. – In der fleckenfreien Phase kann ein anderes Koronabild erscheinen. Diese Struktur wird von I. V. Evans beschrieben: «Bei Sonnenflecken-Minimum zeigt die Korona oft eine üppige Struktur mit unregelmäßigen äquatorialen Erweiterungen und kann fast abwesend sein oberhalb der Pole.»[32] Jetzt ist die Koronaform «gestört», meist asymmetrisch. Aber die Grundtendenz ist immer eindeutig: Eine meist schräge horizontale Ebene entsteht, die «äquatoriale Erweiterung» mit offenen Polregionen und eventuellen federartigen Büscheln. Dieser Übergang in die Ebene stellt die Tendenz zur geöffneten Erweiterung dar. Sie veranschaulicht auch die magnetisch

Abb. 49: Da der innere Teil der Korona etwa 10.000-mal heller ist als der äußere Teil – die weit ausstrahlenden sternenartigen Ströme –, lässt sich die mit dem Auge wahrnehmbare Korona-Form nicht mit einer einzigen fotografischen Aufnahme erfassen. Man begann daher früh, eindrucksvolle Korona-Erscheinungen zeichnerisch wiederzugeben. Die nebenstehende Zeichnung wurde nach einer Aufnahme der Sonnenfinsternis am 22. Januar 1898 gemacht (die «Maunder-Finsternis»), 5 Jahre nach einem kräftigen Sonnenflecken-Maximum. Die Zeichnung stellt somit eine typische Form der Sonnenflecken-Minima dar, wobei die Ströme der äußeren Korona sichtbar bis zu 15 Sonnenradien strahlenartig in den planetarischen Raum hinausreichen (die Sonnenachse ist im Bild vertikal).

offenen Feldlinien an den Sonnenpolen. Bei fleckenloser Sonne geht die Koronastruktur als Ganzes über in eine flügelartig-offene oder sternenähnliche Ovalform. Es erscheint das bekannte Bild der Sonne mit ihren Flügeln, wie sie etwa an den frühägyptischen Bauten abgebildet wurde. Diese beiden beschriebenen Formen erscheinen selten vollständig, als Tendenz in abgewandelten Formen jedoch sehr häufig. Sie sind herausgehobene *wirksame Urbilder.* Die erwartungsvolle Spannung vor einer Sonnenfinsternis ist auch deswegen groß, weil sich die Korona vielleicht wieder in einer unerwartet neuen Gestalt zeigen wird.

Befindet sich also der Sonnenkörper im voll entfalteten aktiven Prozess der Fleckentätigkeit mit beginnender Formauflösung und intensivierter Plasmatätigkeit, zeigt die Korona im Gegensatz hierzu eine Bildekräftestruktur, die auf einen harmonischen Ausgleich und eine Wiederherstellung der planetarischen Ordnung hinweist. Je intensiver der Sternenprozess auf der Sonnenoberfläche mit der Chromosphäre und der unteren Korona verläuft, desto formvollkommener kann die Gesamtkorona im planetarischen Bildeprozess im Bilde aufleuchten. Die Gestaltungskräfte umschließen den Sonnenkörper, durchdringen diesen und lösen die Kräfte ab, die sich auf der tätig-geöffneten Sonne im expandierenden und umgestaltenden Sternenprozess entfalten. Die planetarische Form wird wiederhergestellt.

Wird die horizontale Struktur erweitert, führt sie in

Abb. 50: Diese Aufnahme der totalen Sonnenfinsternis am 16. Februar 1980 veranschaulicht in aller Deutlichkeit den im Text beschriebenen Sonnenprozess. Die Finsternis ereignete sich zur Zeit eines Fleckenmaximums. Die Aufnahme zeigt nicht eine nach außen erscheinende sphärisch-blütenhafte Koronabildung wie Abb. 48, S. 104, während einer Maximumsphase, denn sie wurde mit einer Kamera mit Spezialeinrichtung für Rotlicht-Aufnahmen gemacht (Belichtungszeit 24 Sekunden). Durch diese Aufnahmetechnik wird die innere Feinstruktur der Korona sichtbar (das sonnennahe hellere Licht wird dabei abgeblendet). Diese Feinstruktur erweist sich hier als eine im Prinzip regelmäßige Struktur, die es nicht mehr ermöglicht, die sonst oft zu erkennenden koronalen Polstrukturen festzustellen. Die Aufnahme zeigt somit, dass der innere Charakter der Korona während des «planetarischen Bildeprozesses» der aktiven Sonne (Fleckenmaximum) deutlich umfassend geordnet ist.

Abb. 51: Aufnahme der Sonnenfinsternis am 30. Juni 1973 während eines Sonnenflecken-Minimums. Charakteristisch für diese Sonnenphase sind die weit ausgebreiteten asymmetrischen flügel- und sternenartigen Korona-Formen. Sie können bis zur Erde reichen und erfüllen somit große Teile des Planetensystems. Diese koronale Phase kann als «expansiver Sternenprozess» beschrieben werden.

Richtung Ekliptikebene, die über die Planeten zum Tierkreis hinführt. Eine nächste sehr erweiterte Ebene stellt die linsenförmige Galaxie mit ihren unzähligen Sternen dar. Die Tendenz der Minimum-Korona – auch das Bild der «üppigen Struktur» – veranschaulicht eine Öffnung und die Hinwendung zum weiteren Sternenall, jetzt im koronalen expandierenden Sternenprozess. Es ist der Ausgleich zum Sonnenkörper in seinem ruhig-abgeschlossenen, gewissermaßen passiv-planetarischen Zustand. Eine Energieaufnahme dieses Sonnenteils – als Ausgleich zur Abgabe in der Aktivphase – ist zunächst nicht direkt sichtbar.

Das Sonnenleben und die zweite Sonne

Die Korona enthüllt deutlich einen relativ unabhängigen, lebensähnlichen Ausgleichsvorgang gegenüber dem Sonnenkörper. Er kann verglichen werden mit einem allgemeinen Prozess im menschlichen Organismus: Die Lebensvorgänge im Menschen werden durch eine Organisation bewirkt, die als Lebensleib oder ätherischer Leib bezeichnet werden kann. Diese vom physischen Leib partiell freie Organisation bewirkt gegenüber allen Zuständen und Prozessen des physischen Leibes einen stetigen Ausgleich. Um das Gleichgewicht zu erhalten, folgt auf einen Stoß ein Gegenstoß. Bei Hitze erfolgt Kühlung, bei Frost Aufwärmung; bei Dunkelheit erhöht sich die Sehempfindlichkeit, bei Blendung wird abgedunkelt. So könnte dieser Lebensleib mit seinen lebendigen Ausgleichsprozessen auch als «Ausgleichsleib» bezeichnet werden.

Die offenbar ausgleichende Unabhängigkeit der Korona gegenüber den aktiven Regionen (magnetische Felder und Flecken) auf dem Sonnenkörper wird auch von naturwissenschaftlicher Seite deutlich gesehen. Im folgenden Zitat wird eine besondere Eigenschaft einer Erscheinung innerhalb der Korona beschrieben und wesentlich charakterisiert: Es sind die sogenannten koronalen «Löcher». Sie sind entscheidende Bestandteile der Korona. Die relative Unabhängigkeit des koronalen Prozesses wird – trotz der angenommenen Verursachung im Sonnenköper selber – deutlich herausgestellt: «Die koronalen Löcher sind das Ergebnis der Entstehung aktiver Regionen, *doch fallen sie nicht mit den aktiven Regionen zusammen, weder räumlich noch zeitlich*» (Hervorhebung durch den Verfasser).[33]

Dass besonders in früheren Zeiten die Sonnenkorona als eine majestätische Erscheinung erlebt wurde, entspringt den tiefen Empfindungen, dass dieses sichtbare Bild auf die unsichtbar-übersinnliche Aura des eigentlichen Sonnenlebens hinweist. Dieser übersinnliche Sonnenprozess ist wirksam in der fortwährenden Ausgleichstätigkeit des Sonnenorganismus. Die erstaunlich unabhängige Wechselwirkung von Fotosphäre und Korona zeigt, dass wir auf einen kosmischen Lebensprozess hinblicken, der nicht identisch ist mit einem biologisch-irdischen, doch nur verstanden werden kann mit dessen Hilfe. *Die sich stets verwandelnden Koronabilder sind der entscheidende Hinweis auf den tätigen Ätherleib der Sonne und offenbaren eine weitere zweite Sonne.* Dies wird zusätzlich deutlich durch die außerordentlich hohen Temperaturen – über eine Million Grad –, die dort gemessen werden. Sie deuten auf hoch intensive Prozesse hin, die in der weit ausgedehnten koronalen Wärmehülle den Sonnenkörper umgeben. Für die Sonnenastrophysik ist die Ursache dieser Erscheinung noch völlig rätselhaft. Indem diese lebensähnlichen Ausgleichsvorgänge der Korona mit ihrer geheimnisvollen Wärmeentwicklung angeschaut werden, überschreiten wir die Schwelle zur sonnenätherischen Welt. In dieser walten die aufgezeigten Bildekräfte als eine zweite Sonne.

Der allgemeine naturwissenschaftliche Standpunkt

Die allgemeinen naturwissenschaftlichen Vorstellungen über die Sonnentätigkeit sind zunächst andere. Wie weiter oben schon angedeutet, gehen sie ausschließlich von kinetisch-dynamischen und mechanisch-magnetischen Modellen aus. Diesen liegen weitere Auffassungen über den Ursprung der Energie im Sonneninnern zugrunde. Dabei wird davon ausgegangen, dass komplizierte atomare Vorgänge einen Brennstoff erzeugen. Analog zum angestrebten technischen Prozess auf der Erde, der atomaren Fusion, wird von einem Kraftwerk ausgegangen, das mit Brennstoff versorgt wird. Man stellt sich vor, dass dieser Brennstoff im Sonneninnern durch Kernfusion entsteht, die durch das Aufeinanderprallen von Wasserstoff-Atomkernen (Protonen) bewirkt wird. Dabei bildet sich Helium. Durch diese Umwandlung werden ungeheure Energiemengen frei in Übereinstimmung mit Albert Einsteins Gesetz: Bei vollständiger Umwandlung geht Energie hervor aus Masse multipliziert mit dem Quadrat der Lichtgeschwindigkeit ($E = mc^2$). Zur Verbildlichung der Anwendung dieses Denkmodells auf die angenommenen Vorgänge in der Sonne: Ein mit Höchstgeschwindigkeit fahrender Mittelklassewagen könnte ein Jahr lang mit 0,02 Gramm Masse fahren.[34]

Diese Vorstellungen führen weiter dazu, dass eine komplexe Begegnung stattfindet zwischen den aufsteigenden heißen Gasen mit astronomisch hohen Temperaturen und der gleichzeitig rotierenden Sonne mit verschiedenen Geschwindigkeiten auf allen Breitengraden. Nach diesen Vorstellungen entsteht dadurch ein gigantischer Dynamo. Er erzeugt die verschiedensten Magnetfelder mit ihren komplizierten Turbulenzen, die alle Vorgänge der Chromosphäre, der Korona und die Plasmaemission steuern. Bei diesen Auffassungen wird nicht daran gedacht, dass die Sonne aus dem kosmischen Umkreis Energien zugeführt bekommt.

Das Plasma in der Heliosphäre und die dritte Sonne

In der Mitte unseres Jahrhunderts wurde durch die Raumfahrt endgültig festgestellt, dass von der Sonne ein unaufhörlicher Strom von hochaufgelöster Materie ausgeht. Er wird als Partikelfluss oder auch als Gas bezeichnet und besteht vor allem aus ionisiertem Wasserstoff (Protonen) und Helium. Dabei führt dieser Sonnenstrom auch viele andere Stoffe mit sich. Vor allem wird davon ausgegangen, dass Elektronen dabei mitwirken; er ist magnetisch stark beeinflussbar und bewegt sich auf den Bahnen des Sonnenmagnetfeldes. Diese Sonnensubstanz wird daher auch Sonnenplasma oder einfach Sonnenwind genannt. Auf den Planetenraum übertragen, ähnelt sein Verhalten sehr dem irdischen Wind. Die Geschwindigkeiten haben kosmische Maßstäbe: Sie beginnen bei etwa 400 Kilometern in der Sekunde, analog zu einer irdischen Brise, und steigern sich zu Stürmen und Orkanen mit Geschwindigkeiten bis zu 2000 km in der Sekunde. Die Richtungen dieses energetischen Stromes wechseln ständig in Übereinstimmung mit dem wechselnden solaren Magnetfeld. Wenn der Sonnenwind das Magnetfeld der Erde, die Magnetosphäre, erreicht, wird diese auf der sonnenzugewandten Seite stark zusammengedrückt und im Ganzen in zitternde und wellende Bewegung versetzt. Dabei übertragen sich Sonnenenergien auf die Magnetosphäre. Hier verdichtet sich das «Erden-Sonnenplasma» und führt zu Plasmaausbrüchen in Richtung Erde und auch umgekehrt wieder in das Planetensystem hinaus. Im Umkreis der Erdpole entsteht dadurch das Polarlicht.

Es war naheliegend, dass zunächst das ausströmende Plasma innerhalb der Ekliptikebene gemessen wurde. Durch die Rotation der Sonne strömt der Sonnenwind in Bögen ab, ähnlich einem sich drehenden Rasensprinkler. Er dringt vor bis weit über die Umlaufbahn des Pluto. Im weiten Umkreis nehmen die Bögenbewegungen eine kreisartige Rotation an und bilden einen äußeren Abschluss. – Durch die Raumsonden der *Ulysses*- und

SOHO-Missionen konnten die noch intensiveren Ausströmungen von den Sonnenpolen gemessen werden. Sie bewegen sich in der Vertikalen nach oben und unten und verbreitern sich trichterartig in diese Richtungen. Wenn dieser Energiestrom an seine äußersten Grenzen kommt, wird anschaubar, wie durch die Vereinigung der sich ausbreitenden vertikalen Strömungen mit denen der planetarisch-ekliptikalen Ebene eine in das Weltenall weit hineinreichende Sonnenhülle gebildet wird. Die Größe dieser Hülle, die als Heliosphäre bezeichnet wird, ist nach den Messungen der Sonde Voyager I 121,7 Astronomische Einheiten, also etwa 18 Milliarden Kilometer. Am 25. August 2012 erreicht die Sonde nach ihrer 35-jährigen Reise diese Grenze des Sonnenraums (1 AE = Entfernung Erde – Sonne = etwa 150 Millionen Kilometer). Man nimmt an, dass sich ihre Größe in Abhängigkeit von der wechselnden Intensität des Sonnenwindes und der ankommenden Sternenwinde verändert.

Durch die Bewegung der Sonne mit ihrem Planetensystem in Richtung des Sternbildes Herkules kann angenommen werden, dass die Heliosphäre, ähnlich der irdischen Magnetosphäre, in die Länge gezogen ist. Wie diese den größten Teil der für die Erde gefährlichen Sonnenplasmaströme ablenkt, schützt die Grenze der Heliosphäre – die Heliopause – vor den für das Sonnensystem noch gefährlicheren Weltraumstrahlungen. Zugleich umströmt der von vielen Seiten kommende Sternenwind die Heliosphäre. Innerhalb dieses Sonnenraumes bewegen sich die mannigfaltigen, weitverzweigten Plasmaströme und bilden einen umfassenden und komplizierten Energiekreislauf, der sich fortwährend verändert. Er ist die makrokosmische Entsprechung zum mikrokosmischen Blutkreislauf im Menschen. Wie bei diesem das schlagende Herz den Mittelpunkt bildet, ist der Sonnenkörper in seinem rhythmischen Wechsel zwischen aktiv-ausatmenden und passiv-einatmenden Phasen das Herz-Zentrum der strömungserfüllten Heliosphäre. *Neben dem Sonnenkörper und der Korona kann die Heliosphäre als die dritte Sonne bezeichnet werden.* Daher wurde aus dem Mysterienwissen heraus von der dreifachen Sonne gesprochen.

Der Ausgangsbereich der Plasmaströme sind die aktiven Felder der Fotosphäre mit Sonnenflecken und Fackeln im Umkreis und die darüber wirkenden koronalen Aussparungen. Hier greifen die Sonnen-Umkreiskräfte direkt ein in die materiell-stofflichen Bereiche der Fotosphäre. Dadurch führt der Plasmakreislauf eine Fülle von ionisierten Stoffen mit sich. Es werden gigantische Mengen mit dem Sonnenwind in den Kreislauf gebracht, viele Millionen Tonnen in der Sekunde. Hierbei ist noch nicht deutlich, was mit diesen Stoffen genau geschieht. – Im Wechsel von stofflicher Formauflösung und Wiederherstellung auf der Fotosphäre erscheint der Prozess von Abbau und Aufbau. Durch den heliosphärischen Plasmakreislauf werden die Stoffe in dem gesamten Sonnenraum umgesetzt. Es entsteht das Bild eines planetarischen Stoffwechsels. *Die Sonnenflecken und die koronalen Hohlräume sind der Ausgangsbereich eines auf dem Sonnenkörper beginnenden Stoffwechselprozesses, dessen Wirksamkeit sich in das Planetensystem hinein fortsetzt.*

Durch diesen Prozess wird das Gleichgewicht zwischen Abbau und Aufbau, aber auch zwischen dem Stofflich-Physischen und dem Ätherisch-Geistigen im Sonnenbereich hergestellt. In der beschriebenen Begegnung der Heliosphäre mit den aus dem Weltall kommenden Sternenwirkungen wird deutlich, wie auch in diesem Sonnenraum der Anfang einer Wechselwirkung sich ereignet, zunächst nur in Richtung vom Sternenumkreis zur Heliosphäre. Auf diese Ausgleichsprozesse hat R. Steiner bereits 1920 hingewiesen: «In jedem Punkte des Materiellen muss wiederum das Gleichgewicht gehalten werden zwischen dem Geistigen und diesem Materiellen; aber auch im Weltenall. Das Nächste, wo es für uns im Weltenall gehalten wird, ist die Sonne selbst. Die Sonne hält den Gleichgewichtszustand zwischen dem Geistigen im Weltenall und dem Materiellen im Weltenall. Daher entspricht die Sonne, ich möchte sagen, zu gleicher Zeit einem Weltenkörper, der Ordnung hält im planetarischen System, aber auch die Ordnung bewirkt von den Kräften her, die in unser materielles System hereindringen.»[35]

Die koronalen Hohlräume

Der Sonnenfleckenzyklus unterliegt keiner regelmäßigen Einteilung, sondern zeigt einen immer veränderten Rhythmus innerhalb übergeordneter Perioden. Dies wird anschaulich in den aufgezeichneten Kurven dieser Tätigkeit (siehe S. 95). Sie zeigen, dass diese Erscheinung sich in keinerlei berechenbare Himmelsmechanik einfügt. Die Fleckenzyklen sind nicht mit einem Denken zu erfassen, das seinen Ausgangspunkt ausschließlich im Materiell-Erstorbenen sucht. Daher liegt für diese Vorstellungen der eigentliche Ursachenbereich all dieser Erscheinungen noch im Dunkeln. Ein wichtiger und eindrucksvoller Aspekt wurde von R. Cowen in einem Aufsatz 1992 gegeben.[36] Danach beginnen die Sonnenflecken unsichtbar in höheren Breitengraden als bisher angenommen. Es entsteht dadurch ein verlängerter Sonnenfleckenrhythmus, der in Übereinstimmung gebracht werden kann mit dem Mondknotenrhythmus von 18,6 Jahren. Nach dieser Darstellung hätte der gegenwärtige Fleckenzyklus – der 22. – 1979 begonnen und seinen Höhepunkt 1998 erreicht. Damit wäre ein wesentlicher Zusammenhang zwischen Mondeinfluss und Sonnenflecken gegeben.

Im Jahre 1970 wurde mithilfe von Röntgenstrahlen im unteren Bereich der Korona eine Entdeckung gemacht, die bis heute besondere Rätsel aufgibt. Es wurden hohlraumartige Gebilde gefunden, die 1972 den Namen «Koronale Löcher» erhielten (siehe Abb. 46 und 47). Das erste Rätsel war dadurch gegeben, dass diese Hohlräume in einem intensiv bewegten, von Plasma erfüllten Raum vorhanden waren, wo eigentlich kein unberührter oder undurchdrungener Raum entstehen kann. Es wäre etwa so, wie wenn in einem aufgewühlten Meer sich freie Räume ohne Wasser befänden. – 1980 wurden diese Gebilde von den Sonnensonden Helios A und B auch weit außerhalb der Sonne in einer Entfernung von 0,29 Astronomischen Einheiten (unter ein Drittel der Entfernung Erde – Sonne) entdeckt: «Bestätigung und Nachweis, aber auch überraschende Ergebnisse haben die beiden deutsch-amerikanischen Sonnensonden Helios A und B registriert. Zu den überraschenden Feststellungen gehört die Erkenntnis von Löchern im Sonnenwind, für die man allerdings noch keine Erklärung gefunden hat. Das war zuvor nur für einige Stunden als Folge interplanetarer Stoßwellen festgestellt worden. Im Juli 1980 konnten die Messinstrumente an Bord von Helios jedoch für zwei volle Tage keine Plasmateilchen mehr feststellen.»[37] Bis heute ist eine ursächliche Erklärung für diese Erscheinung nicht gefunden worden. Dabei sind diese «Löcher» in ihrer Bedeutung immer mehr in den Vordergrund getreten.

Da diese Gebilde nicht Löcher innerhalb fester Stoffe sind – etwa in einer Mauer –, sondern Hohlräume innerhalb strömender und turbulenter Plasmaprozesse, ist der Begriff «Loch» nicht gut gewählt. In diesen Hohlräumen müssen Kräfte sich geltend machen, die solche Gestaltungen ermöglichen und aufrechterhalten. Die Begriffe «Hohlraum» oder «Aussparung» sind angemessener und werden im Folgenden für diese Erscheinungen gebraucht.

In den Verlauf des Sonnenfleckenzyklus ordnen sich diese koronalen Aussparungen in einer bestimmten Art ein. In den Minimumszeiten verharren sie während vieler Jahre recht auffällig als «semipermanente», meist extrem große Gebilde über den Sonnenpolen. Vor der beginnenden Sonnenfleckentätigkeit dehnen sie sich auch in Richtung Äquator aus und können dabei weiter an Größe zunehmen, wodurch sie sich über dem Äquator zusammenschließen und eine gewaltige Brücke zwischen den Polbereichen bilden; sie umfassen somit große Teile des Sonnenkörpers. Im Allgemeinen verteilen sie sich über die Gebiete oberhalb der entstehenden Flecken, um mit zunehmender Fleckentätigkeit zu verschwinden. *Die koronalen Aussparungen um den Sonnenkörper zeigen damit die Tendenz, in die Sonnenflecken der Fotosphäre überzugehen.*

Selbst wenn die Aussparungen an die aktiven Sonnenfleckenfelder angrenzen und um sie herum intensive feurige Plasmasäulen als Fackeln aufsteigen, behalten sie die oben beschriebene Eigenschaft: *Es geht von ihnen keine direkt messbare Tätigkeit aus; sie sind nicht mit Röntgenlicht zu erfassen.* In diesem erscheinen sie schwarz mit einigen wenigen kleinen leuchtenden Punkten, während rings herum intensiv wirkende Prozesse erkennbar und messbar sind. Im unerwarteten und deutlichen Gegensatz zu ihrer Unmessbarkeit strömt der Sonnenwind immer mit erhöhter Intensität aus dem Aussparungsbereich.

Das eigentümliche Verhalten und die Widersprüchlichkeit dieser Gebilde erscheint in der folgenden Schilderung: «Die charakteristische Haupteigenschaft einer koronalen Aussparung ist ihre offene magnetische Feldkonfiguration. Ein magnetischer Strom scheint aus dem Sonneninnern in bipolarer Form hervorzugehen, sodass typische koronale Strukturen geschlossen sind, das heißt, sie treten aus der Oberfläche und wieder zurück in die Oberfläche. In den koronalen Aussparungen führt die Wechselwirkung zwischen heißem koronalem Plasma und den großräumigen magnetischen Feldern zur Bildung einer Struktur, die, *obwohl im technischen Sinne geschlossen, sich so weit in den interplanetarischen Raum erstreckt, dass sie dem Wesen nach (essenziell) offen ist* (Hervorhebung durch den Verfasser).»[38]

Werden diese gegensätzlichen Eigenschaften zusammengefasst, ergibt sich in Verbindung mit den Aussparungen ein Bild spannungsvoller Polaritäten und physikalischer Widersprüchlichkeiten: Sie können sich weit entfernt von der Sonne bilden, wo das Magnetfeld zu dieser Ausformung keinen feststellbaren Anlass gibt. Sie entstehen und breiten sich am weitesten aus während der ruhigen Sonnenphase (Fleckenminimum) und tendieren zur Rückbildung während der aktiven Sonnenzeit. Im Röntgenbild erscheinen sie stark abgedunkelt, wogegen um sie herum intensive Aktivitätsfelder hell-deutlich im Röntgenlicht erscheinen. Sie entstehen scheinbar mit den magnetischen Aktivitätsfeldern auf der Sonnenoberfläche (Fotosphäre), sind aber auch von diesen unabhängig. Obwohl keine sichtbare oder messbare Aktivität von ihnen ausgeht, wird der Sonnenwind durch ihre Anwesenheit kräftig beschleunigt.

Die letzte ungewöhnliche und entscheidende Polarität wird erkennbar, wenn bewusst wird, wie einerseits die Aussparungen gegenüber den umgebenden hochenergetischen Prozessen durch starke Zentrifugalkräfte (vom Mittelpunkt wegstrebende) aufrechterhalten werden und gleichzeitig an ihren Abgrenzungen durch «Unterdruck» intensive Zentripetalkräfte (zum Mittelpunkt strebende) wirken. So ist es möglich, dass die koronalen Aussparungen als Gebilde sich in einem intensiven Spannungsfeld aufrechterhalten, sich abschließen und zugleich öffnen und dadurch eine hochenergetische Tätigkeit entfalten, wie etwa die Beschleunigung des Sonnenwindes. Dies ist im physikalischen Sinne eine Unmöglichkeit und zeigt, dass man im Verständnis über das irdisch-physikalische Vorstellen hinausgehen muss. *Die Erscheinungen der koronalen Aussparungen sind weder sichtbar noch messbar, sondern müssen als Idee in ihrer objektiv wirkenden Kraft wahrgenommen und erkannt werden. Sie sind der Ausdruck des eigentlichen Sonnenprozesses.* Auf diese Tätigkeit des «negativen Raumes» (im Sonneninnern) hat R. Steiner schon 1921 hingewiesen: «Wir kommen mit den Erscheinungen nur zurecht, wenn wir uns (im Sonneninnern) negative Materie denken.»[39] Es zeigt sich, dass es zunächst nicht notwendig ist, in das Sonneninnere vorzudringen, um diesen Sonnenzustand wahrzunehmen. Er ist bereits im Umkreis des Sonnenkörpers in entscheidender Bildung vorhanden.

Der im Aussparungsraum entstehende Widerspruch löst sich nur, wenn darauf hingeblickt wird, wie notwendigerweise, um diesen Prozess aufrechtzuerhalten, fortwährend Kräfte einströmen müssen, die über das Materiell-Physikalische hinausgehen. Sie bewirken innerhalb aller energetischen Turbulenzen des Sonnenraumes den aussparenden Hohlraumprozess, der dem Wesen der Sonne zugrunde liegt. Schon wenn der Naturwissenschaftler unbefangen auf die Gesamterscheinung der Sonnenorganisation hinblickt, entsteht das Bild eines Hohlraumes: «Das Ergebnis der koronalen Expansion ist die Gestaltung eines in das interstellare Medium hineingebildeten (carved) Hohlraumes (cavity), genannt ‹Heliosphäre›.»[40]

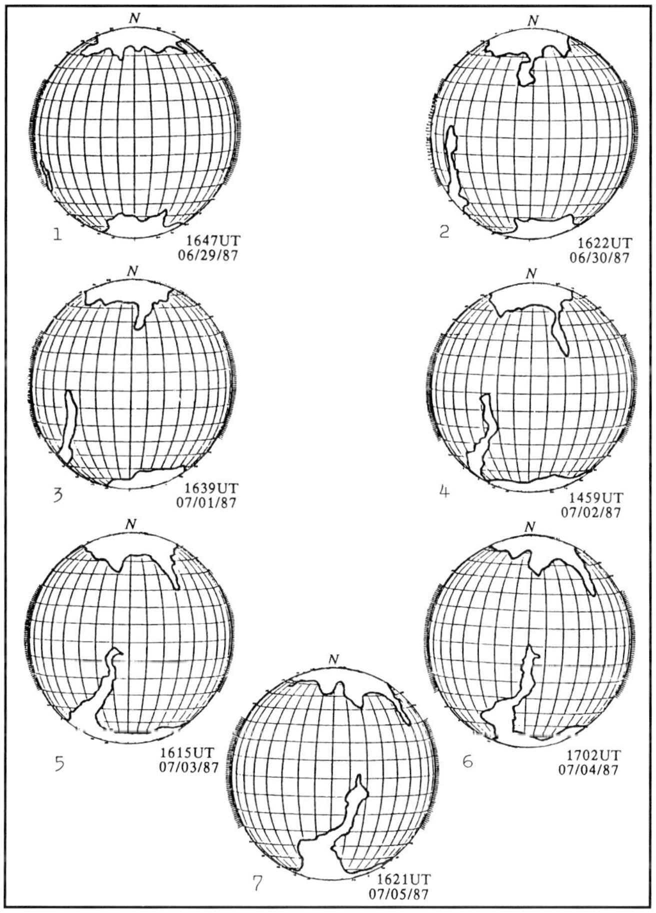

Abb. 52: Charakteristische koronale Aussparungen vom 29. Juni bis 5. Juli 1987 unmittelbar über den Polgebieten der ruhigen Sonne. Ausdruck des langsamen Aufnahme- oder Einatmungsprozesses der Gesamtsonne mit Heliosphäre (trotz gleichzeitig beschleunigtem Sonnenwind im Vertikalbereich über den Polgebieten). Die Sonnenflecken entstehen oft als Ablösung der sich auflösenden Aussparungen. (Sonnenrotation von links nach rechts.)

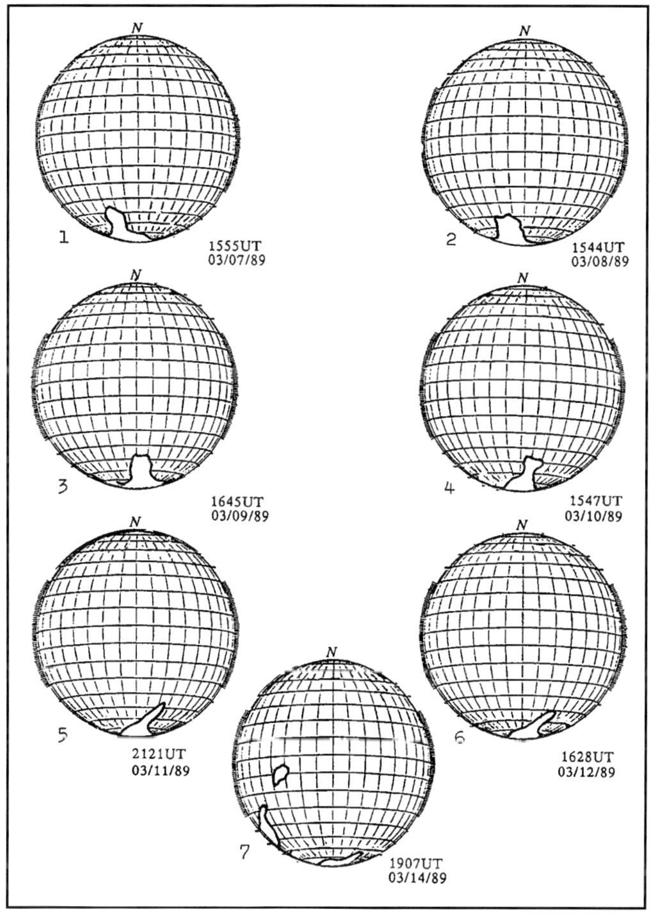

Abb. 53: Geringe oder fehlende koronale Aussparungen an den Polen und über dem ganzen Sonnenkörper zeigen vollzogene Aufnahme oder Einatmung der vollständigen Sonnenorganisation (einschließlich Heliosphäre) an. Die aktive Sonne während sehr starker Fleckenbildung vom 7. bis 14. März 1989. Ungewöhnliche Aurora-Entfaltungen mit guter Sichtbarkeit bis nach Mitteleuropa. (Quelle: National Solar Observatory, Kitt Peak, Arizona, USA.)

Abb. 54: Die Astronauten Scott Kelly und Tim Peake teilten eine Reihe von Polarlichtaufnahmen der Internationalen Raumstation ISS vom 20. Januar 2016.

Abb. 55: Aurora Australis in fließender, mäandrierender Bewegung über dem Südpol von der Amundsen-Scott-Station aus gesehen. (Aufnahme: 14. Juli 2011; NASA Robert Schwarz.)

Wenn auch der Begriff des Hohlraumprozesses hier nicht genau im Sinne der obigen Darstellung gemeint ist, weist er doch in die entscheidende Richtung. Was sind diese in die Aussparungen unsichtbar einströmenden, aber unmessbaren Kräfte?

In Verbindung mit dem unabhängig-ausgleichenden Wirken der Korona sind diese Kräfte bereits weiter oben angeschaut worden. Es sind die kosmischen Ätherkräfte, die in die Aussparungen einströmen und das gestaltende Wirken der Korona ermöglichen. Jedoch sind sie in den Aussparungen noch in einem werdenden Urzustand, in dem noch keine Formen gebildet werden. In der weit ausgebreiteten Korona befinden sie sich überall und damit in großen Teilen des planetarischen Systems, vielleicht in der Anfangsbildung bis an die Grenze der Heliosphäre. Woher kommen diese Kräfte?

Diese Frage wird beantwortet, wenn auf die Dynamik des rätselhaften Sonnenwindes geblickt wird. In den vergangenen Jahrzehnten wurde intensiv nach dem genaueren Ursprung auf dem Sonnenkörper gesucht. Dabei erschienen zunächst die Sonnenflecken und dann die koronalen Aussparungen als Quelle. Es ergaben sich aber keine schlüssigen Ergebnisse. Letztlich erschienen die Bemühungen «wie die Suche nach den Nilquellen».[41]

Letzte Forschungsergebnisse zeigen überraschende Zusammenhänge. Die unter der Fotosphäre heraufdrängenden Granulen sind in wabenähnliche Magnetfelder eingebettet. An den Begegnungsflächen ergeben sich Öffnungen, durch die das Plasma hindurchdringt und aufsteigt. Der Aufstieg beginnt langsam (etwa 30.000 km/h), um mit stetig zunehmendem Tempo sich auszubreiten und bald sehr hohe Geschwindigkeiten zu erreichen (etwa 3 Millionen km/h). Für diesen Vorgang wird der Vergleich mit schnell wachsendem Gras herangezogen![42]

Das Sonnenplasma wird also nicht aus dem Sonnenkörper herausgeblasen oder herausgeschleudert – wie eine physikalisch-thermische Vorstellung es erwartet –, sondern wird vom Umkreis her angezogen, um sich in dauernder Beschleunigung diesem Kräftefeld anzunähern. *Es sind die Hohlraum-Umkreiskräfte, die das Sonnenplasma aus dem Sonnenkörper an sich ziehen.* Sie weisen auf den weit ausgebreiteten Sonnenraum der Heliosphäre und darüber hinaus auf die Kräfte der Sternensphäre. Die entstehenden Kräfte der einzelnen koronalen Aussparungen sind von gleicher Art wie die umfassend ätherisch-saugenden Umkreiskräfte. – Wenn im Folgenden die Sonnenatmung beschrieben wird, kann die verborgene Ursache im Wirken dieser Umkreiskräfte gesehen werden.

Mit dem Verständnis dieser Sonnenvorgänge wird ein Vorurteil überwunden, das mit unserem bisherigen Bewusstseinszustand verbunden ist. Indem das Bewusstsein immer mehr auf das Materielle konzentriert wurde, schrumpfte es wie zu einem Punkt zusammen. Das Atom wurde letztlich das äußere Ziel der Wahrnehmung und das innere der Vorstellung. Im Blick auf die Sonne konzentrierte sich alles mehr und mehr auf den Sonnenball selber. Das Wahrnehmen der Hüllen und der mächtigen aurischen Erscheinungen ging verloren. Entscheidend betont wurde diese notwendige Entwicklung schon im alten Ägypten von König Echnaton (um 1370 v. Chr.). Mit Eindringlichkeit wies er auf die Sonnenscheibe mit den herunterstrahlenden Händen als den alleinigen Ausdruck der Gottheit, um seine religiöse Revolution einzuführen. Damit wurde eine Konzentration auf den hüllenlosen Sonnenkörper eingeleitet. Seitdem ist dieser Vorgang wissenschaftlich umgesetzt und die Sonne in der Gegenwart zum planetarischen Kraftwerk geworden. Während sie äußerlich als ein Fixstern unter unzähligen weiteren Fixsternen erkannt wurde, ging ihre eigentliche Wesensverbindung mit der Erde und dem Sternenall verloren.

Wenn gegenwärtig die magnetischen Sphären entdeckt und erforscht werden, können sie erkannt werden als Ausdruck eines dahinter stehenden Wirkens kosmisch-ätherischer Kräfte. Damit ist schon der Beginn gemacht, die Sonne aus ihrer punktuellen Isolation herauszuführen und wieder auf die Sonnenaura zuzugehen. Der erste Schritt in diese Richtung wird getan, wenn das Zusammenwirken von Sonne und Erde verstanden wird. Die magnetische Hülle der Erde, ihre Magnetosphäre, befindet sich im Plasmastrom der Sonne und damit in der Heliosphäre, die weit über das Planetensystem hinausreicht. Im Zusammenwirken von Sonne und Erde ergibt sich in der Magnetosphäre ein Bereich, wo Erdenplasma und Sonnenkräfte verschmelzen, sodass man genau genommen von Sonnen-Erden-Plasma sprechen muss. Hieraus geht dann das Polarlicht hervor. Diese Erscheinung ist zum Fenster geworden, durch das wir weiter als zur Sonne blicken können. Denn das Plasma ist im Kosmos als stellare Erscheinung all-erfüllend und all-durchdringend.

Die Heliosphäre im Sternenall

Wenn der Sonnenraum sich über die Korona hinaus zur Heliosphäre erweitert, die erst weit jenseits der Umlaufbahn des Pluto endet, trifft sie dort auf die kosmischen Sternenwirkungen, den stellaren Wind, der von allen Seiten herandringt. Es ist bekannt, dass dieser Wind ungewöhnlich stark wirksam und im ungebremsten Zustand für unser Sonnensystem äußerst gefährlich ist. Von einzelnen Sternen geht ein so starker Plasmawind aus, dass die Erde bei näherem Abstand weggeblasen würde! Diese Sternenwirkungen werden daher von der Heliosphäre weitgehend magnetisch abgewendet. *Dieser mächtige Sonnenraum befindet sich im unermesslichen Raum des Sternenalls mit seinen stellaren Plasmawinden in ähnlicher Art wie die irdische Magnetosphäre im plasmadurchströmten Raum der Heliosphäre.*

Was geschieht bei der Begegnung zwischen Sonnen- und Sternenkräften an der äußersten Heliosphärengrenze? Es geschieht etwas Entsprechendes wie an der Magnetosphärengrenze. An dieser wird der Sonnenstrom zum größten Teil abgewendet, aber gleichzeitig übertragen sich in einer Art Resonanz- und Übertragungsvorgang plasmatische Sonnenkräfte auf das Innere der Magnetosphäre, wo dann das Sonnen-Erden-Plasma entsteht. Die Sonnenwirkungen werden in den Umkreis der Erde übertragen und von ihm aufgenommen. Im Zusam-

Abb. 56 und 57, Seite 118 und 119: Seit 1990 wird das Polarlicht auf dem Planeten Jupiter mithilfe von Raumfahrzeugen beobachtet. Diese jetzt technisch fortgeschrittenen Aufnahmen wurden am 20. September 1997 vom Weltraumteleskop SOHO gemacht. Sie zeigen Jupiter im natürlich-weißen Licht und zur Verdeutlichung, maßstabgenau eingefügt, die Polarlicht-Ovale. Da diese leuchtenden Gebilde auf der hellen Planetenoberfläche weniger gut zu erkennen wären, wurden sie – zusammen mit dieser Oberfläche – mit zwei verschiedenen Wellenlängen ultravioletten Lichtes (entsprechend Rot und Blau) aufgenommen und so aufbereitet, dass die Oberfläche des Jupiters braun und die Ovale bläulich- und rötlichweiß erscheinen. Die eigentlichen Farbentfaltungen des Jupiter-Polarlichts können bei diesen großen Entfernungen noch nicht erfasst werden, dazu sind die Farben – wie auf der Erde – viel zu zart und durchscheinend.
Das Gleiche gilt für den Planeten Saturn, der 1.3 Milliarden Kilometer von der Erde entfernt ist. Von seinem Polarlicht wurden die ersten Beobachtungen 1979 und die ersten Bilder 1994/95 gemacht. Die vorliegende Aufnahme entstand im Oktober 1997. Die Lichtvorhänge im Oval erstrecken sich etwa 2000 km hoch über der Wolkendecke des Saturns. Durch diese besondere Aufnahmetechnik werden aber die Aurora-Formen und wesentliche Schattierungen optisch voll erfassbar. Das Teleskop erkennt Objekte ab einem Maß von etwa 300 km auf dem Jupiter. Diese Größe entspricht nur einer Einzelheit innerhalb der gewaltigen Ausmaße seines Ovals, dessen Größe das Vielfache der Erdovale beträgt. Die Energieentfaltungen sind entsprechend, etwa das 1000-fache der Erdaurora. Die Beobachtungen haben ergeben, dass auch die Aurora auf Jupiter und Saturn sich in fortwährender Bewegung und Formveränderung befindet.
Auch das Jupiter-Polarlicht ist noch nicht voll erfassbar für naturwissenschaftliche Vorstellungen. Voll erklärbar sind aber die im Bilde sichtbaren kleinen kometartigen Lichtspuren direkt außerhalb der Ovale. Sie werden verursacht durch die Anwesenheit des nahen Jupitermondes Io mit seinem Magnetfeld und seinen Vulkaneruptionen. Dieser Zusammenhang verdeutlicht, wie die Aurora-Ovale die Indikatoren sind für Wechselwirkungen zwischen den Planeten im Sonnensystem. (Hubble Space Telescope News, Press Releases, 1996 – 1998.)

menwirken mit der Plasmabildung der irdischen Magnetosphäre erzeugen sie zunächst die leuchtenden Ovale an den Erdpolen als Ausdruck der Aurora Borealis und Australis. Diese sind das planetarische Symbol der Vereinigung besonderer sonnenkosmischer Kräfte mit dem Erdplaneten.

Auf dem Sonnenkörper entsprechen dem die weiträumigen polaren Aussparungen der Korona, die durch viele Jahre hindurch während der Zeit der ruhigen und aufnehmenden Sonne an den Polen verharren. Ähnlich wie auf der Erde dringen auch auf der Sonne die magnetischen Feldlinien von allen Seiten an den Polen ein und aus und öffnen die magnetische Struktur des Sonnenkörpers. Und so wie auf der Erde die Aurora-Ovale das Zusammengehen mit der plasmatischen Sonnentätigkeit anzeigen, weisen die polaren Aussparungen an den Sonnenpolen in ähnlicher Art auf das Zusammengehen mit den im All strömenden und tätigen Sternenkräften. *Sowohl die Aurora-Ovale der Erde als auch die koronalen Aussparungen über den Sonnenpolen expandieren und konzentrieren sich in dynamischen Bewegungsabläufen in Übereinstimmung mit den wechselnden Aufnahmeprozessen der Magnetosphäre und Heliosphäre. Sie offenbaren den expandierenden Sternenprozess, der planetarisch eingebunden wird.*

Seit einer Reihe von Jahren werden Aurora-Ovale auch auf den Planeten Jupiter und Saturn festgestellt und neuerdings – 1997 – im ultravioletten Licht durch Raumsonden und das Hubble-Weltraumteleskop (*SOHO*) aufgenommen. Die deutlichen Aufnahmen zeigen, wie auch in diesen Ovalen (Ringströmen) Lichtgestaltungen in dauernden und oft schnellen räumlich-zeitlichen Veränderungen sich entfalten – entsprechend der Vorgänge in den irdischen Ringströmen – und damit die wechselnden Beziehungen vor allem zur Sonne durch das heranströmende Sonnenplasma, aber auch wie beim Jupiter zum nahen Mond Io zur Erscheinung kommen. Diese gegenseitigen Sternenwahrnehmungen sind vom Seherdichter Theodor Däubler in der Art geschaut worden, dass er die Worte prägte: «So blüht von Stern zu Stern ein Jubelgruß.»

Ein eindrucksvolles Beispiel der astrophysikalischen Sternenwirkungen innerhalb der Heliosphäre beim Auftreffen auf die Erde wurde durch die Raumsonde *ULYSSES* erforscht. Das Ergebnis: «Zweimal am Tag wird die Erde von einem kurzen Stoß energetischer Gammastrahlen getroffen. Sie kommen zu wechselnden Zeiten und aus zufälligen Richtungen. Ihr Ursprung ist eines der *hervorstechendsten Mysterien* hochenergetischer Astrophysik. In den 22 Jahren seit ihrer Entdeckung wurden zu ihrer Erklärung über 100 Theorien vorgeschlagen. Sie erstrecken sich von zusammenstoßenden Kometen in der Nähe des Sonnensystems über isolierte Neutronensterne in Hunderttausenden von Lichtjahren Entfernung von der Erde bis zu Neutronensternen, die mit schwarzen Löchern in entfernten Galaxien zusammenstoßen.»[43]

Die astrophysikalischen Forschungen auf diesem Gebiet befinden sich noch ganz am Anfang. Ergebnisse wie diese zeigen mit aller Deutlichkeit, mit welch umfassender Mannigfaltigkeit bei der Begegnung der Heliosphäre mit dem Sternenall gerechnet werden muss. Aber auch, wie die weitesten Entfernungen kein Hindernis selbst für materiell-energetische Wirkungen darstellen. Es wird deutlich: Wo es sich um kosmische Dimensionen dieser Größenordnung handelt, sind die Ursachen solcher astrophysikalischer Vorgänge noch tief rätselhaft. – Macht man sich deutlich, dass alle physisch-materiellen Prozesse dieser Art auch begleitet werden von ätherisch-geistigen und damit übersinnlichen Vorgängen – entweder um sie zu unterstützen oder durch Gegenwirkungen auszugleichen –, wird anschaubar, wie die Heliosphäre in wechselnden Zuständen von Ätherwirkungen des umgebenden Sternenkosmos durchdrungen wird. Für diese Wirkungen ist das Sternenlicht der hinweisende Ausdruck. Denn bei wahrhaftiger Anschauung führt auch das Sternenlicht – wie das Sonnenlicht – in das Übersinnliche hinein.

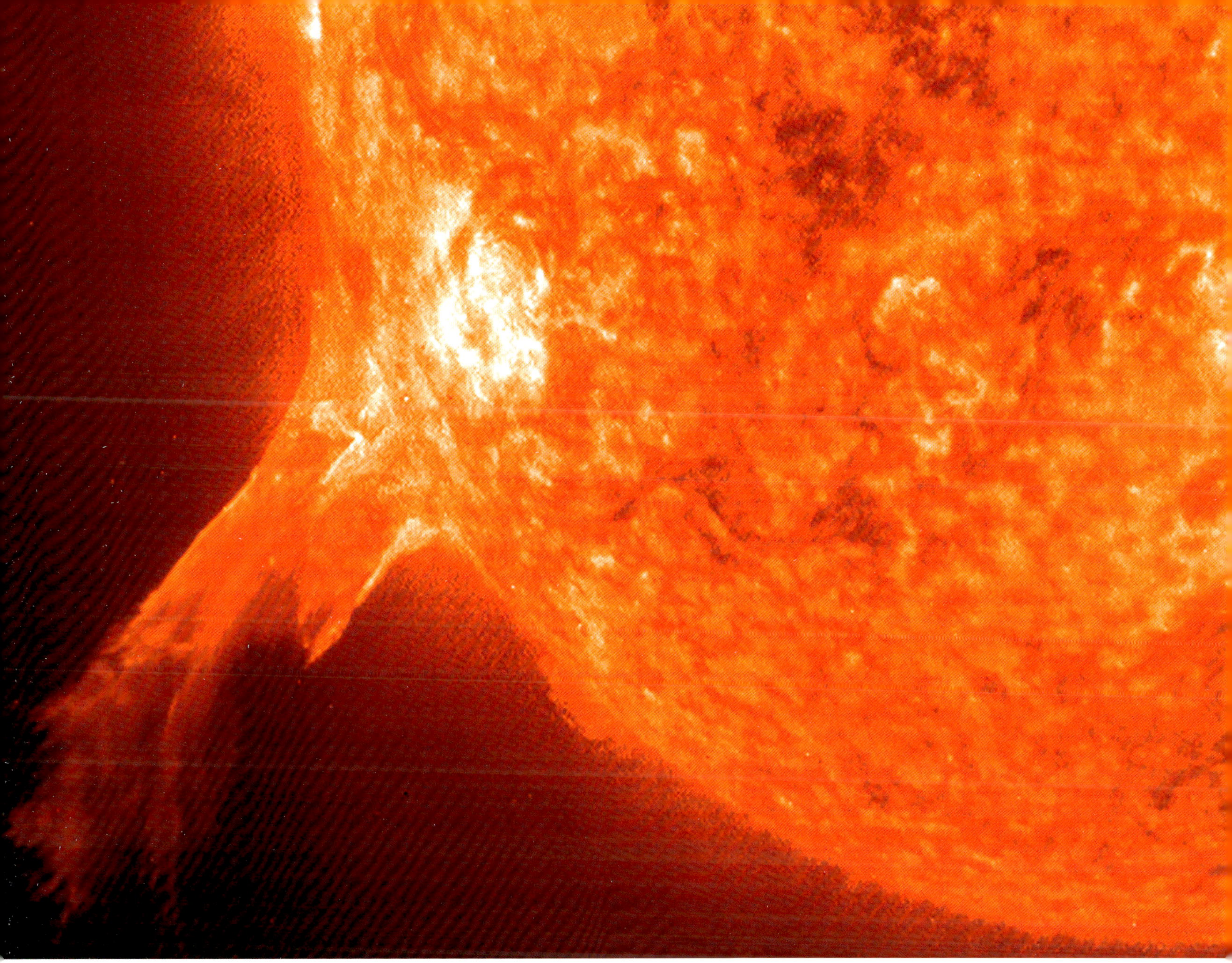

Abb. 58: Nahaufnahme einer Fackeltätigkeit auf der Sonne vom 1. Juli 2002. Fackeln (Flares) entstehen meistens zwischen Räumen gegensätzlicher magnetischer Polungen in sogenannten «aktiven Gebieten» im Umkreis von Sonnenflecken. Sie entfalten sich als die energiereichsten Aktivitäten innerhalb der gesamten Sonnenorganisation mit ungewöhnlich hohen Temperaturen und übertreffen dabei bei Weitem die schon sehr hohen Korona-Temperaturen. – Das Bild zeigt sich lösende solare Materie, die mitunter in großem Maßstab in die Sonnenkorona übergeht.

Durch die unerwartete Wahrnehmung gewaltiger Fackelausbrüche wurden durch Lord Carrington 1859 die ersten Zusammenhänge mit der Aurora-Entstehung entdeckt.

(Foto: SOHO, Solar and Heliospheric Observatory.)

Die Sonnenatmung und die Fackeln

Während der ruhigen Sonne zeigen die großen koronalen Aussparungen an den Sonnenpolen zusammen mit der flügelartig-üppigen, offenen Korona, dass die Heliosphäre eine Aufnahme vollzieht. Sie atmet ein. Einerseits werden Energieübertragungen sich ereignen, analog zu der Übertragung der Plasmakräfte auf die irdische Magnetosphäre; andererseits wird eine Aufnahme der Kräfte stattfinden, die zum Ausdruck kommen in den ungewöhnlichen Korona-Hohlräumen. Es sind die ätherischen Sternenkräfte, deren aussparende und Materie-überwindenden Kräfte sich in den sonnenverwandten Hohlräumen zeigen. Die Sonne geht hier eine Vereinigung ein mit ihren Schwestersternen im Weltenall. *So nimmt sie besonders die Kräfte des Tierkreisbildes auf, vor dem sie gerade steht.* Die Kenntnis davon ist aus einer alten Erfahrung aufbewahrt worden, etwa als Hinweis in den inzwischen versetzten Zeichen der Astrologie. Während dieser Einatmung ist die Lichtausstrahlung des Sonnenkörpers etwas geringer. Die Sonne ist eigentlich zu sich selber und auf ihre innere Verbindung mit dem Sternenall hingewendet. Während sie äußerlich ihre vollkommene planetarische Gestalt angenommen hat, erscheint sie innerlich wie in einem aufnehmenden Schlafzustand.

Die kräftigen Sonnenwinde, die auch während dieser Zeit von den koronalen Aussparungen über den Sonnenpolen ausgehen können, scheinen dem Einatmungsprozess zu widersprechen. Dieser ist aber in diesem Zusammenhang eine ätherische Einatmung, die durchaus gegenüber einem physischen Prozess in entgegengesetzter Richtung verlaufen kann. Daher haben Aus- und Einatmung innerhalb der Sonnenorganisation verschiedenen Charakter, wie ja auch beim Menschen. Bei diesem ist ja auch durch die Kohlensäure die Ausatmung «materieller» als die Einatmung, bei der der Sauerstoff überwiegt. Hinzu kommt, dass Atmung und Kreislauf in der Heliosphäre nicht deutlich voneinander getrennt sind; sie befinden sich in einem noch etwas undifferenzierten Zustand. Außerdem sind die von den Polen ausgehenden Plasmawinde erst seit Kurzem durch besondere Raumsonden (etwa *Ulysses*) und das Weltraumteleskop (*SOHO*) ein Gegenstand der Forschung. Es wird noch eine besondere Aufgabe sein, die Differenzierungen des Sonnenplasmas in der Heliosphäre festzustellen.

Im Übergang zur aktiven Sonne ist deutlich, dass das Wirken der koronalen Aussparungen mit den Sonnenflecken zur Intensivierung und Beschleunigung des Plasmastromes beiträgt. Direkt oberhalb der Flecken befindet sich die Chromosphäre. Hier bilden sich unter anderem die gewaltigen Protuberanzen: Feuerbrücken von vielen hunderttausend Kilometern Länge, die weit über die Sonne hinausragen. Vor allem entstehen aber in direkter Umgebung um die Flecken herum die intensiv hochschießenden Fackeln (Flares). Auch diese sind physikalisch ein Rätsel. Die Astrophysik sucht die Lösung in dem Phänomen der Stauung unterhalb der Sonnenflecken: Die aufsteigenden Gase werden durch den unteren Abschluss des trichterartigen Sonnenflecks an ihrem weiteren Aufstieg verhindert und gestaut. Es entstehen dadurch gewaltige Energiekonzentrationen, die zusätzlich durch magnetische Polarisierungen verstärkt werden. Sie kommen zum Ausbruch in den Fackeln. Diese erscheinen im hellsten Licht und stoßen eine Fülle von energiereichen Partikeln aus. Sie erreichen sehr viel höhere Temperaturen als die Korona. *Durch diese Fackeltätigkeit im Umkreis der Sonnenflecken wird der Sonnenkörper zur eigentlichen aktiven Sonne und scheint etwas heller. Hier werden die höchsten Temperaturen im gesamten Sonnenorganismus erreicht.* Sie weisen darauf hin, dass die intensivsten Prozesse auf der Sonne im Umkreis der Fotosphäre stattfinden und der Sonnenkörper sich im «wachen» Zustand befindet.

Es waren die Erscheinungen dieser Fackeln, die 1859 Lord Carrington den Zusammenhang der Sonnentätigkeit mit dem Polarlicht erkennen ließen. Die Korona mit ihren Aussparungen geht unmittelbar in die Chromosphäre über und führt die Sternenwirkungen der Heliosphäre mit sich. Dieser besondere Höhepunkt

Abb. 59: Eine kleinere, ruhige und allseitig verteilte Protuberanz am Sonnenrand, aufgenommen 1970. (Great Bear Observatory, USA.)

der Sonnentätigkeit entsteht durch das gegenseitige Sich-Durchdringen aller Sonnenglieder: der Fotosphäre mit ihren von unten herandringenden Kräften und der vom Umkreis kommenden Korona und ihren Aussparungen. Sie führen alle zur Bildung der nach innen und außen wirkenden Polaritäten von abgedunkelten Sonnenflecken und überhellen Fackeln. Diese Gegensätze bilden eine Einheit, worin der unsichtbare Sonnen-Hohlraum-Prozess ins Sichtbare eintritt. Es ist daher schwierig, die Chromosphäre räumlich abzugrenzen; denn alle Wesensglieder begegnen und durchdringen sich wechselseitig, um die gewaltigen Erscheinungen der Fackeln und Sonnenflecken hervorzubringen.

Der Zusammenhang der Korona mit den sich bildenden Sonnenflecken wird auch dadurch anschaubar, dass die mannigfaltigen koronalen Strahlungsformen aus den mittleren Breitengraden des Sonnenkörpers hervorgehen oder in diese eintreten; hier bilden sich auch die Sonnenflecken. Die Fotosphäre wird von der Dynamik der koronalen Aussparungen geöffnet und bildet in den Flecken eine Art Schale; diese ist der untere Teil einer sich bildenden Sphäre, ähnlich dem koronalen Hohlraum. Diese Sonnenkraft greift damit in die dichtere Materie der Fotosphäre ein. Der im Übermaß mit den Aussparungen herandringende stellare Äther wird nur zu einem Teil in Licht verwandelt, während der allergrößte Teil des entstehenden Plasmas in seiner Fülle und Übermacht im expandierenden Sternenprozess die Sonnenform aufzulösen droht; gleichzeitig strömt es im Überfluss von der Sonne aus in das planetarische System. Im Sonnen-Erden-Raum verursacht dies Stürme und Turbulenzen. Sie setzen sich zeitlich und räumlich versetzt innerhalb der Aurora-Ovale fort als Teilstürme (substorms), die innerhalb und entlang der Ovale zu den großen Polarlichtentfaltungen führen. Hierbei wird nun im Erdenumkreis das nachgeholt, was noch nicht auf der Sonne geschah: Das noch unverwandelte Plasma wird im Erdenraum zu Licht, Farbe und Form verwandelt. Es ereignet sich ein Sonnen-Sternen-Vorgang im unmittelbaren Erdenumkreis der seinen ätherisch-lichthaften, farbig-seelischen und damit menschenverwandten Ursprung offenbart. Daher wird die Aurora besonders während der aktiven Sonne ein «Fenster zum Kosmos».

Kosmische Astralität und seelisch-geistiger Innenraum

Im Entstehen der Sonnenflecken erscheint ein Höhepunkt des Zusammenwirkens der Wesensglieder der Sonne oder der dreifachen Sonne. An der abgeschlossenen Form des Sonnenkörpers kann die Entsprechung zum physischen Leib des Menschen erfahren werden. Durch Untersuchungen der Oberfläche dieses Körpers konnte zuerst die physisch-materielle Struktur der Sonne erkannt werden. – Die sichtbare Korona ist Bild einer ersten übersinnlichen Wirklichkeit über den Sonnenkörper hinaus: Der verursachende magnetische Prozess ist ein Ausdruck des ausgleichenden Ätherleibes der Sonne. Die Korona entfaltet sich im Sonnenumkreis und dringt in die Heliosphäre hinein. Diese ist von den großräumigen Bewegungen des Sonnenplasmas als heliosphärischer Kreislauf gestaltet. *Indem in diesen die mannigfaltigen Sternenwirkungen aufgenommen werden, erscheint die Heliosphäre als Ausdruck des Astralleibes der Sonne.* Die Inhalte dieser Sphäre wurden bisher vor allem in den von der Sonne aufgenommenen Tierkreiskräften gesehen, etwa in der Astrologie. Diese Kräftewirkungen sind ein Ausdruck des Umfassend-Seelischen und damit des Astralischen im gesamten Kosmos (von den Griechen in der Frühzeit noch als «Weltenseele» erlebt). Das Charakteristische des Seelisch-Astralischen ist die Bewegung. So wird der immer bewegte Sonnenwind ein äußerer Ausdruck dieses Kosmisch-Seelischen.

In diesem bildet nun die nach innen genommene Bewegungskraft einen spannungsvollen und selbstständigen Innenraum, der in sich besteht und Ätherisch-Geistiges aufnehmen kann. *Dieser Raum erscheint in den koronalen Aussparungen als ein viertes, bisher verborgen geblie-*

benes Glied der Sonne. Wie aufgezeigt, verharren solche Räume durch Jahre hindurch in unmittelbarer Sonnennähe über den Polbereichen. Die Entsprechung im Menschen ist ebenfalls weitgehend verborgen. So erscheint für den Hellseher das Menschen-Ich zunächst als ein leerer, ausgesparter Raum. Es ist das verborgene, unsichtbare Heiligtum des Menschen. Da dieses räumlich nicht zu erfassen ist, muss die Biografie in ihrem zeitlichen Verlauf verfolgt werden. Aber auch in dieser erschöpft sich das Ich nicht. Insofern ist diese geistige Wesenheit ein mystischer Prozess, der aus Weltenfernen zu stammen scheint, wo keine bekannten Gesetze walten. Es ist der Sternenraum und die Ewigkeit jenseits dieses Raumes. *In dem Sonnenorganismus erscheinen in dieser Art die koronalen Aussparungen als nicht messbare und schwer fassbare, aber stark wirksame, sonnenverwandte Kernräume der Korona und damit auch der Heliosphäre.*

Die leiblich-physiologische Entsprechung im Menschen sind die ausgesparten Sauerstoffräume im Blutkreislauf. Sie müssen immer wieder durch Einatmung erneuert werden und bilden – trotz ihrer verschwindenden Kleinheit – die entscheidende Grundlage für den Lebensprozess. Sie wurden noch von den Griechen als Geist erlebt, was deutlich wird durch die Benennung der Luft als «Geist» im griechischen Wort Pneuma. – Die Sonnenflecken sind das Ergebnis des Zusammenwirkens dessen, was einerseits von der Konvektionszone des Sonnenkörpers in stofflich-materieller Form mit den dazugehörigen Gesetzmäßigkeiten aufsteigt, und andererseits der vom Umkreis kommenden Korona-Kräfte mit ihrer ätherisch-geistigen Dynamik, im Hohlraumprozess das Stoffliche zu ergreifen, sonnenhaft aufzulösen und im expandierenden Sternenprozess umzugestalten. Die aktive Sonne bringt einen Überfluss an diesen Kräften hervor, die damit zugleich formauflösend wirken. Insofern deuten sie auf einen Abbauprozess und damit auch auf ein zukünftiges Ende der Sonnentätigkeit. Damit nimmt aber die Sonne teil an einem notwendigen Prozess, dem die ganze Schöpfung unterliegt. Darin zeigt sich die gegenwärtige besondere Bedeutung der Sonne, dass sie in diesen Abbauprozess eingetreten ist. Es ist denkbar, dass in einer sehr fernen Vergangenheit, als Kosmos und Erde noch nicht in einem solchen verdichteten Zustand waren, wie es schon seit vielen Hunderttausenden von Jahren der Fall ist, die Sonne fleckenfrei schien. Die inzwischen erfolgte Verdichtung mit ihrem Abbau erfordert aber Ausgleich und Aufbau! *Dieser geschieht in dem fortwährenden Erzeugen und Erhalten der materiellen Substanzen, die mit dem Plasma-Sonnenstrom in den planetarischen Raum übergehen. Sie bilden damit die Grundlage für das Dasein des Sonnensystems mit der Erde und vor allem für die schöpferischen Fähigkeiten des Menschen zur Veränderung und Verwandlung seines irdisch-stofflichen Schicksals.*

Dieser Aufbau geschieht vor allem durch Wärme. Die Fleckenbildungen fördern einen Wärmeüberschuss durch Fackelentstehung. Einer fleckenfreien Sonne fehlt es an der richtigen Wärme. Dies wurde offenbar in den Jahrzehnten von 1650 bis 1700 durch das sogenannte Maunder-Minimum, bei dem die Sonne durch längere Zeit fleckenfrei war. Dabei entstand eine deutliche Temperaturabsenkung auf der Erde (der Fluss Themse fror mehrere Male zu), und ein Wärmeunterschuss machte sich geltend. Erst die aktive Sonne bringt den notwendigen Wärmeüberschuss und begünstigt dadurch einen Aufbau in der Natur und die schöpferischen Aktivitäten der Menschen. – Die Bedingungen für den Aufbau zeigen sich auch in der Raumbildungstendenz der Flecken. Der untere Fleckenbereich bildet eine Schale, die abschirmt gegenüber dem aufsteigenden Materiestrom aus der tiefer liegenden Konvektionssphäre. Im höher liegenden Umkreis des Flecks oder der Fleckengruppen entstehen die gewaltigen Fackeln. Zugleich werden die Flecken öfters im oberen Bereich partiell sphärisch «überdacht» von Feuergebilden. Darüber waren die koronalen Aussparungen tätig. Die Fleckenbildungen sind überall umgeben von mächtigen Energieentfaltungen. Die Form, die sich als obere Fortsetzung des Fleckens zu bilden sucht, ist die Vervollständigung der Schale zur Sphäre. Werden zusätzlich die Bewegungsprozesse in dem

Fleckentrichter beobachtet, ergeben sich sowohl zum Mittelpunkt als auch zur Peripherie strömende Bewegungen, zentripetale und zentrifugale Strömungen, beschrieben als «Evershed»-Fluss.[44] Die dunkler wirkende Fleckenschale ist auf dem Wege, sich zu einer prozesserfüllten Sphäre zu bilden. Der Überschuss der sonnenätherischen Kräfte im expandierenden Sternenprozess ist dabei, eine neue, selbstständige Sonne hervorzubringen. Dies wird in eindrucksvoller Weise offenbar durch eine im Sonnenrhythmus seltene Erscheinung; bei dieser entsteht ein mächtiger Weißlichtausbruch aus dem Dunkelfleck, der dann sonnenhaft aufleuchtet! Diese Erscheinung wurde zuletzt in eindrucksvoller Intensität am 15. Juni 1991 beobachtet, als das Weißlicht in einer Größe von etwa 25.000 km aus einem Sonnenfleck von 140.000 km Ausdehnung hervorbrach – «ein Juwel für den Sonnenforscher».[45] Hier hat die Fleckenschale neue Sonnensubstanz aufgenommen und licht- und wärmehaft ausgestrahlt. *Die dunklen Fleckengebilde streben danach, neue Sonnen oder Sterne zu werden!* Das soll aber nicht sein. Die vollständige Neubildung wird durch den übergreifenden planetarischen Bildeprozess verhindert, der den Sonnenkörper zu seiner notwendigen Planetenform zurückführt und so die planetarische Ordnung wiederherstellt.

Besonders während der Tätigkeit der aktiven Sonne leuchtet die Aurora in den Polgegenden der Erde auf. Ihre Schrift spricht mit Deutlichkeit von verborgenen Schöpferkräften. Bei gleichzeitigem Verzicht auf gewöhnliche Erkenntniskräfte konnte der bedeutende Wissenschaftler und Forscher Fridtjof Nansen, sich nur auf seine Intuition verlassend, im Anblick der farbigen Himmelsschrift sagen: «Jetzt beginne ich zu verstehen. Dies ist die zukünftige Erde – hier sind Schönheit und Tod.» Nansen erkannte, wie in den dynamisch bewegten, lichterfüllten, farbigen Formenentfaltungen ein Bild der grundlegenden kosmischen Aufbaukräfte innerhalb des Erdenumkreises entsteht.

Die Christus-Rhythmuskraft im Menschen

Im Blick auf diese immer verschieden verlaufenden Sonnenfleckenperioden als Sonnenatem-Rhythmus – schnell aufsteigend und langsam abklingend – ist die Verwandtschaft mit der Menschenatmung offenbar. Nur verläuft diese Atmung anders als bei der Sonne: Diese atmet schnell aus und langsam ein, während es beim Menschen normalerweise umgekehrt ist. – Der 11,1- oder 22,2-jährige Zyklus ist nicht direkt am Menschen ablesbar, wohl aber indirekt der erweiterte Rhythmus von 3 x 11,1 Jahren, der Zeitraum von 33,3 Jahren. Er bezeichnet die Erfüllung des Jesus Christus-Lebens durch Tod und Auferstehung, ein besonderer, von allen natürlichen kosmischen, irdischen und menschlichen Rhythmen unabhängiger Zeitraum. Durch diesen «Christus-Rhythmus» wird die Dualität des natürlichen Sonnenrhythmus zu einer bis zur Zeitenwende zurückgehaltenen und damit verborgenen Dreiheit erweitert und zu einem geistdurchdrungenen trinitarischen Rhythmus vervollständigt. Er durchdringt die Menschheit. In seiner geoffenbarten Einmaligkeit ist er weder in der Sonne noch im planetarischen Umkreis als äußere Verursachung zu finden. Dieser Rhythmus ist jetzt auf der Erde individuell Sonnen-Christus- und Sonnen-Menschen-spezifisch.

Sonne und Aurora in der planetarischen Evolution

Im Medium des bewegten Plasmas sind Nachbilder vergangener Erdzustände aufbewahrt worden. Sie werden durch geisteswissenschaftliches Verständnis im Polarlicht offenbar. – Der Ausgangspunkt unseres gegenwärtigen Bewusstseins ist die Welt in ihren abgeschlossenen Formen. An diesen orientiert sich zunächst all unsere Erkenntnis. Bewegung, Dynamik und Prozess werden erst nachträglich hinzugewonnen. Die Formerkenntnis erlangt einen Höhepunkt in der Erfassung der Gestalt. Dieser Gegenwartszustand urständet in der Schöpfungsphase der eigentlichen Erde, die in der Genesis des Alten Testamentes beschrieben wird. Die Israeliten erlebten die schaffende Gottheit als einen siebenfältigen Chor hierarchischer Wesen, als die Elohim. Sie werden griechisch Exusiai genannt. Geisteswissenschaftlich können diese Wesen als Geister der Form bezeichnet werden. Indem sie im Anfang unserer Erdentwicklung wirkten, wurden frühere Schöpfungsphasen, die noch überwiegend im Fließend-Lebendigen verliefen, in einen abgeschlossenen, überwiegend statischen Zustand übergeführt. Dies ist zugleich der mineralische Zustand. Der Übergang von früheren zu späteren Schöpfungsphasen wird noch in der Genesis gezeigt – gewissermaßen als eine Wiederholung –, indem das Licht sehr viel früher erscheint als die Sonne, die erst am vierten Schöpfungstag hervortritt. Geisteswissenschaftlich kann diese letzte Schöpfungsphase als der «planetarische Erdzustand» bezeichnet werden. So ist der Sonnenkörper – trotz seiner lebensspendenden Licht- und Wärmekraft – in seiner jetzigen Form ein vollkommener Ausdruck dieses mineralisch-abgeschlossenen Schöpfungszustandes unserer Welt.

Wir können auf frühere Schöpfungszustände zurückblicken. Bevor die mineralisch-festen Strukturen entstanden, war die Erde in einem halbfesten Zustand. Dieser kann als der «alte Mondenzustand» bezeichnet werden. Er hat nur noch eine indirekte Verbindung mit dem gegenwärtigen Mond, der – wie die Sonne – insbesondere ein Ausdruck der mineralisch-strukturierten Welt ist. In dieser früheren Erdverkörperung gab es keine abgeschlossenen Formen, die Grundsubstanz war zähflüssig. Dafür gab es aber umfassende Bewegungsvorgänge, die an einer entstehenden Formenwelt gewissermaßen plastizierten. In seinem Werk *Die Geheimwissenschaft im Umriss* beschreibt R. Steiner diesen Zustand. Ein Ausschnitt lautet: «Für die übersinnliche Beobachtung ist es, wie wenn bei diesen Vorgängen sich Organe öffneten und wieder zuzögen, durch welche ein erwärmender Strom aus- und einginge und auch die luft- und wasserartigen Substanzen ein- und ausgeführt würden. (...) *In diesem Dunstelemente spielen sich die mannigfaltigsten Vorgänge ab. Es verbinden sich Stoffe, es trennen sich Substanzen voneinander ab. Es verdichten sich Partien, andere verdünnen sich*»[46] (Hervorhebung durch den Verfasser).

Übertragen auf unseren gegenwärtigen Erdzustand, können diese Vorgänge in verwandelter Form wiedererkannt werden in den chromosphärischen Prozessen der Sonne. Wie beschrieben, konzentrieren sich alle Vorgänge der solaren Wesensglieder im Bereich der Chromosphäre, wo alles noch ungeformt ist und sich keinerlei feste Strukturen halten können. Zugleich wird aber das Stoffliche der Fotosphäre ergriffen, und es entsteht ein halbgeformter Zustand. Eine enthüllende Erscheinung hierfür sind die feurig-gewaltigen Protuberanzen, die einige Zeit sich aus der Sonne erheben, sich dabei schwebend erhalten, aber sich zugleich ständig umformen. Die gesamte Chromosphäre ist von einer nie endenden Bewegungsdynamik durchzogen. Die hierarchischen Wesen, die im Ursprung solches bewirken, können geisteswissenschaftlich «Geister der Bewegung» genannt werden, griechisch: Dynameis. Die Chromosphäre zeigt ein Bild der dynamischen Vorgänge, in denen die Nachwirkungen dieser hierarchischen Wesen den abgeschlossenen Sonnenkörper fortwährend in ungeformt-plastische Zustände überführen, aber auch vom weiten Sonnenumkreis zum Geformten der Fotosphäre hinführen. So sind die komplex dynamischen Bewegungsvorgänge

Abb. 60: Aurora Australis aus einer Höhe von 80 – 120 km im Mai 1991. Im linken Bildbereich ein Teil des Raumfahrzeuges «Discovery» mit dem Lichtschein einer gezündeten Antriebsdüse. (Foto: NASA.)

Abb. 61: Unter der blau erscheinenden Mondlichtrundung und den aufragenden roten Aurora-Vorhängen eine besonders deutliche Wiedergabe eines Teiles des weit ausgebreiteten Polarlichtovals. Darunter die offene und geschlossene Wolkendecke der Erde. (Foto: NASA.)

zwischen dem Sonnenkörper bis zu der Heliosphärengrenze ein Ausdruck dieser Geister der Bewegung, die damit den Astralleib der Sonne durchdringen und erhalten. In diesen werden die Sternenkräfte aufgenommen, so wie auf dem alten Mond der Sternenkräfteleib als Astralleib durch diese Wesenheiten in den Mondenzustand einfloss.

Die zentrale Koronaerscheinung sind die aufleuchtenden und mannigfaltig strukturierten Bilder. Sie enthüllen den lebendig-ausgleichenden Prozess der geordneten Hinwendung der Korona zum Sonnenkörper und die aufgegliederte Öffnung zur Heliosphäre. Zusammen mit den messbaren hohen Temperaturen erscheint die Korona in dieser Tätigkeit als eine im Unsichtbaren und Unwahrnehmbaren vorhandene zweite Sonne. Der erdplanetarische Zustand vor der alten Mondverkörperung wird als die «alte Sonne» bezeichnet. Die geisteswissenschaftlichen Beschreibungen dieser Erdverkörperung führen zum Wiedererkennen dieses Zustandes in verwandelter Gestalt in den Koronaprozessen. In dem soeben erwähnten Werk vergleicht R. Steiner diese alten Sonnenvorgänge mit denen der Pflanze. Hierbei hat man es zu tun «mit einer Luft- oder Gasgestalt, deren Bewegungen mit den Säftebewegungen der gegenwärtigen Pflanze verglichen werden können». Und als Fußnote dazu: «Das Gas erscheint dem übersinnlichen Bewusstsein durch die Lichtwirkung, die es von sich ausgehen lässt. Man könnte also auch von *Lichtgestalten* sprechen, die dem geistigen Schauen sich darstellen.»[47] (Hervorhebung durch den Verfasser.) Es sind vor allem solche Lichtgestalten – oft lebendig-blütenähnlich –, die als Strukturen der Korona erscheinen.

Das schon beschriebene ätherisch-ausgleichende Wirken der Korona in Verbindung mit dem Sonnenkörper ist der Ausdruck einer höheren Weisheit, die in Gleichgewichtsvorgängen im gesamten Kosmos erscheint. Die Weisheit verbindet Weitentferntes mit Naheliegendem. Es ist diese Wirksamkeit, die der Forscher zuerst in der Welt entdeckt: die alles durchdringende Weisheit. Diese ist auf der alten Sonne vor allem durch das Wirken der «Geister der Weisheit» eingeströmt, der Kyriotetes (griechisch) oder «Herrschaften». Während dieser Zeit erhielt durch diese Weisheitskräfte die Sonne ihren Ätherleib. Nach außen erscheint die Weisheit vor allem als Licht, das selber als ihre höchste Form sich ausbreitet. In der Korona offenbaren gerade die Lichtstrukturen das Walten der ätherisch-ausgleichenden Weisheit, die als unoffenbares Licht tätig ist. Es ist eine Erinnerung an die alte Sonne, die einen Raum einnahm, der sich etwa bis zum heutigen Jupiter ausbreitete. *Die Korona dehnt sich heute sehr weit aus und erfüllt große Teile des Planetensystems als Erinnerung an ihren Ursprung als alte Sonne.*

Wenn das Sonnenplasma durch den planetarischen und kosmischen Raum strömt, verbleibt dieser dunkel. Für die äußeren Sinne des Menschen ist dieses Plasma weder hell noch dunkel, es ist einfach nicht vorhanden. Eine gewisse wechselnde Wärme geht von den Plasmaströmen aus; aber auch diese können vom Menschen nicht wahrgenommen werden, sondern müssen gemessen werden. Die von Plasma erfüllte Heliosphäre besteht als objektiver Raum um uns, subjektiv aber nur in unseren Vorstellungen. Wir müssen diese Wirklichkeit denken. Wenn wir diesen weder hellen noch dunklen Raum vergegenwärtigen, bildet sich ein Zustand, der uns zurückführt zum Anfang der ersten Erdverkörperung, wo gewissermaßen aus dem Nichts die allererste Schöpfung entstand. Geisteswissenschaftlich wird diese als «alter Saturn» bezeichnet. In diesem waren zu Anfang nur verschieden differenzierte Wärmeräume und Wärmegestalten vorhanden als Grundlage der mineralischen Welt und des menschlichen physischen Leibes. Diese begründende Wärme entstand durch das Wirken hierarchischer Wesen, die noch höher stehen als die Geister der Weisheit. Es sind die Geister des Willens oder die Throne. Sie haben ihre Wesenssubstanz geopfert, damit später die mineralische Welt mit dem Menschen als irdische Welt entstehen kann.

Die langsam erwachende Wirksamkeit innerhalb des alten Saturns kann direkt verglichen werden mit der Bild-Erscheinung eines entstehenden Polarlichts. In der *Geheimwissenschaft* Rudolf Steiners heißt es in der Beschreibung dieser Entwicklung: «In der Saturnwelt beginnt ein da und dort aufflackerndes und sich wieder abdunkelndes Lichtleben. Zitterndes Flimmern an diesen und jenen Stellen, etwas wie zuckende Blitze an anderen, tritt auf. Die Saturnwärmekörper beginnen zu flimmern, zu glänzen, ja zu strahlen.»[48] In derselben Art kann eine Aurora-Entfaltung beginnen. Im äußeren Dunkel der Polarnacht setzt eine genau entsprechende Licht- und Farberscheinung ein. Das strömende Plasma birgt keimhaft in sich ursprüngliche, doch zunächst gebundene Licht- und Farbkräfte. Im Zusammenschluss mit den Kräften und Substanzen im Erdumkreis entstehen daraus nicht nur flutendes Licht und Farben, sondern eine ganze Formenwelt. Dieser Prozess ist eine späte Wiederholung des alten Saturnzustandes. Das Sonnenplasma ist die durch verschiedene Verwandlungsstufen hindurchgegangene Saturnsubstanz der Geister des Willens, der Throne. *Daher bildet das saturnische Plasma nicht nur die Grundlage der Heliosphäre, sondern ist die willensmäßige, tragende Grundsubstanz des ganzen materiellen Kosmos.*

Die weitere Aurora-Entfaltung offenbart – unter den gegenwärtig veränderten irdischen Bedingungen – die bildhafte und prozessuelle Wiederholung der planetarischen Erdverkörperungen mit den daran beteiligten hierarchischen Wesen. – Nach dem ersten saturnischen Beginn errichtet die weitere Entfaltung des Polarlichts oft einen ruhend zartfarbigen Bogen. Dieser kann sich dann in mehrere intensiver farbige Bögen verbreitern, aus denen fließende Vorhänge hervorgehen. Diese schon etwas bewegtere Entfaltung erinnert an Vorgänge in der alten Sonne, wo ausgebreitetes geistiges Licht- und Farbenfluten mit lebendigen Gestaltungstendenzen aufkommt. Die planetarisch-erhabenen Vorgänge der farbig leuchtenden Aurora-Bögen mit ihren sphärischen Bildungen rufen Eindrücke hervor, die zum Wesen der umfassend-lichtwirkenden Geister der Weisheit, der Kyriotetes, führen. – Von einem bestimmten Augenblick an ergreift kräftige Bewegung bis zur expandierenden Dynamik die Polarlichtentfaltung. Es wird deutlich, dass nun die Kräfte der Geister der Bewegung, der Dynameis, wirksam werden. Da entfaltet sich eine Himmelschoreografie. Sie ist die auroraartige Wiederholung des kräftig bewegten alten Mondenzustandes. Die bald einsetzenden vielfältigen Formenbildungen weisen auf das Hinzutreten der Kräfte der Geister der Form, der Elohim. Dadurch ist die Aurora-Entfaltung beim gegenwärtigen Erdzustand angekommen. Für alle diese Erscheinungen bildet das Plasmawirken die Grundlage.

Hierdurch veranlasst, kann einer der gegenwärtig bekanntesten Aurora-Forscher, der Japaner Syuin-Ichi Akasofu (Alaska), über das Sonnenplasma schreiben: «Daher ist dieser äußerste Zustand der Materie von grundlegender Bedeutung für das Verständnis fast jeden Aspekts der Astronomie, der Bildung des Sonnensystems, verschiedenartiger Prozesse in der Sonne, der Sterne, der quasistellaren Objekte, der Pulsare und Galaxien. Das Polarlicht-Plasma ist das einzige Plasma in der Natur, das direkt von satellit-getragenen Instrumenten untersucht werden kann (mit Ausnahme eingeholter Informationen und Raumproben durch gelegentliche Besuche auf anderen Planeten). (…) Einige Aurora-Wissenschaftler sind der Auffassung, dass wir durch das Studium des Polarlicht-Plasmas zum besseren Verständnis der Evolution unseres Sonnensystems gelangen, da dieses sich gebildet haben muss aus der Zusammenziehung einer gewaltigen Plasmawolke.»[49]

Auf diesen grundlegenden Sonnenprozess hat R. Steiner schon sehr früh hingewiesen. In einem Vortragszyklus über den übersinnlichen Menschen kam er völlig unerwartet auf den Charakter der Sonnenflecken zu sprechen: «Ich komme damit scheinbar jetzt in sehr materielle Bereiche hinein, die sich sonderbar ausnehmen innerhalb des Spirituell-Geistigen, das ich geschildert habe (…) Wenn man aber genauer verfolgen würde, was die Bedeutung dieser Sonnenflecken ist, so würde man finden: Da wird vom Inneren der Sonne fortwährend die Anregung gegeben, dass Sonnensubstanz durch diese dunklen Tore ausgeworfen wird ins Weltenall.»[50] Mit dieser konkreten Aussage reihte sich Steiner ein in die ersten Wissenschaftler, die Vorstellungen ausbildeten über den in dieser Art

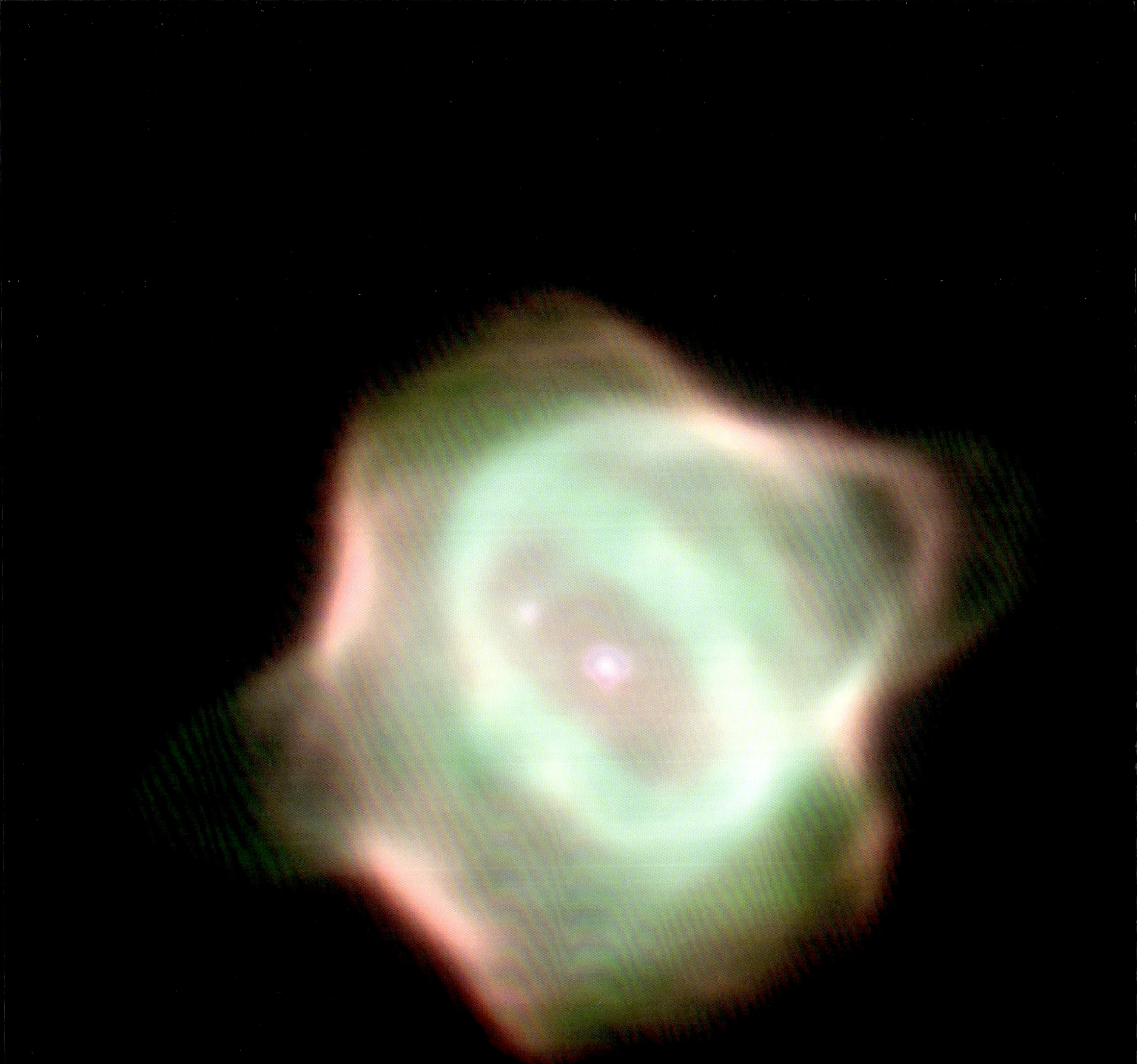

noch völlig unbekannten Sonnenplasma-Strom. Diese Vorstellungen begannen mit dem Norweger K. Birkeland kurz nach der Jahrhundertwende.

Bis zur Mitte des 20. Jahrhunderts war die Sonne im Wesentlichen für den Menschen nur erlebbar in ihrer dreifachen Erscheinung: in ihrer Form als Sonnenkörper mit der Fotosphäre, in Wärme- und Bewegungsvorgängen, veranschaulicht in der Chromosphäre, und als Licht, zusammengefasst im Bilde der Korona. Vereinfacht ausgedrückt: eine Dreiheit aus Leben, Wärme und Licht. Mit der Entdeckung des Plasmas wird eine Schwelle überschritten, die in verborgene Prozesse der Sonne und damit der Sterne hineinführt. Mit diesem Schritt wird der Übergang vollzogen in einen höheren Bereich hinein, zu den geistig-stofflich willenshaften Vorgängen der obersten Hierarchie, die als Dreiheit von Thronen, Cherubim und Seraphim wirksam ist. Diese Wesensdreiheit verkörpert vor allem die aus den Sternenweiten wirkenden Kräfte und ihren Zusammenhang mit der irdisch-kosmischen Stoffeswelt. Dadurch wird das Verhältnis zum Kosmos sowohl geistig als auch physisch in einem noch nicht überschaubaren Maße erweitert und neu gestaltet. Die Entdeckungen der Aurora-Ovale im Gebiet um die Erdpole (1879) und der koronalen Aussparungen an den Sonnenpolen etwa 100 Jahre später sind entscheidende Hinweise auf diesen vollzogenen Schwellenübertritt der Menschheit in neue kosmische Dimensionen.

Abb. 62: Die nebenstehende Aufnahme zeigt das eindrucksvolle Wirken des Sternenplasmas bei der Bildung des «planetarischen Nebels» Henize 1357. Es ist sein Geburtsaugenblick. Der helle Stern in der Mitte leuchtet im rosa Schein und dem grünen Oval des plasmatischen Gases. Durch den fortgesetzten Winddruck dieses vergehenden Sternes entstehen geöffnete Plasmablasen (rechts oben und links unten). Sie bilden rosa Grenzen durch die verwandelte Energie des ankommenden Plasmas, ähnlich der Aurora-Entstehung. Ein zweiter Stern ist links oberhalb sichtbar, mit dem Hauptstern verbunden durch eine schwachgrüne Gasbrücke (kaum sichtbar in der Wiedergabe).
Diese mit dem Auge erkennbaren Farben entstehen durch Emissionen von Stickstoff (Rot), Sauerstoff (Grün) und Wasserstoff (Blau). Der Geburtsvorgang dieses Nebels ist gemessen an kosmischen Zeitmaßstäben außerordentlich kurz, etwa 100 Jahre. Seine Größe beträgt etwa 130 Sonnensysteme; er würde im Fernrohr erscheinen wie ein Fünfpfennigstück im Abstand von etwa 2 Kilometern. Dieses Nebelgebilde befindet sich in der Richtung des südlichen Altar (Ara).
Die entsprechenden Aufnahmen wurden im März 1996 gemacht.
Die unmittelbar optische Ähnlichkeit und der Entstehungsprozess dieses «planetarischen Nebels» veranschaulichen die Verwandtschaft mit dem Aurora-Prozess und bestätigen die Aussage der Naturwissenschaft vom Polarlicht als einem «Fenster zum Kosmos».[51] (Hubble Space Telescope News, Matt Bobrowsky.)

Vom Wesen der Erde

Der 60. Breitengrad und der mahlende Sampo

Auf der Erde entfaltet sich die Aurora über den Landschaften des hohen Nordens und dem antarktischen Kontinent. Obwohl diese Licht- und Farberscheinungen als planetarisch-kosmische erkannt werden, erhebt sich darüber hinaus die Frage nach ihrem Verhältnis zu den Erdgebieten, worüber sie sich entfalten. Im Folgenden wird daher am Beispiel der nördlichen Landschaft eine Charakterisierung dieser Gebiete gegeben. Hierbei wird versucht, die Beschreibungen aus dem Gesamtzusammenhang der Lebensstruktur des Erdenplaneten vorzunehmen – auch wenn dieser in seiner Vollständigkeit noch nicht erschöpfend erfasst ist. Welche Bedeutung die Schilderung dieser Lebensstruktur eines Erdteiles für das Polarlicht hat, wird an einigen wesentlichen Vorgängen aufgezeigt, wobei aber manches gleichzeitig als Grundlage für ein sich weiterentwickelndes Verständnis der Aurora offen bleibt.

Einige grundlegende Erscheinungen an den 60. Breitengraden der Erde zeigen, dass an diesen eine Schwelle überschritten wird, die in Erdgebiete hineinführt, wo jeweils im Norden oder Süden wesentlich veränderte Verhältnisse des Planeten angetroffen werden. Eine Anzahl der wichtigsten wird im Folgenden einleitungsweise skizziert.

Die «Lichtgrenze» wurde bereits erwähnt. In der Zone des 60. Breitengrades beginnt im Hochsommer in der Nacht das Licht durchgängig anwesend zu sein. Der von Süden kommende Mensch vermag nicht – etwa im Schlafen und Wachen – dem Sonnenrhythmus weiter zu folgen. Er betritt einen dem Menschenwesen fremden Rhythmus-Bereich von Licht und Finsternis. Dieser ist eher verwandt mit außerirdisch-planetarischen Rhythmen. In diesem selben Bereich sind die Ursprünge großer Wirbel- und Wellenbewegungen der Luftmassen zu finden. Sie entstehen an der Grenze zweier Luftströmungen: Die nördliche Strömung bewegt sich vorzugsweise von Ost nach West, die Strömung südlich des 60. Breitengrades vor allem von West nach Ost. So entsteht an dieser Grenze eine Reibungs- und Begegnungszone, die bis in die Wolkenbildungen hinein gestaltend und aufbauend in das gesamte meteorologische Geschehen hineinwirkt. Durch diese Vorgänge ist die Zone dieses Breitengrades ein Quellgebiet bewegender und – wie hier gezeigt werden soll – belebender Kräfte. In Verbindung hiermit zeigen die Meeresströme die gleiche Bewegungstendenz. Im Norden werden die weiten Eisfelder langsam von Ost nach West getragen. Und die von dem vereisten Südpolkontinent fortwährend abfließenden gewaltigen Wassermengen strömen südlich des 60. Breitengrades überwiegend in ost-westlicher Richtung; nördlich davon umgekehrt in west-östlicher Richtung. Schließlich beginnt die häufige Sichtbarkeit des Polarlichts in dieser Zone.

Alle diese Erscheinungen sind eigentlich nur Hinweise auf einen noch tiefer liegenden Vorgang, der die veränderte Lebensstruktur dieses Gebietes offenbart. Dieser ist jedoch der sinnlichen Anschauung verborgen und liegt im Übersinnlichen; er zeigt sich nur in seinen Wirkungen. – Im Kapitel über Polarlicht und mythisches Bewusstsein wurde dieser Vorgang skizzenhaft berührt (siehe S. 26 ff.). In der vorgeschichtlichen Zeit des Mythos konnte er hellseherisch wahrgenommen und in Bildern dargestellt werden. Der «mahlende Sampo» des Kalevala-Epos ist der mythische Bild-Ausdruck dieses verborgenen Vorganges. Aufgrund dieser Verborgenheit konnte der Blick bisher nicht auf die zugrunde liegende Wirklichkeit dieses Gebildes gerichtet werden. Zum Sampo gehört der «bunte Deckel». In dieser höherliegenden, abschließend farbigen Erscheinung wurde der zentrierte Nordhimmel gesehen mit dem weit ausgebreiteten vielfarbigen Polarlicht auf dem Hintergrund der durchscheinenden Sterne. Der mahlende Sampo selber wurde als imaginativ geschautes Gebilde skizziert, das hervorgeht aus der stetigen Begegnung zwischen der sich drehenden Erde und einer sie umhüllenden Kräftesphäre. An der nördlichen und südlichen Lichtgrenze – dem 60. Breitengrad – entsteht der Eindruck eines mahlenden Vorganges. Gegen Ende des Kalevala-Epos wird auf den zugrunde liegenden Kräftezusammenhang dieses Sampo-Gebildes deutlich hingewiesen: «Darin ist des Samens Ursprung, da der Keim zu Glückes Dauer» (XLIII, 297). Der Ursprung des Samens ist der übersinnliche Bereich, aus dem das Leben selber hervorgeht, geisteswissenschaftlich auch die ätherische Welt genannt. Diese Welt ätherischer Kräfte steht im Hintergrund, wenn im Folgenden das beschriebene Gebilde die «Kräftesphäre», die «Lebenssphäre» der Erde genannt wird.

Die ersten grundlegenden Erscheinungen dieser Kräftesphäre wurden wissenschaftlich vor über 200 Jahren festgestellt und als rätselhafte, regelmäßige Luftdruckschwankungen beobachtet. Sie führen morgens und abends zu einem etwas erhöhten Luftdruck, nachmittags und nach Mitternacht zu einem entsprechend verminderten Luftdruck. Diese Erscheinungen wurden dann später als die «doppelte tägliche Luftdruckwelle» bezeichnet. Bis auf den heutigen Tag führten sehr viele Bemühungen, die Luftdruckschwankungen auf äußere Einflüsse, vor allem auf thermische Wirkungen der Sonne im Tageslauf, zurückzuführen, nur zu unvollständigen Ergebnissen.

Auch Johann Wolfgang Goethe (1749 – 1832) richtete seine Aufmerksamkeit auf diese rätselhafte Erscheinung. Er gelangte bald zu der Auffassung, dass diese Luftdruckschwankungen ihre Ursache nicht außerhalb, sondern in der Erde selber haben: «Wenn nun die Barometerstände der verschiedensten Orte das Ähnliche, wo nicht das Gleiche besagen, so scheinen wir dadurch berechtigt, allen außerirdischen Einfluss auf die Quecksilber-Bewegung abzulehnen, und wir wagen auszusprechen: dass hier keine kosmische, keine atmosphärische, sondern eine tellurische Ursache obwalte.»[52] Damit wurde Goethe zum Entdecker eines bis dahin nicht gesehenen Lebenszusammenhanges der Erde, auch wenn er diese Entdeckung noch ein Suchen nennt.

Die Schwankungen des Luftdruckes wurden im Laufe der Zeit als ein globales Geschehen erkannt, das sich mit zeitlich-örtlicher Präzision annähernd entlang der Längengrade der Erde ereignet. An den Orten eines gleichen Längengrades erreicht der Luftdruck gegen 9 Uhr morgens einen Höhepunkt; danach fällt er wieder bis zu einem entsprechenden Tiefpunkt um 15 Uhr. Der gleiche Vorgang wiederholt sich gegen 21 Uhr und 3 Uhr. Im Tageslauf machen alle Orte der Erde von Ost nach West denselben Rhythmus der Luftdruckschwankungen durch. Es ergibt sich das Bild einer Luftdruckwelle, die täglich zweimal um den Erdball herumläuft. Dieses Geschehen vollzieht sich völlig unabhängig von den Jahreszeiten.

Bei zunehmend globaler Beobachtung dieser rhythmischen Druckschwankungen wurde festgestellt, wie die Höhen und Tiefen der aufgezeichneten Druckkurven sich zunehmend abflachen, je weiter im Norden und Süden der Erde die Messungen vorgenommen werden. Am Äquator zeigt die Welle die größten Ausschläge; sie

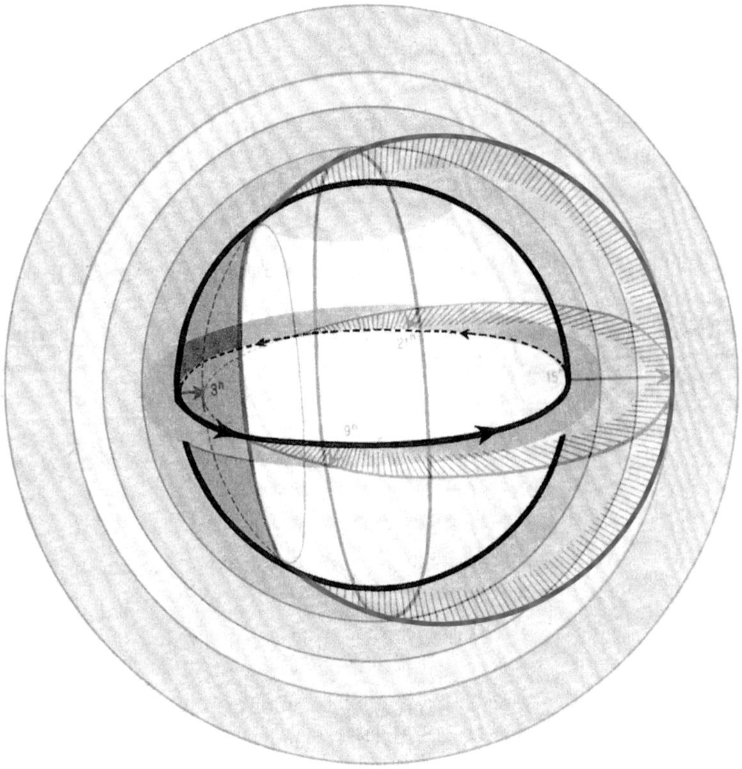

Die Kräftesphäre («Atmungssphäre») des Erdorganismus im Tageslauf.
Links: Erdteil (dunkel gezeichnet) liegt nachts außerhalb der Kräftesphäre.
Rechts: Kräftesphäre ist ausgeatmet und befindet sich oberhalb der im Tageslicht liegenden Erdoberfläche. Extremstellungen um 3 Uhr morgens und 15 Uhr nachmittags.

werden am jeweils 60. Breitengrad sehr flach, um weiter nördlich bzw. südlich an den Polen in eine Gerade überzugehen. Auf den Polarkalotten ist der Luftdruck durchgehend etwas erhöht, sodass die doppelte Druckwelle hier auf einem erhöhten Luftdruckniveau ausschwingt; an den Polen hört der Druckwechsel völlig auf. Darin liegt ein phänomenologischer Hinweis auf die Kräftesphäre. Dass sie als eine Lebenssphäre anzusehen ist, zeigt die Vielzahl von Lebensvorgängen im biologischen, zoologischen und menschlichen Bereich, denen alle derselbe Rhythmus von zusammendrängenden und ausweitenden Kräften, von Systole und Diastole zugrunde liegt. Dabei ist beeindruckend, dass diese übersinnlich-ätherischen Kräfte die Fähigkeit haben, nicht nur Lebendiges zu impulsieren, sondern auch den physischen Vorgang der Atmosphären-Bewegung zu beeinflussen. Eine Fülle von meteorologischen Wirkungen schließt sich an, die alle aus diesem übergeordneten Lebensrhythmus hervorgehen. Diese rhythmische Kräftesphäre ist zum ersten Mal umfassend und bis in alle Einzelheiten dargestellt worden in dem Werk von Guenther Wachsmuth (1893 – 1963) *Erde und Mensch*;[53] sie wird dort die «Atmungssphäre» genannt.

Aus den global-rhythmischen Erscheinungen der doppelten Luftdruckwelle konstruiert G. Wachsmuth das genaue räumliche Bild einer übersinnlichen Sphäre, die, etwas größer als die Erde, diese umgibt. Da sie exzentrisch versetzt ist, befindet sich immer ein Teil der Erde außerhalb der Kräftesphäre; diese ist dabei auch immer annähernd zur Sonne gerichtet. (Sonnenhöchststand mittags 12 Uhr, Sphärenhöchststand nachmittags 15 Uhr.)

Der sich außerhalb der Sphäre befindende Teil der Erde liegt immer im Nachtdunkel, ist also von der Sonne abgewandt. Ein Beobachter am Äquator würde – wäre die Kräftesphäre für ihn sichtbar – diese am Morgen etwa um 6 Uhr wie eine gewaltige Welle auf sich zukommen sehen; der aus der Dunkelheit kommende Erdteil dreht sich langsam von West nach Ost und trägt dabei den Beobachter in die Kräftesphäre hinein. Im Aufsteigen würde die Welle gegen 9 Uhr von ihrer Innenseite her voll sichtbar werden als eine weit ausgedehnte Himmelswölbung und gleichzeitig ihre größte konzentrierende systolische Wirkung zeigen. Dabei erreicht der Luftdruck den zu dieser Phase gehörenden Höhepunkt. Danach beginnt der Druck wieder langsam abzunehmen, während sich die Sphäre weiter nach oben bewegt. Um 15 Uhr hat ihr Wirkungsbereich die höchste Stellung in etwa 70 Kilometer Höhe erreicht. Im Erdbereich ist der Luftdruck auf den Tiefpunkt herabgesunken; es ist die diastolische Phase der Ausweitung. Gegen Abend sinkt die Kräftesphäre wieder so weit herab, dass sich erneut die konzentrierenden Wirkungen zeigen: Um 21 Uhr erreicht der Luftdruck denselben Höhepunkt wie um 9 Uhr morgens. Danach beginnt die Erde sich aus der Sphäre hinauszudrehen. Dieser Vorgang ist etwa um 24 Uhr vollzogen, wonach ein Sphärenteil bis zu etwa 23 Kilometer unter die Erdoberfläche hinabsinkt. Wenn um 3 Uhr morgens die zweite Tiefpunktphase des Luftdrucks erreicht ist, unterscheidet sich diese dem Wesen nach vom Nachmittagstiefpunkt dadurch, dass die Kräftesphäre die Erdoberfläche nicht mehr umgibt. – Die Sphäre ist ein Gebilde, das nur in der stetigen Bewegung mit der Erde entsteht und sich nur in fortgesetzten Prozessen erhält, die aus einer Vielzahl von Einwirkungen hervorgehen.

Das menschliche Leben wird vom Rhythmus der Kräftesphäre unmittelbar beeinflusst, wenn nicht sogar weitgehend innerlich geformt. In den Morgenstunden von 8 bis 10 Uhr entfaltet der Mensch die höchste Leistungsfähigkeit. Gegen Mittag tritt eine Art Krise ein: Die menschliche Konstitution bleibt nur schwer innerlich aufrecht und wach. Dieser Zustand zieht sich bis etwa 15 Uhr hin, wo eine deutliche Wende eintritt. Danach beginnt eine seelische Aufwachphase, die gegen Abend einen Höhepunkt erreicht, um dann in den späten Abendstunden wieder abzuklingen. Die wiederholte Krise um 3 Uhr nachts wird vom schlafenden Menschen meist nicht bemerkt. Doch wird ihr Vorhandensein dadurch sehr deutlich, dass es der Zeitpunkt ist, wo der Mensch zumeist durch den Tod geht. Diese rhythmischen Wirkungen der Kräftesphäre gestalten schon bei der Embryonalbildung wichtige Lebensprozesse mit und prägen sich dadurch dem Menschendasein stark ein. Sie sind wie ein von außen wirkender Pulsschlag, der sich dem grundlegenden rhythmischen Gefüge der menschlichen Konstitution einfügt.

In Mitteleuropa und in Gebieten entsprechender Breitengrade, desgleichen auf der Südhalbkugel, befinden sich die Menschen in einem Erdteil, wo der rhythmische Ausschlag der Höhen und Tiefen dieser Lebenssphäre schon viel geringer ist als in der Äquatorzone. Das Schwingungsbild zeigt einen mittleren Zustand. Weiter nach Norden und Süden zu nehmen die Höhen und Tiefen kontinuierlich ab, und es tritt ein weitgehend verändertes Verhältnis zur Kräftesphäre ein. Wäre diese für den nach Norden schauenden Beobachter sichtbar, würde er einen ähnlichen Anblick haben wie am Äquator. Nur sähe er frühmorgens neben der im Osten jetzt flacher ankommenden Sphärenwölbung außerdem gleichzeitig im Nordosten und Norden den ost-westlich ausgedehnten und eingetauchten Sphärenrand, der sich ebenso von Ost nach West bewegt. Die Sphärenwölbung im Osten erhebt sich hier viel langsamer und erreicht beim Drucktiefpunkt des Nachmittags eine geringere Höhe. Danach sinkt sie auch wieder langsamer nach unten. Hat sich die Erde um 3 Uhr morgens gerade noch aus der Sphärenwölbung hinausgedreht, entstünde wieder der obige Anblick: die eingetauchte Sphäre im Norden mit ihrem gleichzeitig ankommenden Teil im Nordosten und Osten. Die Erde verlässt

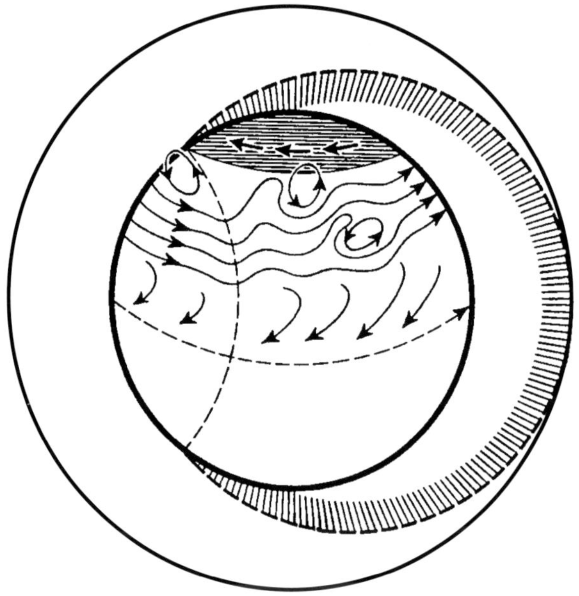

Die Bildung von Wellen und Wirbeln (Zyklonen) im Element der Luft im Zirkulationsprozess der Erde.

also direkt unterhalb des 60. Breitengrades nur eine kurze Zeit die umhüllende Kräftesphäre. Wieder eingetaucht, entfernt und nähert sich die Kräftesphäre in langsamem Steigen und Sinken in fortgesetzter Übereinstimmung mit Druckschwankungen: Drucktiefpunkt morgens (3 Uhr) und nachmittags (15 Uhr) bei flach eingetauchter Stellung, Druckhöhepunkt in den Zwischenstellungen, bei denen sich die Sphärenwölbung in einer mittleren Höhe befindet. Diese tiefe Lage der Sphärenkuppel führt zum allgemein etwas erhöhten Luftdruck dieser Zone und zu einem in sich schwingend-konzentrierten, ätherisch geschlossenen Körper. Sein oberer, über den Polen liegender Teil erscheint wie ein Deckel auf diesem Erdgebiet; er bildet die sogenannte Polarkalotte. Der Kalevala-Begriff des «bunten Deckels» muss diesem Gebilde entsprechend erfüllt und erweitert werden. Es wird dabei die tiefe Weisheit der Begriffsbildung im mythischen Sprachbereich erkennbar, die so gefasst ist, dass sie sich nicht auf äußerlich gegebene Wahrnehmungen festlegen lässt. Dadurch kann in diese Begriffs- oder Namensbildung ein übersinnlicher Tatbestand mit eingehen.

Die am 60. Breitengrad von Norden her eingetauchte Kräftesphäre bewegt sich nun durch und um die Erde von Ost nach West infolge der Erdumdrehung. Dadurch entsteht ein besonders stark wirkender Abgrenzungsprozess, der damit in die Vorgänge der Polarkalotte hineinwirkt. Zugleich verursacht die tiefer liegende Wölbung der Kräftesphäre eine weitere Konzentration, die ätherisch der ganzen Polarkalotte den Charakter derjenigen Wirkungsphasen aufprägt, die weiter im Süden nur morgens und abends wirksam sind. Es sind die Phasen der maximalen Kräfteentfaltung der Lebenssphäre. Die so erkannte eigentümliche Besonderheit der Polarkalotte beschreibt G. Wachsmuth folgendermaßen: «Die sich über den Polargebieten nur wenig wölbende Kräftekuppel umschließt einen *verdichteten Luftkörper*. Die von diesem Kraftfeld ausgeübte Wirkung wandert nun im Tageslauf in ost-westlicher Richtung, also gegenläufig zur Erdrotation um die Polarkappe herum. Es entsteht dadurch eine Art kreisender, gleitender Bewegung um den Rand der Polarkappe. So modelliert die auf diese Weise mit ihren Impulsen um die Polarkalotte wandernde kleine Kräftekuppel ständig von Neuem jenen in ihr enthaltenen Luftkörper. Es findet am Rande desselben ein konturierender und gestaltender Impuls statt, und zugleich wird dieser konturierte Luftkörper ständig von außen nach innen modelliert, plastiziert, zu organischen Strukturwandlungen geführt. Die modellierende Tätigkeit solcher Kräftesphären von außen nach innen gibt ein anschauliches Bild der Wirksamkeit der im vorigen geschilderten Bildekräfte, die auf diese Weise zur Plastizierung elastischer Gebilde, zur Gestaltung konturierter, im Innern wandlungsfähiger Organe führt.»[54] Hier werden *mahlende und plastizierende Vorgänge* beschrieben, die im Kalevala-Epos in der besonderen Sprache des Mythos in fast gleicher Art für das Sampo-Gebilde überliefert sind. In den imaginativen Schilderungen wird die Hervorbringung verschiedener anorganischer und organischer Bildungen und Stoffe sowohl während als auch nach der Sampo-Schmiedung beschrieben.

Die Polarkalotten und der Kräfterhythmus

Die konzentrierten Lebensprozesse innerhalb der Polarkalotte werden gleichzeitig begleitet von erhöhten elektrischen und magnetischen Vorgängen. Überall, wo Lebendiges entsteht, gliedern sich Elektrizität und Magnetismus ein; sie sind eine Voraussetzung für jede Verleiblichung und auch ihre Folge und gehören damit zu allen irdischen Vorgängen und Organismen. – So zeigt der Morgeneinfluss der Kräftesphäre auch ein erhöhtes elektrisches Spannungsfeld: Das Potenzialgefälle, die vertikalen Spannungen zwischen Luftumkreis und Erdboden erreichen um diese Zeit ihren Höhepunkt; desgleichen in den Abendstunden. Die entsprechenden Tiefpunkte in den Nachmittagsstunden und in der Zeit nach Mitternacht werden auch festgestellt. Zwischen den Polarkalotten wird der elektrische Spannungszustand dadurch gründlich abgebaut, dass besonders nachts parallel zum Untertauchen der Kräftesphäre in die Erdentiefen ein entladender elektrischer Vertikalstrom wirksam sein kann. Denn das nachts vorhandene Minimum des Potenzialgefälles mit der völlig untergetauchten Sphäre bedeutet ein Maximum an Leitfähigkeit der Luft. Dagegen nimmt bei größerer Erdnähe der Sphärenwölbung das Potenzialgefälle innerhalb der Polarkalotten zu und hält länger an. Die Leitfähigkeit der Luft ist entsprechend verringert; das führt zu einer Behinderung des vertikalen Leitungsstromes, wodurch die erhöhte Spannung verbleibt. In den Abend- und Morgenzuständen zeigen sich elektrische Spannungsprozesse, die sonst nur in höheren Luftschichten anwesend sind. – Die kräftigeren Ausschläge der Luftdruckschwankungen der Äquatorzone der Erde und ihre Abnahme in Richtung der Pole gelten also auch für den Spannungsrhythmus elektrischer Zustände. Dabei wird zugleich die Intensitätsabnahme des Rhythmus – wie beim Luftdruck – übergeführt in einen allgemein etwas erhöhten elektrischen Spannungszustand in den Polarkalotten, was sich besonders im Übergang zu den bekannten intensiven magnetischen Vorgängen in den Polargebieten zeigt.

Auch die magnetischen Veränderungen im Tageslauf zeigen eine Übereinstimmung mit dem Grundrhythmus der Kräftesphäre. So wird der Nordpol der Magnetnadel um 9 Uhr morgens stärker nach Osten abgelenkt; in der Phase bis 15 Uhr schwingt sie wieder nach Westen zurück. – Schon Fridtjof Nansen wies auf das tägliche Wandern des Magnetpoles hin, das erkennbar im Verhältnis zu dem Grundrhythmus der Kräftesphäre steht. Vor allem aber wurden die Phasen der Veränderlichkeit des Magnetfeldes aufgezeigt: Im Anschluss an Birkelands Untersuchungen führten die des Norwegers Leif Harang zur Feststellung von magnetischen Oszillationen. Sie werden von Harang «sinusoidal oscillations» genannt, von anderen Forschern «giant micropulsations». Ihre Umkehrung ereignet sich überwiegend um 3 Uhr nachts. Sie fällt also genau zusammen mit der räumlich-zeitlichen Wende der eingetauchten Kräftesphäre. Daneben werden Höhepunkte feinerer magnetischer Oszillationen um 9 Uhr und 21 Uhr gefunden. Auch diese Vorgänge konzentrieren sich in besonderer Weise innerhalb der Polarkalotten. Obwohl Verdichtungen und Verlangsamungen aller Prozesse stattfinden, wird der eigenständige Grundrhythmus der Kräftesphäre beibehalten. Schon das äußere räumliche Bild der Kräftesphären-Kuppel zeigt den wesentlichen Unterschied gegenüber der Struktur in südlicheren Erdgebieten. Während die obere Grenze der Kräftesphäre am Äquator bis zu 70 Kilometer hinaufreicht, sinkt diese Höhe in den mitteleuropäischen Breiten hinab bis zu etwa 45 Kilometer. Am 60. Breitengrad sind es dann nur noch 35 Kilometer, also die Hälfte gegenüber der Höhe am Äquator. So entspricht auch die Höhe dieses Breitengrades der halben Strecke vom Äquator über den Pol hinaus bis zum 60. Breitengrad jenseits des Poles: 90° + 30° = 120°. Am Pol selber sinkt die Höhe auf etwa 16 Kilometer herab und bleibt etwa konstant.

In den Höhen über den Polarkalotten entfalten sich die Aurora-Ovale. Da sie sich über den geomagnetischen Polen bilden, sind die Ovale den Kalotten gegenüber versetzt. Wären die Ovale über die geografischen Pole zentriert, befänden sie sich unmittelbar nördlich der Kalottengrenzen zwischen dem 60. und 70. Breitengrad, in Nordeuropa zwischen Oslo und Trondheim. Durch die Oval-Versetzung gegenüber den geografischen Polen entstehen die besonderen Polarlichtzonen auf der Erde. In diesen entfalten sich die Polarlicht-Teilstürme in Übereinstimmung mit dem Grundrhythmus der Begegnung zwischen Erde und Kräftesphäre. Das als urbildlich geschilderte Zeit- und Raummuster der Polarlicht-Entfaltung – des Polarlicht-Teilsturms – beginnt am frühen Abend. Zu dieser Zeit ist die Kuppel der Kräftesphäre nach der Phase der Höhenumkehr um 15 Uhr deutlich näher der Erdoberfläche. Bis gegen Mitternacht gehen die stärksten Wirkungen von der sich senkenden Sphäre aus. Dieser Zeitraum ist in der Regel zugleich die Zeit der intensivsten Aurora-Entfaltung. Ab Mitternacht beginnt das Eintauchen der Sphäre am Rande der Kuppel (60. Breitengrad); dabei klingt auch das Polarlicht ab. Gegen 3 Uhr morgens erfolgt mit der Bewegungswende der wiederbeginnende Aufstieg der Sphäre. Das ist zugleich die Zeit der erwähnten magnetischen Wende mit dem Oszillationsmaximum.

Die Erscheinung des Polarlichts auf der Erde gliedert sich in zwei grundlegende Phänomene. Das erste sind die umfassenden und beweglichen Ovale («Ringströme»), die bestimmte Erdgebiete überlagern. In diesen erscheint immer – mehr oder weniger sichtbar – das Polarlicht. Das zweite Phänomen geht hervor aus dem ersten als die sich entfaltenden Polarlicht-Teilstürme. Entstehung und Art dieser Stürme sind der besondere Gegenstand der heutigen Polarlichtforschung, da der Mechanismus ihrer Entfaltung rätselhaft erscheint. Wie hier dargestellt, ergibt sich ein Zusammenhang mit der Gestalt und dem Rhythmus der ätherischen Kräftesphäre der Erde. Das über dieser Sphäre sich entfaltende Polarlicht begleitet die fortgesetzt wechselnden Begegnungen zwischen der mineralischen Erde und den ätherischen Prozessen der Kräftesphäre in Übereinstimmung mit dem Wechsel von Licht und Finsternis durch die Erdrotation.

Diese Begegnung gestaltet sich weiter und wird sichtbar in den Höhen der Polarlichtentfaltung durch die Begegnung der atomisierten Erdenstoffe mit dem aus den Weiten der irdischen Magnetosphäre ankommenden Erden-Sonnen-Plasma. Das Polarlicht-Ovalband ist schmal auf der Sonnenseite und zeigt an der sonnenabgewandten Seite eine kräftige Verbreiterung. Diese auffällige Erscheinung auf der Nachtseite liegt somit über der immer eingetauchten Sphärenkuppel. Über Nordamerika befindet sich dieser verbreiterte Ovalteil über dem 50. Breitengrad (siehe Abb. 32, S. 80), um sich in Nordeuropa und im Nordpolarmeer bei Severnaya Zemlye bis über den 70. Breitengrad zu verlagern.

Die Kräftekuppeln der Polarkalotten sind Gebilde, in welchen sich verschiedenartige Wirkungen konzentrieren. Was als Kräftestruktur weiter südlich sich ausweitend ausschwingen kann, wird hier festgehalten, eingeschlossen und komprimiert. Besonders durch den fortgesetzten «Mahlvorgang» der verbreiterten Auflage-

und Eintauchsfläche der Sphäre wird eine intensivierte Spannung hervorgebracht. In diesen Kräftekuppeln bilden sich physisch-ätherische Stauzonen, die ihre Zentren in den Polgebieten der Erde haben. Hier sind die Kräfte durchgehend wirksam, die sonst nur stundenweise während der Höhepunktphasen sich in gemäßigteren Breiten der Erde zeigen. Eigentliche Tiefpunktphasen gibt es nicht; ihre schwachen Ausprägungen werden durch den allgemein etwas erhöhten Druck- und Spannungszustand aufgehoben.

Es kann nun deutlich werden, wie die besonderen magnetischen Verhältnisse der Polarkalotten das immer vorhandene elektrische Spannungsfeld zwischen Erdoberfläche und Ionosphäre beeinflussen. Das hier fast statisch-geschlossene Kräftegebilde fehlt völlig etwa in der Äquatorzone der Erde, wo die magnetischen Feldlinien ungebündelt horizontal zur Sphärenoberfläche verlaufen. Dadurch sind in diesem Erdgebiet beide Kräftebereiche des Spannungsfeldes gegeneinander abgeschlossen. Dagegen liegt im Norden und Süden der Erde in Bezug auf diese beiden Kräftestrukturen eine extreme Polarisierung vor: Die Kräftesphären der Polarkalotten sind maximal verdichtet und in sich abgeschlossen; die magnetischen Feldlinien dagegen verlaufen so, dass sie gebündelt und damit konzentriert in die Polarkalotten «hineinlaufen», doch andererseits in Richtung des außerirdischen Raumes, sich kräftig erweiternd und öffnend, einen denkbar größten Expansionsvorgang ermöglichen. So kommt es in einem *mittleren Bereich* zwischen der durch die Kräftesphäre erweiterten Erdoberfläche und der gesamten hoch hinauf reichenden Ionosphäre zu einer harmonischen Begegnung, öfters aber auch zu dramatischen Auseinandersetzungen dieser Polaritäten. Der Aurora-Prozess lässt diese Begegnungen im Reich des Sichtbaren erscheinen!

Es gehört zu den immer wiederkehrenden eindrucksvollen Wahrnehmungserlebnissen dem Polarlicht gegenüber, dass dieses in der Landschaft, worinnen es sich zeigt, im unmittelbar-irdischen Umkreis sich zu entfalten scheint, also recht nahe dem Beobachter. Hierdurch wird es in Zusammenhang mit der Erde und einer bestimmten Landschaft gebracht, in derselben Art wie bestimmte Wolkenformationen zu entsprechenden Landschaften gehören. Gewiss gibt es auch Aurora-Entfaltungen, die in deutlich beträchtlichen Höhen erscheinen, doch dann auch wiederum solche, die Berge einzuhüllen oder den Betrachter zu berühren scheinen. Hinzu kommen andere Wahrnehmungsbereiche, wie etwa die begleitenden Geräusche. Ob diese nur innerlich-subjektive Hervorbringungen oder objektive Geräusche sich entladender elektrischer Erdfelder sind, ist in diesem Zusammenhang weniger wichtig. Der Beobachter des Polarlichts steht im Gesamtraum der sich entfaltenden Aurora darinnen, und hierzu gehört auch die besondere ätherische Landschaft. Dadurch erlebt er sich nicht getrennt gegenüber der Aurora, sondern wahrnehmend und erlebend in den Vorgang mit einbezogen. Ein Vergleich mit Traumerlebnissen ist hier angebracht: Der Träumende erlebt zwar Bilder und Geschehnisse außerhalb seiner selbst, doch zugleich auch, dass er an ihrer Entstehung mehr oder weniger beteiligt ist, oder sogar, dass er sie verursacht. So kann das Wahrnehmungserleben gegenüber der Aurora ihre erdentrückte Erhabenheit erkennen, aber nicht bestätigen, dass es sich hier um Vorgänge in sehr weiter Entfernung von der Erde handelt.

Der Polarlicht-Prozess in seiner kosmisch-irdischen Bildhaftigkeit wird immer deutlicher. Die leuchtenden Aurora-Ovale bilden sich als planetarische Licht- und Farbenblüten über den Polgebieten der Erde. In den Zentren dieser Blütengebilde strömt aus den Höhen des Sonnenbereiches Sonnenplasma direkt ein und erzeugt das zartrote «Tagespolarlicht». Es erfüllt – für das bloße Auge unsichtbar – die Kelchgebilde mit Sonnenvorgängen, die aus den Höhen in die Tiefen hinein verlaufen. Die Oval-Kelche selbst bilden sich aus den Plasmaprozessen heraus, die aus dem weiten Umkreis der in sich geschlossenen Magnetosphäre an die Erde herandringen. Die gebuchteten und gefalteten vertikalen Wände dieser Kelche – die mächtigen Polarlicht-Vorhänge – erstrecken sich dabei über viele Hunderte von Kilometern nach unten und oben. Diese sind es vor allem, die als Polarlicht-Stürme in den Landschaften der Erde wahrgenommen werden. Nach unten zu verengen sich die Aurora-Kelche etwas, indem sie den Feldlinien folgen, die auf die geomagnetischen Pole «zulaufen».

Die Kräftestrukturen dieser Feldlinien verbinden die Aurora-Ovale mit den besonderen magnetischen Strukturen der Polargebiete und ihren Lebensvorgängen. Sie schließen sie gewissermaßen auf, so wie die in die Erde tauchenden Stängel der Blüten das Erdreich im Wurzelprozess aufschließen. Zugleich jedoch wirken auf den Bahnen der Feldlinien Stoffprozesse nach oben in die Aurora-Kelche hinein (etwa atomarer Sauerstoff und Stickstoffgase). Innerhalb der blütenartigen Ovalgebilde selber (also nicht im Polzentrum dieser Gebilde) entsteht und vergeht in einem glühenden und strahlenden Farbenreichtum eine unüberschaubare Fülle von Formen. Sie bilden sich am plastisch-bewegten Erden-Magnetfeld und der besonderen Konfiguration der hier vorhandenen Erdenstofflichkeit, wodurch auch die Farbenfülle entsteht. In Übereinstimmung mit dem vieljährigen Sonnenfleckenrhythmus und danach erfolgenden eruptiven Plasma-Expansionen in der Magnetosphäre erweitern sich die schwebenden Blüten-Ovale und ziehen sich wieder zusammen, rhythmisch und zugleich in freier Abfolge. So kommt es bei besonders großen Ausdehnungen der Oval-Blüten zum sichtbaren Polarlicht auf der ganzen Erde. Die Oval-Kelche bringen in dieser Art fortwährend Sonnentätigkeit und Erdenprozess zur Erscheinung. Diese extrem dynamischen Vorgänge können nur in bewegte, leuchtend-farbige Bilder gebracht werden durch die Magnetfelder von Sonne und Erde. Es ist daher charakteristisch, wenn G. Wachsmuth die besondere Bedeutung des Magnetismus mit folgenden Worten beschreibt: «Das Studium des Magnetismus ist für unser Weltbild schon deshalb so aufschlussreich, weil wir es hier mit einer Wirkung zu tun haben, die nicht die monotone Gleichförmigkeit der Schwere hat; denn die magnetischen Phänomene unterliegen eben starken Variationen im Tageslauf etc., doch auch keine so turbulente und auflösende Wirkung wie etwa die Wärme, sondern im Magnetismus ist eine zusammenschließende Koordinierungstendenz mit einer großen Beweglichkeit in lebendiger Weise verbunden. Schwere will nur zusammenfügen, Wärme auflösen; Schwere allein würde zur Zusammenballung und Erstarrung, Wärme allein zur Chaotisierung führen. Magnetismus strebt nach Zusammenschluss und lässt dabei doch Variation und Beweglichkeit zu. Gleichzeitig ist er richtungsweisend, dadurch ordnend und gestaltend, und somit ein vielseitiger Helfer im Gefüge des Erdorganismus.»[55] Das Polarlicht bringt diese kosmisch-irdischen Wirkungen des Magnetismus leuchtend in einzigartiger Schönheit in der Erdendunkelheit zur Erscheinung.

Blitz – Regenbogen – Polarlicht

Blitz, Regenbogen und Polarlicht bilden Licht- und Farbenerscheinungen im Erdenumkreis. Alle drei sind eingebettet in die umgebende Bläue des irdischen Luftumkreises, vom Schwarzblau der Gewitterwolke über das helle Tagesblau beim Regenbogen bis zum Mitternachtsblau als Hintergrund des Polarlichts. Das Sonnenlicht selbst tritt hierbei und auch sonst nicht in Erscheinung, es ist unsichtbar. Sichtbar sind die Helligkeit und Dunkelheit und vor allem das Farbenspektrum. Neben der Sonne selber vermittelt das umgebende atmosphärische Blau am stärksten das Licht und damit die Helligkeit.

Den umfassenden Wesenszusammenhang von Blitz, Regenbogen und Polarlicht hat zuerst Walther Bühler dargestellt. Diese zusammenschauende Darstellung macht den Versuch, die drei verschiedenen Lichterscheinungen als jeweilige Metamorphosen des Sonnenlichts zu erfassen. Nordlicht, Blitz und Regenbogen werden dabei in ihrer räumlich-rhythmischen Eingliederung in die Zusammenhänge des Erdorganismus gesehen. Die folgende Darstellung fußt im Wesentlichen auf den Erkenntnissen Walther Bühlers; jedoch wird zum räumlich-rhythmischen Aspekt der zeitlich-evolutive hinzugefügt und in den Vordergrund gestellt.

Kristallisation in der Gewitterwolke

In dem Walten der Blitze hat eine frühe Menschheit die Entfaltung hoher göttlicher Kräfte gesehen. Als Ergebnis dieses Schauens stellten noch die Griechen ihre höchste Gottheit Zeus als den Blitze-Schleuderer dar. Was in früheren Zeiten als eine Göttertat geschaut wurde, sieht der heutige Mensch als eine mechanisch-elektrische Erscheinung an. Doch ist seltsamerweise die eigentliche Entstehung des Blitzes im technisch-wissenschaftlichen Zeitalter der Gegenwart noch völlig in Dunkelheit gehüllt, obwohl die Menschheit inzwischen die den Blitz begleitenden elektrischen Kräfte aus den Händen der Götter in die eigene Verfügung genommen hat.

Seinen Ursprung hat der Blitz in der Wolke; seine Entstehung muss im Prozess einer besonderen Wolkenbildung gesucht werden. In den Tropengebieten der Erde können am besten die besonderen Wolken beobachtet werden, die zum – oft täglichen – Gewitter mit seinen Blitz-Erscheinungen führen. In diesem Gebiet dringen die Sonnenstrahlen fast senkrecht bis zur Erdoberfläche vor und erhitzen sie dabei kräftig. Daraus ergibt sich ein starker Aufwärtsstrom der ausgedehnten und somit leichteren Warmluft. Im Verlauf dieses Aufsteigens bilden sich besondere Durchzugskanäle, die von allen Seiten den Warmluftzustrom erhalten. Die Auftriebskräfte der Luft steigern sich dynamisch und können zu hohen

Aufwärtsgeschwindigkeiten führen, bis zu 30 Meter in der Sekunde. In Bodennähe vermag die Warmluft sehr große Wassermengen in sich aufzunehmen, die mit in die Höhe getragen werden. Im Aufsteigen jedoch kühlt die Luft ab und ist nicht mehr fähig, das Wasser länger in sich aufgelöst mitzutragen. Es kondensiert und wird als Wasserdampf ausgeschieden: Die Wolke beginnt sich zu bilden. Je mehr Feuchtigkeit aufgenommen und dann ausgeschieden wird, desto mächtiger die Wolkenbildung. Es entstehen die charakteristischen Kumuli und später die Kumulonimbusse – die Haufen- und Gewitterwolken –, die sich zu gewaltig bauschigen Gebilden auftürmen. Auf dem Weg nach oben nimmt die Abkühlung stetig zu, mit jedem Kilometer fällt die Temperatur anfangs um etwa 10° Celsius. Je nach den thermischen Verhältnissen wird in einer bestimmten Höhe der Gefrierpunkt erreicht, etwa bei fünf Kilometern Höhe. Im Auftriebskanal, der zu einer Art Stamm dieses Wolkengebildes geworden ist, kann das emporsteigende Wasser durch die besonderen dynamischen Verhältnisse auch noch bei Temperaturen unter Null flüssig bleiben. Doch bald verwandelt es sich in Eis. Mannigfaltige Eiskristalle bilden sich, zum Teil in feinster Form nach oben versprühend. Erst dann, wenn dieser Zustand erreicht ist, fährt der Blitz aus der Wolke. Sie hat ihre entscheidende Reifestufe erreicht, in der Schnee, Graupel und Hagel hervorgebracht werden. Die Gewitterwolke kann weiterhin mächtig anwachsen, wobei sich die verschiedenen Prozesse noch intensivieren.

Das Gebilde der großen Kumulonimbus-Gewitterwolke mit Amboss- oder Schirmbildung kann in seinen verschiedenen Aspekten betrachtet werden: als meteorologischer Turbulenzvorgang, thermodynamisch als Wärmekraft-Maschine oder als elektrischer Generator. Alle diese Blickrichtungen vermögen jedoch nicht den Ursprung der Blitzbildung zu erfassen. Denn sie zielen alle erst auf die Folgen eines Vorganges, der zunächst bildhaft als ein organischer Vorgang begriffen werden kann. Schon die stufenweise Entstehung der Kumuluswolke ähnelt dem schnellen Wachsen einer Blume oder eines Baumes: Wurzelartig wird von allen Seiten die Warmluft aufgesogen; die dann vom «Stamm» herausgetriebenen horizontalen bauschigen und flachen Wolkenverdichtungen – oft ausgebreitet auf Luftschichten schwebend – sind das Bild einer vielfältigen Blattbildung. In den Höhen strebt die Wolke dann einer Blütenbildung zu: Sie erfolgt im kristallinischen Eisprozess.

Damit stellt sich die voll ausgebildete Gewitterwolke in einen Zusammenhang hinein, der allen irdischen Gebilden organischer und zu einem großen Teil auch anorganischer Natur gemeinsam ist: in den Zusammenhang der Polarisierung. Gemeint ist eine dem Organischen verwandte Polarisierung wie diejenige von Blüte und Wurzel bei der Pflanze oder Kopf und Gliedmaßen beim Menschen. Die Erscheinungen dieser Polarisierung der Luft mit den Wolkengebilden sind mannigfaltig: in den Tiefen die helle, von der Sonne beschienene Erdoberfläche und in den Höhen der bis ins Schwarz verfinsterte Wolkenabschluss; im unteren Bereich flächig ausgebreitete Warmluftdynamik und im oberen konzentrierte Kälteprozesse, die in sich zum geformten Abschluss in der Eisbildung tendieren, wobei wiederum diese Eisbildung durch intensive Bewegungsvorgänge aus der Statik herausgerissen wird. Darüber hinaus steht diese Polarisierung im Gegensatz zur Umgebung: in den Höhen der Wolke Dunkelheit und Materiebildung, wo sonst Licht flutet und Stoffauflösung stattfindet; in den Tiefen die aufstrebende Leichte einer Wärmedynamik, wo sonst die Schwere der Horizontalkräfte vorherrscht. – Die Gewitterwolke hat sich von der Umgebung abgesetzt und ist zu einem weitgehend selbstständigen Gebilde mit dramatisch polarisierten Innenprozessen geworden. Damit ist sie in eine enge Verwandtschaft mit allen irdischen Lebensgebilden eingetreten und hat die Wesensmerkmale dieser Gebilde angenommen. Die Gewitterwolke nimmt

Abb. 63: Rotstrahlende Vorhänge – Mond und Sterne. Amerikanische Pappel in Aretic Valley, Oktober 1988 (nahe dem Sonnenfleckenmaximum). © Cary Anderson
Abb. 64, Seite 146 und 147: Schleierartige Vorhänge mit Komet Hale-Bopp über Chugach Mountains bei Anchorage im März 1997. © Cary Anderson

die elektrischen Kräfte auf, speichert sie und führt sie aus ihrer vorangegangenen Polarisierung zu kräftiger elektrischer Polarisation. Auch hiermit steht sie im Gegensatz zum ausgeglichenen, nicht polarisierten Luftelement. Mit der Geburt eines irdischen Gebildes in dem «überirdischen» Bereich der höheren Luftschichten beginnt die Dramatik des Gewittergeschehens.

Das Spannungsfeld im Potenzialgefälle

Die entstehende Gewitterwolke befindet sich von Anfang an in einem elektrischen Spannungsfeld zwischen der Erdoberfläche und der höheren Atmosphäre, der Ionosphäre. Die dazwischenliegenden Luftschichten bilden eine Isolationssphäre, in welche die Gewitterwolke hineinwächst. Die reine Luft als isolierendes Medium schirmt für alle Lebewesen die elektrischen Ströme weitgehend ab. Doch natürliche Radioaktivität und kosmische Strahlung (sowie Verschmutzung) bewirken einen Isolationsverlust der Luft. Dieser führt zu einem dauernden elektrischen Strom, der insgesamt mit einer Stärke von etwa 1500 Ampere fließt und somit das Potenzialgefälle zwischen Ionosphäre und Erdoberfläche von etwa 250.000 Volt überbrückt und dieses Spannungsfeld abbaut. Von der Erde aufwärts erhöht sich diese Spannung mit jedem ansteigenden Zentimeter um etwa 1 Volt. So steht der Mensch auf Meereshöhe unter einer Spannung von 150 bis 200 Volt, entsprechend auf einem 2000 Meter hohen Berggipfel unter etwa 200.000 Volt. Die dabei fließenden Stromstärken sind weiträumig sehr fein verteilt. In dieses Spannungsfeld wächst die Gewitterwolke hinein. Radarmessungen haben eindeutig ergeben, dass der Blitz erst aus der Wolke herausschlägt, wenn die 0°-Grenze erreicht ist, wenn also die Eisbildung in mehreren Kilometern Höhe einsetzt und zugleich die Spannungen des Potenzialgefälles hohe Werte erreichen. Die Stufe der Eisbildung in der Kumulosnimbus-Gewitterwolke ist daher gleichzeitig der Beginn eines neuen Prozesses: der Blitzerzeugung. Die Initialaufladung der Wolke muss sich in dem Vorgang ereignen, der sich zwischen dem Eiskristallfeld der Gewitterwolke und der umgebenden Sphäre abspielt. Hier sind es vor allem die elektrischen Kräfte des Potenzialgefälles mit ihren hohen Spannungen, die wirksam sind. In der Folge der Initialaufladung ergeben sich in der Gewitterwolke die bekannten thermischen, mechanischen und elektrodynamischen Prozesse, die alle schnell zur weiteren mächtigen elektrischen Aufladung der Wolke führen. Dabei entstehen die für den Blitz notwendigen hohen Spannungen und Stromstärken. Elektrophysikalisch gesehen, stellt sich die Gewitterwolke dem dauernden Isolationsverlust der Atmosphäre und dem damit verbundenen Spannungsabfall zwischen Hochatmosphäre und Erde entgegen. In der Erdatmosphäre bauen Felder von Wolken in Größen von Ländern und Kontinenten Spannungsgebiete auf, die das schwindende Spannungsgefüge des Potenzialgefälles fortwährend wiederherstellen und dann täglich in Millionen von Blitzen den erzeugten Spannungsüberfluss entladen. Damit stellen Wolken und Gewitterwolken immer wieder einen Ursprungszustand her.

Abb. 65: Violetter Strahlenvorhang über Chugach Mountains. Lichter der Stadt Palmer. Matanuska-Sustina Valley, November 1998. © Dave Parkhurst

Als äußere Erscheinung zeigt sich dieser Ursprungszustand in der Spannung des Potenzialgefälles, die das Bestehen gewaltiger Gegensätze zwischen der festen Erde und der stoffauflösenden Hochatmosphäre zum Ausdruck bringt. Die Gegensätze begegnen sich besonders stark im Blüten-Kristall-Prozess der Gewitterwolken und führen zu hohen inneren Spannungen des Wolkenorganismus, um in einem Spannungsüberfluss den Blitz auszulösen. Wird dieses Spannungsfeld nicht nur der äußeren Erscheinung nach, sondern auch von einer geisteswissenschaftlichen Erkenntnis her angeschaut, ergibt sich neben den physikalischen Phänomenen ein Spannungsfeld, das bereits in den vorhergehenden Kapiteln betrachtet wurde: Die irdisch-mineralische Welt führt mithilfe der Schwerkraft zu Verdichtung und Konzentration, letztlich zu Stoffesbildung; die ätherischen Kräfte führen durch die Sternen-Umkreiswirkungen zur Erweiterung und Auflösung, endlich zur Hohlraumbildung. Ohne diese Dualität von Ätherwelt und Stoffesbereich entstünden auf der Erde keine organischen Gebilde. Der am Baum wachsende Apfel bedarf des Stoffprozesses, der zur Schwere führt, und gleichzeitig der Expansionskräfte, die dem Stoff und der Schwere entgegenwirken. Das Spannungsfeld zwischen irdischer und ätherischer Welt ist der eigentliche Lebensraum der Erde. Doch hat diese Spannung die Tendenz zu zerfallen; der Zerfall ist der Ausdruck von Altwerdendem oder von anderen Vorgängen wie Verschmutzung oder Zerstörung der Atmosphäre. Der äußere Ausdruck des Zerfalls von Äther-Lichtkräften sind die physikalisch-elektrischen Erscheinungen des Potenzialgefälles. Daher ist das Wort «Gefälle» hier sehr treffend: Es fällt aus diesem Spannungsfeld etwas heraus.

Im Zuge des Entstehens und Vergehens der Wolken, vor allem aber des mächtigen Emporwachsens der Kumulus-Gewitterwolken baut sich das Lebensspannungsfeld zwischen Erde und Himmel immer wieder auf und wirkt somit dem Zerfall dieses fruchtbaren und notwendigen Spannungszustandes entgegen. Die messbare erhöhte elektrische Spannung der Gewitterwolke ist die ins Physikalische hineingedrängte Folgeerscheinung der wieder aufgerichteten physisch-ätherischen Spannung des ursprünglich polaren Zustandes. – Gleichzeitig entsteht der Blitz als Ausdruck der Überfülle dieser Spannung. Was die Gewitterwolke im Extrem zeigt, geht in milder Form in jeder Wolke vor sich. Das enthüllt der sogenannte «Blitz aus heiterem Himmel», wo schon eine nur schwache Wolkenbildung einen Blitz hervorrufen kann. Ein unsichtbarer Blitzprozess begleitet die Entstehung jeder Wolke. Der sichtbare Blitz ist das materielle Endergebnis einer längeren ätherischen Vorbereitung innerhalb der Wolkenentstehung. Die Wolke ist das Herzorgan des sich aus der Spannung ergebenden Äther-Kreislaufes zwischen Erdoberfläche und Himmel.

Das Menschheitsleben im Blitzgürtel

Die phänomenologische Betrachtung des Blitzes zeigt, wie dieser als eine Erscheinung aus urferner Vergangenheit in unsere jetzige Welt weiter hineinragt. Der Blitz zeigt eigentlich keine allmähliche Entstehung, sondern er ist sofort da; er bricht aus einer gestauten unsichtbaren Spannung an einem vorher nicht bestimmbaren Ort hervor. Licht und Finsternis haben keinen Einfluss auf seine Entstehung, er geht eigentlich aus einem Gebiet hervor, wo Ursprungsdunkelheit vorherrscht. Schon der Anfang des Blitzes zeigt, wie er aus einer zeit- und raumlosen Welt zu kommen scheint. Der Vertikalaufbau der Gewitterwolke und ihre polarisierte Gesamtstruktur geben dem Blitz zunächst die Grundrichtung: von oben nach unten. Aufladung der Wolke und Entladung durch den Blitz verlaufen im Kräftebereich der Vertikalen. Doch reißt sich der Blitz schnell los von dieser Grundrichtung. Fotografische Aufnahmen zeigen, wie er Stück für Stück eine immer neue und unvermutete Wegstrecke durch das Luftelement hindurch sucht. Der Blitzimpuls beginnt gewissermaßen immer von Neuem, durchglüht die Luft eine Strecke weit, um immer wieder in einer neuen Richtung eine Fortsetzung zu suchen, je nach der besonderen Beschaffenheit der Luft. Trotzdem geht alles «blitzschnell» vor sich. Auch in diesem Prozess der Wegsuche gibt es weder einen kontinuierlichen zeitlichen Ablauf noch eine bestimmbare Raumesrichtung. Im Verlaufe eines Gewitters mit Tausenden von Blitzen zeigen diese, dass es keine Raumorientierung für den Blitz gibt, die Entfaltung ist unräumlich, in unserem Sinne chaotisch. – Der Blitz ist ein Fremdling in unserer Welt. Von Anfang an ergreift er zugleich die irdische Substanz der Luft und verändert diese durch Verbrennung. Er kann bis zum irdisch-mineralischen Stoff vordringen und sogar das Gestein zerschmelzen. Letztlich kann er Leben zerstören. Wird das Gesamtbild von Tausenden von Blitzen eines mächtigen Gewitters fotografisch festgehalten, ergibt sich der Anblick eines Luftraumes, der wie von glühenden Wurzeln oder wie von einem lichten Adernetzwerk durchzogen wird. Die Luft scheint von Feuerkräften imprägniert, von Feuer-Schöpfungskräften, welche die Welt bis in das Stoffesdasein hinein formen. Einen gewichtigen Hinweis auf diesen Schöpfungszusammenhang erlebt der Mensch nach einem Gewitter: Die Natur erscheint bis in das sinnenhafte Erleben neu geboren. Hierbei kann deutlich empfunden werden, dass nicht nur die durch den Regen gereinigte Luft dieses Erleben bewirkt.

Die unbefangene Menschenseele erlebt im Blitz eine Kräfteentfaltung, die einesteils fremd und erschreckend anmutet, andernteils verwandt und befreiend wirkt. Der Eindruck von Fremdheit entsteht auf dem Hintergrund einer Natur, die ausgleichend und harmonisch den Menschen umgibt. Der Eindruck des Blitzes scheint diese Harmonie zu zerstören. Wird aber der Blitz als Folge eines notwendigen Ausgleichsvorgangs gesehen, verschwindet der Eindruck von Fremdheit und Schrecken. Er wird weiter als verwandt erlebt, wenn der Mensch sieht, wie er selbst dem Blitze ähnliche Kräfte in sich trägt: die des Willens und des Zornes. Die ungesteuerte Willensentfaltung zeigt sich am deutlichsten im Zorn, der auch blitzartig entstehen und sich ziellos entfalten kann. Er kann sich aber auch als gerechter Ausgleich zielgerichtet willenshaft offenbaren. Dann wirkt der Zorn als Befreiung, wenn durch ihn eine seelisch-geistige Ordnung wiederhergestellt wird. – So kann das Blitzeswirken als Befreiung erlebt werden, indem in einer Welt der Berechenbarkeit eine Willensmanifestation erscheint, die einen unberechenbar-verborgenen und zugleich ausgleichenden göttlichen Willen offenbart.

Die gesammelte Entfaltung der Blitze zeigt eine bestimmte räumliche und zeitliche Konzentration. Die räumliche Verteilung erstreckt sich auf beiden Seiten des Äquators um die Erde herum ziemlich genau bis zu den 20. Breitengraden. In diesem Gebiet finden an etwa 100 bis 180 Tagen im Jahr Gewitter statt, das bedeutet zu gewissen Jahreszeiten täglich. Zugleich zünden in diesem Erdraum täglich über acht Millionen Blitze. Dieser *Gewittergürtel* breitet sich aus von der Südspitze Indiens bis Bombay im Norden, vom nördlichen Australien bis Vietnam und Kambodscha mit Schwerpunkten auf Sumatra, Borneo und Nordaustralien. Er umfasst ganz Ozeanien (Zentralpazifischer Ozean), wobei über den Meeren sehr viel weniger Gewitter entstehen. In Südamerika liegt der Gürtel nördlich der Linie Potosi in Bolivien bis Belo Horizonte in Brasilien und erstreckt sich nordwärts bis Mexico City mit Schwerpunkten im ganzen Kontinentalgebiet. In Afrika breitet sich der Gewittergürtel aus zwischen dem Okavango-Becken im Süden (nördliches Botswanaland) bis südlich der Sahara im Norden mit dem Schwerpunkt in Kenia. Der 20. bis 30. Breitengrad nördlich und südlich ist ein Übergangsgebiet, in dem der Blitzgürtel von anderen Kräften abgelöst wird. In diesen Erdbereichen des Gewittergürtels mit ihren Menschheitsteilen kann sowohl der Beginn der eigentlichen Erdentwicklung (das Gondwanaland – Lemurien – das Paradies) als auch der Ursprung wichtiger Menschheitsepochen bis hin zu dem geschichtlich erfassten Eintritt der indoger manischen Völker im Bereiche Indiens gesehen werden. Diese alten Rassen-, Kultur- und Völkerzusammenhänge waren ein Ausdruck der sie umgebenden Naturkräfte. In diesem besonderen Zusammenhang kann von einer alten Menschheit gesprochen werden, die unter dem direkten Willenseinfluss einer noch unmittelbar gottverbundenen Natur stand. Ihr äußeres Wahrzeichen war der Blitz, der den göttlichen Willen zum Ausdruck brachte. Diese ferne Erd- und Menschheitsepoche könnte als das *Blitz-Zeitalter* bezeichnet werden, wobei offen bleiben kann, inwieweit das Blitzgeschehen dieser Frühzeit noch einen anderen Charakter hatte als in der Gegenwart. Reste dieser Zeitepoche hatten sich bei den Etruskern erhalten, die noch eine umfassende Blitzeslehre besaßen, aus der sie die Zukunft zu deuten suchten. Insofern diese alte Menschheitsepoche überwiegend durch Naturkräfte unter der Führung göttlicher Kräfte stand, könnte sie als Menschheit «unter dem Vatergott» bezeichnet werden. Im Hinblicken auf die Wirksamkeit der Vatergott-Kräfte hat man hierarchische Wesen vor sich, die im Ausgleich von Geist und Stoff höchste Kräfte entfalten: die Geister der Harmonie. Sie werden seit langen Zeiten – so etwa auch im Alten Testament – mit dem Namen «Cherubim» bezeichnet. Noch heute schauen wir in der Blitz-Entfaltung Wirkungen dieser cherubinischen Kräfte. Bezeichnenderweise ging die alte Erd- und Menschheitsepoche «unter dem Vatergott» gerade durch die Gewittergewalten der Wolken und Blitze zugrunde: Die als Sintflut bezeichnete atlantische Katastrophe beendete diesen Entwicklungszeitraum.

Innerhalb des Gewittergürtels der Erde konzentriert sich das Gewitter zeitlich in den Stunden nach der mittäglichen Hitzeentfaltung, also am frühen Nachmittag. Im Jahreslauf, in den weiter nördlich und südlich gelegenen Gebieten, wo die Jahreszeiten beginnen, sammeln sich die Gewitter zum Sonnenhöhepunkt des Jahres, zur Mittsommerzeit und danach. In gewissen Tropengebieten ereignet sich das Gewitter immer zu einer genauen Tageszeit, also in einem fast mechanischen Rhythmus. Die Entstehung und Ausbreitung der Blitze geschieht hier während einer noch kräftigen Licht- und Wärmeausstrahlung der Sonne, nur eben verdunkelt und abgekühlt durch die ausgebreiteten Gewitterwolken. Die regelmäßige Gewittertätigkeit dieser tropischen Zone zu der Tageszeit, da die Sonnenstrahlen eine die Erde verbrennende Wirkung haben, stellt einen weit ausgebreiteten und äußerst wirksamen Schutz der Prozesse in den Erdhüllen gegenüber der Sonne dar. Im Schatten der Gewitterwolken und im Lichte der Blitze kann sich hier das tropische Leben entfalten. – Für den Menschen sind diese Mittagsstunden krisenhaft aus mehreren Gründen, vor allem aber wegen des im vorangegangenen Kapitel geschilderten Zusammenhanges mit der sich entfernenden Kräftesphäre der Erde. Genau in der Zeitphase (etwa 14 bis 15 Uhr), da das Menschenbewusstsein sich mit der in den Höhen entschwindenden Kräftesphäre zu verlieren droht, setzt die Gewittertätigkeit ein mit den Aufweckkräften der Blitze. Sie stellen auch für den Menschen einen erhabenen Ausgleich dar zu den betäubenden Kräften der Mittagsstunden.

Der Regenbogen als Sonnen-Erden-Aura

Nach der bewegenden Dramatik des Gewitters erscheint am Himmel wie ein Zauberbild der ruhende Regenbogen. Als Farbenbrücke steht er leicht auf dem Erdboden und wölbt sich schwerelos über den Himmel. Seine sieben Farben leuchten wie von innen und außen erhellt; übergangslos durchdringen die Farbtöne einander. Das Auftauchen des Regenbogens ähnelt mehr einer Vision als einer äußeren gegenständlichen Wahrnehmung. Seine Phänomenologie offenbart die einzigartige Bedeutung dieser Erscheinung für unsere historisch überschaubare Menschheit seit dem Neubeginn nach der Sintflut. Der Regenbogen ist ein Kind des Sonnenlichts und der wässrigen Erdatmosphäre. Im Gegenüber der Sonne folgt er ihrem Gang durch den Tages- und Jahreslauf. Das Zentrum des am Himmel stehenden Bogens befindet sich immer – abgesehen von seltenen Ausnahmen – verborgen unter dem Horizont. Dieser Mittelpunkt ist das Zentrum der Sonneneinstrahlung. Genau gegenüber steht die Sonne so weit über dem Horizont, wie der Bogenmittelpunkt *darunter* liegt. Dazwischen befindet sich der Teil der gewölbten Erdoberfläche, der die direkte Einstrahlung des Sonnenlichts in die Bogenmitte verhindert. Der vervollständigte Farbenkreis des Bogens ist wie das vor der Sonne ausgebreitete Farbenecho des Sonnenlichts.

Im zeitlichen Verlauf folgt der Regenbogen dem Gewitter in den späten Nachmittagsstunden. Um diese Zeit steht die Sonne auf der Nordhalbkugel in Mitteleuropa im Südwesten; der Farbenbogen erscheint gegenüber im Nordosten. Im Sommer ist der Sonnenstand noch hoch – der Regenbogen steht tief. Mit sinkender Sonne erhebt er sich, bis er – kurz vor Sonnenuntergang – seine eindrucksvollste höchste Höhe erreicht hat: etwa 42°, fast die Hälfte der Höhe zum Zenit. Mit untergehender Sonne verblasst und verschwindet auch das hochgewölbte Farbenband. Nach erneutem Sonnenaufgang im Nordosten erscheint der Farbenbogen im Südwesten wieder hoch am Himmel; absteigend wandert er dann in den frühen Morgenstunden – immer der Sonne gegenüber – nach

Westen. Hat die Sonne am Vormittag ihrerseits den entsprechenden höchsten Punkt des Regenbogens von etwa 42° im Südosten erreicht, beginnt dieser im Nordwesten am Horizont unterzutauchen. In den Mittagsstunden, die dem Blitzesgeschehen gehören, kann der Regenbogen nicht erscheinen, dafür steht die Sonne zu hoch. Erst in den späteren Nachmittagsstunden geht der Bogen wieder am nordöstlichen Horizont auf.

Die eigentliche Zeit des Regenbogens ist jedoch nicht der Sommer, sondern sind die Monate nach der Frühlings- und vor der Herbst-Tagundnachtgleiche, entsprechend den Frühvormittags- und Spätnachmittagsstunden des Tageslaufes. In Mitteleuropa – auf dem 48. Breitengrad – steht die mittägliche Sonne zu diesen Zeiten etwa 42° hoch; der Regenbogen könnte kontinuierlich seine Bahn im Tageslauf von West nach Ost über den Norden hinweg ziehen. In den Mittagsstunden würde er etwas am nördlichen Horizont untertauchen. Schreitet die Zeit nach der Frühlings-Tagundnachtgleiche fort, sinkt der Regenbogen genau im Norden unter den Horizont, um dort bis zur Sommersonnenwende immer länger während der Mittagsstunden verborgen zu bleiben.

Der Regenbogen wurde als Wahrzeichen eines Neubeginns nach der Sintflut vor die erneut entstehende Menschheit hingestellt. Er war der Ausdruck einer Vereinbarung zwischen Gott und Mensch. Der sich neu orientierende Mensch sollte in seinem Naturleben zum Regenbogen hinblicken, um seinen weiteren Weg richtig gehen zu können. Frühere Menschheitsteile hatten zu den Planetengöttern aufgeschaut, vor allem zum Sonnengott. Dabei wurde später auch auf den Sonnen-Planeten selber hingeblickt und vor allem auf seinen Aufgang. Mit dem Erscheinen des Regenbogens sollte eine bestimmte Gruppe Menschen nunmehr nach Westen schauen: zu dem am Morgen hoch am Himmel stehenden und dann hinabsteigenden Regenbogen. Blickt man auf den nachsintflutlichen Neubeginn im Erdenraume Indiens, bedeutete der Blick dieses besonderen Menschheitsteiles nach Westen eine Willensorientierung in Richtung der folgenden großen Kulturentwicklungen von Ost nach West. Hinzu kam das Bild des am Morgen absteigenden Regenbogens: Es konnte auf die die Erde durchdringenden Farbenkräfte im menschlichen Sinneserleben hinweisen. Das Wesen der Farben sollte sich verleiblichen. Mit diesen Zukunftsausblicken begann die *Regenbogen-Epoche* der Menschheit. Die Entwicklungsziele waren weit entfernt; der Menschengeist war nicht ohne Weiteres geneigt, sich in dieser Art zu verleiblichen. Er blieb eher bei den alten Planetengöttern oder suchte die Erde zu verlassen, um wieder in die geistige Welt, später in das Nirwana, zurückzukehren oder sich aufzulösen.

Vom Regenbogen geht eine Wirkung aus, die dem Blitz gegenüber völlig unerwartet und neu ist: Die ruhende Farbenbrücke lässt völlig frei. Sie ist mit keiner Willensäußerung verbunden, auch zeigt sie keine Bewegung, die den Betrachter zwingt, mitzugehen oder sich für einen bestimmten Wahrnehmungsausschnitt zu entscheiden. Der Regenbogen lässt dem Menschen Zeit und die Möglichkeit, ein ruhendes Gegenüber zu haben. Damit spricht diese Erscheinung die Menschenseele so an, dass Staunen und Bewunderung entstehen. Diese Seelenregungen sind der Beginn des Denkens und der Liebe. Gegenüber dem Blitz können diese Regungen zunächst nicht aufkommen. Erst im Blick auf das Farbenspektrum der irdischen Erscheinungen beginnt der Mensch ein seelisch erfülltes Gedankenleben zu entwickeln. Doch liegt die große Schwierigkeit in dieser Entwicklung darin, dass keinerlei Antrieb von außen den Menschen zu dieser Denktätigkeit veranlasst. Dem Farbenspektrum gegenüber muss der Mensch die Gedanken aus eigenem Antrieb und in völliger Freiheit entwickeln. Der Regenbogen kann ihn hierzu anregen und ihn veranlassen, diese denkende Tätigkeit aufzunehmen.

Diese im Regenbogen vorhandene Freiheitssphäre war für die Menschen der nachsintflutlichen Zeit ein noch verborgenes Zukunftsziel. Doch die Menschheitsentwicklung bewegte sich auf dieses Ziel zu, indem im Tages- und Jahreslauf immer mehr die allgemeinen Regenbogenzeiten in den Vordergrund traten. In den Morgenstunden verleiblichte sich der Mensch; er gab sich nicht allein den jeweiligen Kräften der Sonne hin und verblieb auch nicht in den Traumregionen einer in der Nacht betretenen geistigen Welt, sondern trug diese wachend und arbeitend in die Erdenwelt hinein. Am Spätnachmittag wurden die Arbeitsergebnisse des Tages in der Seele innerlich verarbeitet und der irdische Seelenertrag mit in den Abend und in die Geisteswelt der Nacht hineingetragen. Bei den Israeliten begann der neue Tag mit seiner Aktivität sogar im Übergang vom Nachmittag zum Abend. – Die altindische Kultur war zu einem Teil noch eine Wiederholung der Blitz-Epoche der Menschheit; hier drohte der Mensch immer wieder in den Zusammenhang der alten Naturgewalten zurückzufallen. Doch der Keim zur neuen Menschheitsentwicklung war in ein Erdgebiet gelegt, das eindeutig innerhalb einer für die Menschheit neuen Erdzone lag. Noah, auch Manu genannt, inaugurierte diesen Menschheitsneubeginn bei der Wüste Gobi im Tarimbecken, durch dessen Mitte der 40. Breitengrad verläuft. Hier traten die Regenbogenkräfte schon voll in Erscheinung. Dieser Breitengrad verläuft auch durch die Mitte Griechenlands. – Erst als der Gang der Menschheit die alte persische Kultur erreichte, begannen die Regenbogenkräfte sich voll zu entfalten. Der Mensch blickte zur Sonne auf, aber er suchte eigentlich die Sonnen-Aura, also auch den Sonnen-Farbenbogen. Er nannte ihn Ahura Mazdao. Indem der Blick dieser Menschen auch auf die Farben-Aura gerichtet war, entwickelte sich diese Kultur erdzugewandt. Der Mensch begann die Erde zu verstehen und im tieferen Sinne fruchtbar zu machen. Persien liegt zwischen dem 25. und 40. Breitengrad. – Im Leben des altisraelitischen Volkes wiederholte sich in eindrucksvoller Weise innerhalb einer geistig-religiösen Entwicklung der Übergang von den Blitzes- zu den Regenbogenkräften. Moses empfing noch unter dem Walten von Blitz und Donner auf dem Berge Horeb die willensgeprägten Zukunftsziele der Menschheit, die dann zum mosaischen Gesetzeswerk der Zehn Gebote wurden. Doch schon wenige Jahrhunderte später konnte der Prophet Elias diese Kräfte nicht mehr in Blitz und Donner finden. Er fand sie in einer Höhle – auf demselben Berg Horeb – nach Sturm, Erdbeben und Feuer in dem «leisen, sanften Säuseln», worinnen der Jahve-Gott erschien. Hier wird nicht vom Regenbogen gesprochen; innerhalb einer Höhle erscheint er nicht, außerhalb gab es keinen Regen, Elias verhinderte ihn. Doch ist das sanfte Säuseln der Ausdruck für den gleichen elementarischen Zustand, wie er gegenüber dem Regenbogen erlebt werden kann. Nach dem Sturm ist es die «leise Stille», worin der Regenbogen erscheint. Der mächtige Feuergeist des Elias errang das verinnerlichte Regenbogen-Erlebnis. – Die griechische Welt war dann die eigentliche Regenbogen-Kultur der Menschheit. Aus dem Staunen über die Welt der farbigen Sinneserscheinungen erwachte die Philosophie, und aus der Bewunderung der Sinneswelt ging die Liebe zur Erde hervor. Fügt man zu dem abstrakten Bild der farblos weißen Säulen und anderer Tempelreste die intensive Farbigkeit hinzu, mit der diese hellenischen Bauwerke geschmückt waren, so erhält man erst das vollständige Bild der griechischen Farbenbogen-Kultur. Sie war eine freudige Vermählung mit dem Farbenspektrum. – Doch sollte der Farbenbogen nicht nur in Verbindung mit der Sinneswelt erfasst werden wie bei den Griechen; unabhängig davon sollte er im einzelnen Menschen als Ergebnis seiner seelenhaften Erdverbundenheit errungen werden. Diese Entwicklung nahm ihren Anfang bei der Auferstehung des Christus. Als der Maler Matthias Grünewald (ca. 1460 – 1528) auf dem Isenheimer Altarbild den aus der Schwere der Erde und in der Dunkelheit der Nacht auferstehenden Christus darstellte, umgab er ihn mit einer strahlend-mächtigen Farbenaura, aus der alle seelische Machtfülle der Auferstehung zu dem Betrachter spricht. Die Ursprungsverheißung des Regenbogens war hier an ein Ziel gekommen.

Die größte Herausforderung, die der Regenbogen an den Menschen herantrug, war die Erkenntnisfrage nach seiner Entstehung. Diese Frage hatte Zeitalter-Dimensionen. Als Frage im Sinne heutigen Denkens konnte sie überhaupt erst im aufkommenden Zeitalter der Naturwissenschaft gestellt werden. Zu Beginn des 18. Jahrhunderts gab Sir Isaac Newton (1642 – 1727) eine erste

Antwort auf sie: Das von ihm noch materiell gedachte Sonnenlicht – der Sonnenstrahl – zerlegt sich beim Eindringen in ein Medium in die sieben Farben des Spektrums. Beweis hierfür war ihm der Blick durch ein Glasprisma. Analog wurde die Entstehung des Regenbogens gedacht. Aus dieser Anschauung ging die moderne Optik hervor; das Licht wurde in seinem physikalischen Verhalten erfasst und seine Gesetzmäßigkeiten erforscht. – Als viele Jahrzehnte später GOETHE von diesen Gedanken und Versuchen Newtons erfuhr, beschloss er, die Versuchsgrundlage dieser Anschauung selbst nachzuprüfen. Er borgte sich unter anderem ein entsprechendes Prisma, ließ es aber zunächst lange Zeit unbenutzt liegen. Als er davor stand, es dem Eigner wieder zurückgeben zu müssen, verdunkelte er sein Zimmer und richtete den Blick durch das Prisma. Er sah etwas völlig anderes, als er nach der newtonschen Lehre erwartet hatte. Er beobachtete, wie das Farbenspektrum nur dort erscheint, wo durch das Prisma auf eine Hell-Dunkel Grenze geblickt wird, wo also Licht und Finsternis zusammenwirken. Mit dieser Beobachtung öffnete sich ein Abgrund zwischen zwei Anschauungen über das Wesen des Lichtes und der Farben; er entstand eigentlich am Wesen des Regenbogen-Farbenspektrums. – In der Folge suchte Goethe unermüdlich aufzuzeigen, dass die Anschauung Newtons eine abstrakte Theorie sei, da ein wesentlicher Wahrnehmungsinhalt, die Dunkelheit, nicht verarbeitet wurde; für ihn berührte diese Farbentheorie nicht das Wesen des Lichtes und der Farben. Die umfassende Anwendbarkeit der Auffassung Newtons in der wissenschaftlichen Optik und Technik schien Goethes Anschauung zu widerlegen. So wurde Goethes Farbenlehre fast völlig übersehen und vergessen – der Sieg schien Newton zu gehören. – Mit dem Aufkommen einer erweiterten Geisteswissenschaft im 20. Jahrhundert durch Rudolf Steiner wurde Goethes Anschauung wieder aufgegriffen und methodisch vertieft.

Die Erscheinung des Regenbogens nach der Sintflut war nicht nur eine Schönheitsoffenbarung der Natur. Er war der Ausdruck einer weitgehend veränderten Erdennatur. Vor der Sintflut waren Teile der Erdenatmosphäre von Nebel erfüllt, der dichter als der heutige Nebel war. Diese verdichtete Atmosphäre war zugleich Ausdruck einer lebendig-labilen Erdennatur, die einen Überschuss an Lebenswirkungen besaß, der wiederum eng mit dem Menschenleben verbunden war. Die Erde war noch ein sichtbar lebendiges Wesen. Durch diese Verflechtung von Erdennatur und Menschenleben konnten die Fehler der Menschen die Sintflut auslösen. Nach dem Untergang enthüllte die göttliche Welt, in welcher Art die Erde eine andere geworden war: «Fortan, solange die Erde steht, soll nicht mehr aufhören Saat und Ernte, Kälte und Hitze, Sommer und Winter, Tag und Nacht» (Genesis 8,22). «Nie mehr soll das Wasser zur Flut werden, um alles Fleisch zu vernichten. Wenn der Bogen in den Wolken erscheint, werde ich ihn ansehen, um des ewigen Bundes zwischen Gott und allen lebenden Wesen, allem Fleisch, das auf Erden ist, zu gedenken» (Genesis 9,15). So tröstlich diese Worte für den Menschen waren und sind, sie bergen doch in sich eine ungeheure Aussage: Die Erde trat in eine Phase der weitgehenden Wiederholung des Gleichen ein. Die Existenz des Lebens ist gesichert, aber auf Kosten des eigentlichen, unmittelbaren, unberechenbaren Lebens. Von diesem Zeitpunkt an konnte die Erde als ein erstorbener und berechenbarer Körper erfasst werden. In der Wiederholung würde sich zunächst nichts Neues zeigen. So sprach es später dann auch Salomo aus (Buch der Prediger I,9). Auch dafür war der Regenbogen ein Ausdruck. Die Farben, die noch heute in einem flutend-beweglichen Zusammenhang in der Atmosphäre erscheinen, sind im Bogen in eine bleibende Ordnung hineingebannt und festgehalten. Für die lebendig-bewegte Atmosphäre ist das eigentlich eine fremde Erscheinung. Auch trat damit das lebendige Farbenweben in die Berechenbarkeit eines erstorbenen Zusammenhanges ein.

Von dieser Zeit an offenbarte sich das Licht in den Farben in doppelter Weise: als Leben unberechenbar und schwer fassbar – als Tod berechenbar und fassbar. Beides war noch im Farbenbogen zu finden; doch verblieb der lebendige Inhalt zunächst verborgen in der äußeren

Ordnung. So trat dann das wissenschaftliche Zeitalter an die offenbar-erstorbene Seite der Erscheinungen heran. Newton suchte das Berechenbare und Erstorbene im Lichte auf; es ließ sich unmittelbar technisch-mechanisch anwenden. Goethe ging den schwereren Weg: Er suchte das Lebendig-Unberechenbare zu erfassen, das Unfassbare sollte anschaubar gemacht werden. Auf diesem Wege war es schwierig, Nachfolger zu finden. Erst in der Gegenwart wird die Aktualität der Methode Goethes neu erkannt. – Die Kluft zwischen beiden Anschauungen wird durch die weitere lebendige Erfassung des Farbenbogen-Spektrums selber geschlossen werden.

Die Regenbogenkräfte in der Menschheit

Der Regenbogen entsteht im Medium der Feuchte in der Atmosphäre. Diese Feuchte besteht aus einer unüberschaubaren Zahl von Tropfen, die sich der Größe nach von kleinsten Mikrotropfen bis hin zu zentimetergroßen Regentropfen bilden. Der Tropfen bildet den Keimpunkt aller atmosphärischen Erscheinungen am Himmel. Geht der Mensch durch eine betaute Wiesen- oder Waldlandschaft, dann steht er auch unmittelbar in dieser Tropfenwelt. In unablässiger Veränderung leuchten und funkeln die Tropfen farbig-lichthaft. Jeder Tropfen spiegelt und bricht die Licht- und Schattenlandschaft der gesamten Umgebung; er tut das, was die wässrige Erdenatmosphäre auch als Ganzes tut: Sie spiegelt, streut und bricht Sonnenlicht und Erdendunkelheit. Im Anschauen des Regenbogens erfährt der Mensch, was im Inneren des Wassertropfens vor sich geht. Um die äußeren Vorgänge deutlich zu machen, muss zunächst abstrahiert und von Sonnenstrahlen gesprochen werden. Ein solcher Strahl ist eine konstruierte Vorstellung, die notwendig ist, um äußere Tatsachen geometrisch anschaubar und berechenbar zu machen. – Das Sonnenstrahlbündel, das den Tropfen genau in der Mitte trifft und in diesen eindringt, wird auf demselben Weg durch Reflexion auf der gegenüberliegenden konkaven Innenseite des Tropfens zurückgeworfen. Das diamanthelle Aufblitzen im Tautropfen bedeutet, dass das Menschenauge dieses zurückgeworfene Strahlenbündel erblickt hat; es befand sich dabei in der Achse von Sonne zu Tropfen. Die anderen auf den Tropfen fallenden Strahlen werden durch die gekrümmte Tropfenoberfläche nach innen abgelenkt, und zwar je nach Auftreffpunkt an der Tropfenrundung verschieden; am seitlichen Rande hört der Strahleneinfall auf. Alle abgelenkten Strahlen werden auch im hinteren inneren Schalenteil des Tropfens zurückgeworfen und dabei kräftig abgelenkt, wiederum alle in verschiedenen Winkeln. Beim Austreten aus dem Tropfen findet die dritte Ablenkung statt. Das Ergebnis ist ein Austrittswinkel von 42° zum zentral einfallenden Sonnenstrahl in der Mitte des Tropfens. Da der Austritt aus dem Tropfen überall auf der der Sonne zugewandten Hälfte stattfindet, entsteht durch einen Austrittskreis ein in die Umgebung projizierter farbiger Kegel von 42°, der das Farbenspektrum zeigt. Das aufgenommene Licht der Sonne und die aufgenommene Dunkelheit der Sonnenumgebung überschichten sich im Tropfen durch Ablenkung und Brechung, sodass beim Austritt das Farbenspektrum inzwischen entstanden ist. Es ist derselbe Vorgang wie im Prisma; doch durch die Rundung des Tropfens entsteht eben ein Farbkegel anstatt eines Bandes. Beim größeren Nebenregenbogen tritt Licht und Dunkelheit erst nach weiteren Brechungs- und Spiegelungsvorgängen aus, sodass das Farbenspektrum unter einem größeren Austrittswinkel (51°) auftritt. Durch die doppelte Brechung-Spiegelung wird der Lichtdurchgang abgeschwächt, der Nebenbogen erscheint daher schwächer.

Abb. 66: Rotvioletter Fächer - Knik Valley,
Dauer: 60 Sekunden, August 1989. © Dave Parkhurst
Abb. 67, Seite 158 und 159: Großer rotvioletter Strahlenvorhang über Matanuska-Sustina Valley. Teil der reichsten und eindrucksvollsten Aurora-Entfaltungen seit 50 Jahren am 13. und 14. März 1989. Sichtbar bis Florida, New Mexico, Kalifornien, Mexico und Mitteleuropa. Sehr seltener Violett-Ton. © Dave Parkhurst

Voraussetzung für den Regenbogen in der Landschaft ist der von einem Wassertropfenschleier erfüllte Raum. In jedem Tropfen ereignet sich derselbe Vorgang wie im Tautropfen: Der Farbenkegel wird zur Sonne hin ausgestrahlt. Der Möglichkeit nach ist also jeder wässrig-feuchte Raum von einer unbegrenzten Farbenflut erfüllt. Richtet der Betrachter seinen Blick auf das «unsichtbare» Farbenfluten, wird sein Auge zum Kristallisationspunkt für einen zu seinem Standort gehörenden Farbenkegel. Das menschliche Auge verhält sich ähnlich wie der Wassertropfen: Auch der Sehraum ist ein Kegel. Wo dieser Sehkegel in den Raum der noch unsichtbaren Farbenfluten vordringt und auf eine Auswahl der ausstrahlenden Farben trifft, entsteht im Tropfenbereich die notwendige Projektionsfläche, auf der das sichtbare Farbenband im Raum entstehen kann. Die einzelnen Wassertropfen geben dabei jeweils die für das Entstehen des Gesamtbogens notwendige einzelne Farbe ab, bzw. das Auge sieht gerade diese Farbe, und zwar verschiedene Farben in verschiedenen Höhen im Bogen.

Damit der Regenbogen erscheine, muss der Mensch mit der Sonne im Rücken in den Raum schauen, in welchem die Sonne das Farbenfluten hervorbringt. Dieses Farbenfluten umgibt als Möglichkeit den Menschen; seinem Blick erscheint jeweils ein bestimmter Farbenbogen als ein perspektivischer Ausschnitt ungezählter Entstehungsmöglichkeiten von Bögen. Der Farbenkreis entsteht, sein oberer Teil erscheint als Regenbogen. Durch diese Farben dringen die Licht- und Dunkelkräfte an den Menschen heran: «Wenn der Bogen in den Wolken erscheint, werde ich ihn (den Menschen) ansehen …» Der noch in der atmosphärischen Natur wirkende Gott konnte so beim Entstehen des Farbenbogens den Menschen anschauen. – Der Regenbogen tritt nicht voll in die irdische Welt ein, zu einem Teil verbleibt er in einem übersinnlichen Bereich. Physikalisch gesehen ist der Bogen nur eine optische Erscheinung, ohne irgendeine Form von Stofflichkeit oder Energie; er existiert eigentlich nur für den Menschen und bei genauerer Betrachtung nur für den einzelnen Menschen – womit seine tiefste Bedeutung ausgesprochen ist: der Hinweis auf das Menschen-Ich. Jeder Mensch sieht seinen eigenen Regenbogen; schon der dicht danebenstehende Nachbar sieht einen anderen Bogen. So betrachtet, gibt es keinen objektiven Regenbogen: Ein und derselbe Bogen kann nicht von zwei Seiten angeschaut oder etwa fotografiert werden.

Abb. 68: Violette Korona, herunterstrahlend vom Zenit, November 1998. © Dave Parkhurst

Damit ist auf eine weitreichende Tatsache des menschlichen Wahrnehmungslebens hingewiesen: Jeder Mensch steht in einem eigenen Wahrnehmungsraum, der einen individuellen Charakter besitzt. In diesem Raum ist sein Ich zunächst verborgen. In der Wahrnehmungs- und Gedankentätigkeit, die der Mensch entfaltet, beginnt sein Ich zu erscheinen. Diese Tätigkeit hat regenbogenartigen Charakter: Der Farbenbogen bringt besonders zur Erscheinung, wie der Standort des Menschen im Raum und der Mensch selbst entscheidend zur Entstehung seiner Wahrnehmung beiträgt. Erweitert gilt dies für alle Wahrnehmungen; sie sind schon von den äußeren Umständen her immer individuell-ichhaft, zumindest der Möglichkeit nach. Gesellt sich hierzu beim Farbenbogen-Wahrnehmen der optisch-lebendige Vorgang, der mithilfe des Menschenauges ein zweidimensionales Bild hervorzaubert, so ähnelt dieser Bildeprozess dem Hervorbringen einer Vorstellung, die zunächst auch nur im zweidimensionalen Raum erscheint. Wahrnehmen und Vorstellen nähern sich hier einander – daher die fast visionäre und etwas unwirkliche Wahrnehmung des Regenbogen-Farbspektrums. Dieses Wahrnehmen und das dazugehörige Erleben werden zunächst nur vom einzelnen Menschen aufgenommen. Sie verbleiben subjektiv und undurchschaubar, solange der einzelne Mensch sie nur für sich erlebt. Eine objektive Wahrheit entsteht erst, wenn der Mensch hier sein Eigen-Erleben überwindet und dadurch erweitert, dass er die Schwelle zum Wahrnehmen und Erleben des Mitmenschen überschreitet. Hierzu muss er sich denkend, erlebend und wollend an den Ort seines Mitmenschen begeben. Dies bereitet meistens große

Schwierigkeiten und ist eigentlich nur möglich, indem eine überschüssige Kraft im Menschen entwickelt wird, die von Natur aus nicht unmittelbar da ist. Sie kann als eine übergeordnete *Ich-Kraft* angesehen werden, indem sie die einzelnen und voneinander getrennten Menschen-Iche zu umfassen vermag. In diesem Vorgang entsteht das Bild des höheren Menschen, des eigentlichen Ich-Menschen, der hervorgeht aus der ständigen Überwindung des zunächst subjektiven Ich. Dieses höhere Ich kann auch als der «Menschensohn» bezeichnet werden, indem er als «Sohn» aus diesem Zusammenwirken der einzelnen Menschen hervorgeht. Mit diesem Ich des Menschensohnes erscheint dann auch die von den Menschen gesuchte objektive Wahrheit.

Als der Regenbogen nach der Sintflut vor den Menschen als Sinnbild des Bundes zwischen Gott und der Menschenwelt hingestellt wurde, enthielt er verborgen in sich den Bild-Vorgang dieser zukünftigen Wesenheit des Menschensohnes. Die Siebenheit der Farben war zugleich eine Erscheinung, die aus der Schöpfung der Erde hervorging. Denn der Schöpfergott, der in der Genesis der Bibel beschrieben wird, wurde – wie schon erwähnt – als eine Gottheit der Vielfalt erlebt, nämlich in siebenfacher Gestalt. Die Spuren innerhalb der Schöpferwerke dieser Geister, der Elohim, werden in den vielen Siebenheiten gefunden, die als Strukturen unsere Welt durchdringen: die möglich-sichtbaren sieben Regen- und Aurora-Bögen, die klassischen sieben Planeten, die sieben Wochentage, die sieben Grundtöne der Skala und schließlich der siebengliedrige Mensch. In jedem Chor der Siebenheit verbarg sich noch das Bild des Menschensohnes als des eigentlichen Schöpfungsgeistes, des Logos-Christus. Seine Erscheinung war noch verhüllt in der siebenfachen Farbenstrahlung des Regenbogens.

Es könnten die unter dem Zeichen des Regenbogens stehenden Menschheitszusammenhänge die Sohnes-Menschheit genannt werden. Sie hat einen Erdenraum besiedelt, in dem die Regenbogen-Offenbarung beginnt, den Kräftebereich der Blitze abzulösen. Dieser Erdenraum breitet sich auf der Nordhalbkugel nördlich und auf der Südhalbkugel südlich des 30. Breitengrades aus. Auf der Nordhalbkugel verläuft der 30. Breitengrad nördlich von Delhi in Nordindien durch Südiran unmittelbar an der Mündung der Flüsse Euphrat und Tigris vorbei (die Heimat Abrahams, Ur bei Chaldäa, liegt wenig nördlich). Er geht etwa 2° südlich an Jerusalem vorbei, genau durch Kairo in Ägypten und überquert dann den zum Mittelmeerraum gehörigen Teil von Nordafrika. – In Nordamerika verbindet er die Linie New Orleans – Houston und verläuft etwa 4° südlich von Los Angeles, um dann das Nordpazifische Becken zu überqueren und die Südspitze Japans zu streifen. In China durchzieht der 30. Breitengrad das Gebiet südlich von Schanghai und die Stadt Tschunking. Lhasa in Tibet liegt auf diesem Breitengrad, der dann weiter verläuft über das Transhimalaja-Gebiet wieder nach Persien. – Entsprechend auf der Südhalbkugel durchquert der 30. Breitengrad Südafrika auf der Höhe von Durban, in Südamerika liegt Porto Alegre in Brasilien auf seiner Linie, die bis Coquimbo an der Küste Chiles weitergeht, dann das Südpazifische Becken 5° nördlich von Neuseeland überquert, um in Südaustralien entlang einer Linie zu verlaufen, die 4° nördlich von Sidney und 2° nördlich von Perth liegt. – Der Blick auf die umschriebenen Erdenräume mit ihren Menschheitszusammenhängen offenbart in aller Deutlichkeit die unüberschaubar große Bedeutung der Regenbogensphäre.

Vom Regenbogen zum bewegten Polarlichtbogen

Blitz und Regenbogen sind in der Menschheit weithin bekannte Phänomene; dagegen gehört es zum Erscheinungsbild des Polarlichts, dass es der Menschheit bisher weitgehend verborgen blieb. Indem es erst im 20. Jahrhundert in den vollen Wahrnehmungs- und beginnenden Vorstellungsbereich der Menschheit eintritt, enthüllt es sich in seinem Verhältnis zum Menschen als ein Zukunftsinhalt. Die umfassende Erscheinung der Aurora kann heute noch nicht völlig erfasst werden und ist noch eine Zukunftsherausforderung.

Zunächst sind die Einzelerscheinungen der Aurora fragmentarisch, zugleich in einer fast unüberschaubaren Fülle vorhanden. In ihrer zeitlich-räumlichen Gesamtgestalt ist die Aurora schwer zu erkennen. Jedoch ist zumindest für Nordeuropa eine rhythmische Struktur erkennbar; sie beginnt mit dem Bogen. Erstaunlicherweise löst dieser den Regenbogen räumlich-zeitlich in der gleichen Art ab wie der Regenbogen den Blitz. Wie erwähnt, geht der Regenbogen im Frühling zur Mittagszeit kurz im Norden unter, um gegen den Sommer zu länger verborgen zu bleiben. Entsprechend zur Mittagszeit im fortschreitenden Winter – bei niedrig stehender Sonne und viel seltener als im Sommer – verblasst und verschwindet der Regenbogen durch ungünstige Witterung in den Höhen auch im Norden. In derselben Himmelsrichtung erscheint auf den weiter nördlich liegenden Breitengraden der Erde der Nordlichtbogen. In diesem Erdenraum löst die erste Phase der Polarlicht-Erscheinung, der Nordlichtbogen, den untergehenden oder verschwindenden Regenbogen ab.

Der Regenbogen erscheint vor allem in den späten Nachmittagsstunden; die Polarlicht-Entfaltung schließt sich unmittelbar an, sie beginnt am frühen Abend. – Das weitere rhythmische Geschehen gestaltet den noch in der Ruhe befindlichen Polarlichtbogen und bringt das geschwungene Band der Aurora hervor. Bewegung entsteht; sie ist das Zentrale, Charakteristische der weiteren Aurora-Entfaltung, die sich zu intensivster Dynamik steigert. Mit den Draperien und Vorhängen beginnt die Erfüllung des Himmelsraumes und erreicht in der Korona die Zentrierung. Das Abklingen bedeutet die Auflösung.

Formenbildungen und ihre Auflösung bestimmen den Polarlicht-Verlauf am Himmel. Die noch in der geformten Statik des Regenbogens befindlichen Farben befreien sich in der Aurora-Entfaltung. Sie gehen auf in einer weiträumig-planetarischen Gesetzmäßigkeit. Gegenüber Blitz und Regenbogen erweitert sich der Erscheinungsbereich gewaltig. So sind vom außerirdischen Raum her weder Blitz noch Regenbogen sichtbar, dagegen aber das Polarlicht. Blitz und Regenbogen können von Orten auf der Erde aus als geschlossene Erscheinung überblickt werden. Die räumliche Gesamterscheinung des Polarlichts konnte nur mühsam durch viele Beobachtungen auf großen Teilen der Erde erfasst und erst in der Gegenwart vom weiteren Erdumkreis aus von Satelliten fotografiert werden. Die so gewonnene Gesamterscheinung erwies sich als ein planetarisches Gebilde, das Oval: blütenähnlich und zum Kosmos gerichtet.

Die Aurora der Erde kann also von einem einzelnen Beobachter insgesamt überhaupt nicht überblickt werden. In dem Prozess der Aurora-Erfassung musste sich das Menschenbewusstsein zuerst in den Gesamtzusammenhang der Erde und dann in das Planetarische hinein erweitern. Die Ursache des Regenbogens ist das im Erdbereich webende Sonnenlicht; die der Aurora verbirgt sich in unsichtbaren Vorgängen der gewaltig ausgebreiteten irdischen Magnetosphäre unter dem Einfluss der Sonne und ihres Hohlraum-Sternen-Prozesses. In der Beschäftigung mit dieser Sphäre betritt der Mensch konkret einen kosmischen Bereich und erforscht eine Erscheinung, die als Wind bezeichnet werden muss, im berechtigten Vergleich mit dem irdischen Wind. – Der Blitz entspringt einem Bereich, der nicht direkt mit der Sonne oder dem Licht verbunden ist; er erscheint bei Tag und Nacht völlig unabhängig vom Licht. Der Regenbogen entsteht nur im und durch das Sonnenlicht. Das Polarlicht wiederum ist ebenfalls unabhängig von Licht und Dunkelheit, es ist aber zugleich ein *direkter* Ausdruck von Erden- und Sonnentätigkeit und deren Substanzen. Im Blitzgeschehen entladen sich die Energien eruptiv, sie sind völlig ungesteuert. Der geformte Regenbogen zeigt keine solchen Energien. Während einer Aurora-Entfaltung werden nach und nach gewaltige Energien in einem überschaubar gesteuerten, gestalteten und bewegten Vorgang freigesetzt.

Die planetarisch-aurischen Erscheinungen von Blitz, Regenbogen und Polarlicht ergreifen schrittweise die rhythmischen Strukturen und Raumesdimensionen der irdischen Welt. Dabei enthüllen sie eine Evolution, die sich dreiphasig entfaltet. Das Blitzgeschehen hat nur einen Schwerpunkt am Tag: die Mittagsstunden; im Jahreslauf liegt er im Sommer. Hier tritt ein rhythmisches Geschehen noch wenig hervor; die Zeit ruht gewissermaßen und ist noch an den Raum gebunden, die Sonnenbewegung wird wenig bemerkt. Die Regenbogenzeiten am Vormittag und Nachmittag, im Frühling und im Herbst, zeigen eine anfängliche rhythmische Entfaltung. Hier beginnt in der Zeit ein Zustand in den anderen überzugehen: der Morgen in den Mittag und der Nachmittag in den Abend. Als Ausdruck einer Erdengesetzmäßigkeit ist in diesen Zeitenfluss der statische Regenbogen eingefügt, der jedoch mit der Sonnenbewegung auf- und niedersteigt. Die eigentliche Rhythmik im Zeitenstrom entsteht erst im Wechsel von Dunkelheit zu Licht und umgekehrt, also bei Tages- und Nachtanbruch: im Jahreslauf beginnend im ersten Frühjahr und Spätherbst in den gemäßigten Zonen und dann besonders intensiv in nördlichen Breiten, wo Sommer und Winter sich im rhythmischen Lichtgeschehen verhalten wie Tag und Nacht. In diesen Bereich tritt das Polarlicht ein, beginnend zuerst am Abend mit einer intensiven Entfaltung bis Mitternacht. Es kann dann häufig die Nacht hindurch bis in die Morgenstunden vorhanden sein. In den Polargebieten wird es dann vom beschriebenen Tagesnordlicht abgelöst. Zeigt die Aurora hier schon eine rhythmische Struktur, die den ganzen Tageslauf erfüllt, so erweist sich ihre Übereinstimmung mit der elfjährigen Sonnenrhythmik als die Erweiterung in kosmische Rhythmenzusammenhänge.

Aus dem Rhythmus geht dann beim Polarlicht die Bewegung selber hervor, die beim Blitz eigentlich nicht vorhanden ist. Der Blitz ist ein Impuls, der sich im Schießen oder Schlagen auswirkt. Dabei folgt er immer einer bestimmten Bahn, auf der er sich in kleinen geraden Stücken zuckend fortbewegt. Der Regenbogen zeigt selber auch keine Bewegung; er webt in sich. Nur der auf- und niedersteigende Bogen spiegelt die Sonnenbewegung. Erst im Aurora-Geschehen entsteht die eigentliche Bewegung, die dann schnell übergeht in eine intensive und ausgebreitete Dynamik.

Im Raumzusammenhang zeigt sich der Blitz als ein eindimensionales Geschehen, als gezacktes Gebilde, das seinen Weg als Feuer- und Lichtbahn sucht; er entfaltet sich immer in sich nur in der ersten Dimension und reißt sich schnell von aller Raumorientierung los, um einen Zustand herzustellen, der sich auf der Grenze von Raumlosigkeit zur ersten Dimension befindet. Das ändert sich beim Regenbogen; er gliedert sich schon eindeutig in den Erdenraum ein. Doch fehlt ihm die dritte Raumdimension; in seiner rein optischen Erscheinung zeigt er nur ein zweidimensionales Bild, einer Projektion verwandt. Das Polarlicht ergreift dann den vollen irdischen Raum, es bildet im schalenartigen Oval eine Art Urbild planetarisch-dreidimensionaler Raumerfüllung.

Aurora als Pfingstfeuer

Die letzte Entfaltung und der Abschluss dieser trinitarischen Evolution der erden-aurischen Erscheinungen im Polarlicht zeigen die Aurora als Ausdruck des Geistes. In derselben Art wie das Polarlicht ist der Geist immer das Verborgene und Unbekannte in den historischen Zeiten der Menschen-Evolution gewesen. Vor der Zeitenwende konnte der Geist nur im Jenseitig-Verborgenen gefunden werden. Und auch seit jener Zeit dringt er nur langsam in den Wahrnehmungsbereich des Menschen ein. In derselben Art zeigt sich die Aurora den Menschen: Erst als im 20. Jahrhundert die Menschheit eine überschaubare Gemeinschaft wurde, deren Glieder sich gegenseitig wahrnehmen, trat das Wesen des Polarlichts voll in Erscheinung. Es ist ein Bild des Pfingstereignisses von Erde und Menschheit und trägt wesentliche Merkmale dieses Geschehens an sich. Die Farbenerscheinungen des Polarlichts brennen flammenähnlich über der Erde wie die geschauten Flammen über den Häuptern der Menschen, die das Ur-Pfingstfest erlebten. Von diesen Flammen wird gesagt, dass sie sich niedersenkten auf die Menschen. Auch die Aurora kann so beschrieben werden, nur eben in Bezug auf die ganze Erde. Im Hintergrund der Aurora wird der Sonnenwind gesehen; er ist unberechenbar, und bei allen heutigen Prognosemöglichkeiten kann keinesfalls gesagt werden, wann und wo dieser Plasmawind das Polarlicht veranlasst. Er ist zunächst eine außerirdische physikalische Naturerscheinung, zeigt sich aber in einer Art «sonnen-meteorologischen Lebendigkeit». Wie der irdische Wind im Neuen Testament als Bild des Geistes erlebt wird, insbesondere beim Pfingstereignis («ein Brausen, wie von einem durchfahrenden, gewaltigen Wind», Apg. 2,2), so erscheint in ähnlicher Art – erweitert in den Erdenumkreis – der Sonnenwind als Bild-Ausdruck eines übergeordneten Waltens des Geistes, jetzt in seiner kosmisch-irdischen Gestalt. Als Erkenntnis-Herausforderung kann dieser Vorgang an den Menschen heute herantreten. Das fortschreitende Christentum wird die Erde selbst im Zusammenhang mit dem Pfingstereignis sehen lernen.

Das Wesen des Polarlichts ist – wie das noch unoffenbare Geistige – zukünftig. Der 60. Breitengrad stellt eine Menschheitsschwelle dar, an welche die gegenwärtige Kultur und Zivilisation herangedrungen sind und wo in einen Zukunftsraum hineingeblickt wird, der heute noch mehr Fragen aufwirft, als er Antworten gibt. Die Menschen in Kulturzusammenhängen nördlich dieses Breitengrades, etwa in Nordeuropa und Alaska, leben unter Daseinsbedingungen, die bewusstseinsmäßig von der Menschheit erst in der Zukunft erfasst werden müssen.

In der Gesamtschau von Blitz, Regenbogen und Polarlicht ergibt sich ein urbildliches Zusammenwirken trinitarischer Kräfte im Erdenumkreis. Solange der Blitz noch gebunden ist an die in Ruhe von unten nach oben sich aufbauende Kumulonimbus-Gewitterwolke, dringt er von oben nach unten, entlädt sich im vertikalen Spannungsfeld. Damit bringt er sein Wesen – noch gebunden an die aufgebaute Wolke – zum Ausdruck: Er verbindet Oben und Unten. Letztlich ist der Blitz die Verbindung von Sternenhöhen und Erdentiefen. Der aufgerichtete Mensch ist in dieses Spannungsfeld hineingestellt. Er richtet den Blick in die Höhen als den Bereich, in dem die Gotteskräfte aus der Vergangenheit mit den Schöpfergewalten tätig waren. Zugleich empfindet er die Tiefen als den tragenden Vatergrund des Seins. Im Anblick des Blitzes erlebt er die archaischen Ursprungskräfte, die noch heute die Höhen mit den Tiefen verbinden. Es sind die Vaterkräfte. Die Furcht vor dem Blitz kann sich in die Ehrfurcht vor dem Sein verwandeln. Der Zorn im Menschen als ein seelischer Ausdruck dieser Vaterkräfte kann sich zum bewussten Willen hinentwickeln.

Der Regenbogen zeigt die Horizontalkräfte; in seiner Wölbung als Farbenbrücke verbindet er einen Landschaftsteil mit dem anderen. Zusammen mit dem Farbenglanz, der sich überall in der Natur wiederfindet, weist er auf die Oberflächenumgebung der Erde hin. Die Farben sind eine Offenbarung des Seelischen; durch den Farbenbogen verbindet sich der Mensch mit der Umwelt. Gefühlsgedanken entstehen mit der Liebe zur Umwelt. In dem besonderen Wahrnehmungsverhältnis der Menschen zum Regenbogen entsteht das Bild des Menschen-Ich, das im Menschensohn seinen eigentlichen Ausdruck findet. Der horizontale Bogen des Farbenkreises kreuzt in den Höhen den vertikalen Stamm der Blitzeskräfte. Es entsteht ein atmosphärisches Erdenkreuz.

Durch die Wirkungen des Polarlichts im Menschenbewusstsein werden diesem Kreuz die Umkreiskräfte des Geistes eingefügt. Die Aurora erscheint planetarisch als ein gerundetes Gebilde, als geschlossener Lichtkreis, welcher zum Kreuz das Sonnenmotiv der Auferstehung hinzufügt. Doch die Auferstehung erscheint hier zunächst in Verbindung mit der Erde, nicht als menschlicher Seeleninhalt. Das stellt den Menschen der Gegenwart vor ein Rätsel: Muss er zuerst die Auferstehung als Wirklichkeit am Erdenplaneten erleben, bevor er selbst sie erhalten darf? Vieles in der Gegenwart weist in diese Richtung. Das Polarlicht enthüllt weiter die Verbindung der Erde und des Menschen mit dem Kosmos. Es stellt vor allem die Zukunftsfrage: Wie wird sich die Menschheit zur «Aurora-Epoche», in der sie sich auf Erden ihres geistigen Verhältnisses zum Kosmos bewusst wird, hinentwickeln; welches sind die Voraussetzungen? Damit führt die Erfassung des Polarlichts in einen apokalyptisch-zukünftigen Zusammenhang hinein.

Die apokalyptische Offenbarung der Trinität

Im Neuen Testament bringt die Offenbarung des Johannes im 4. Kapitel eine erste Beschreibung der geistig-göttlichen Welt: In der Mitte thront – umgeben von 24 in weiße Gewänder gekleideten Ältesten – der Schöpfer des Alls; ein Regenbogen, der wie ein Smaragd aussieht, umgibt ihn. Von dem Thron gehen Blitze, Stimmen und Donner aus. Vor dem Thron brennen sieben Feuerfackeln, die als die sieben Geister Gottes bezeichnet werden. Später werden diese Geister von dem ebenfalls dort stehenden Lamm in alle Welt ausgesandt. Auch vor dem Thron breitet sich ein Meer von Glas aus wie ein Kristall. In dem Regenbogen, der das Zentrum dieser Imagination umgibt, schauen wir den mineralischen Zustand der Schöpfung. Durch das fortgesetzte Wirken des Christentums auf der Erde durchdringt der Auferstehungsimpuls alles Dasein. Die ganze gewordene, kristalline Schöpfung wird dabei langsam wieder in die geistige Welt zurückgebracht. Sie erhält dort – in veränderter Gestalt – ein neues Dasein. Im Regenbogen kann im Diesseitigen ein Abbild des Christentums gesehen werden, es ist hier noch farbig-bildhaft und lichtkeimartig. In der geistigen Welt wird es von den Kräften durchdrungen, die auf der Erde am deutlichsten der Todeswelt angehören: den Mineralkräften. Auch sie werden in die Auferstehung hineingeführt und ihre Ewigkeitskräfte mit dem Wesen des Regenbogens verbunden. So stellt dieser den Ertrag des christlich verwandelten Erdendaseins dar. Die Mitte des Regenbogens leuchtet grün. Grün ist die überwiegende Farbe des organischen Erdenlebens, das im smaragdenen Bogen auch seine Dauer erhält in einer anderen Welt. Damit ist zunächst in der Offenbarung des Johannes Grundlegendes ausgesprochen: Das auf der Erde zentrierte und gesammelte Leben wird in seiner neuen verwandelten Gestalt als mineralähnlicher Regenbogen geschaut.

Vom Thron selbst brechen Blitze hervor. Auf der Erde bringen die Blitze die gewaltigen Höhenkräfte aus dem Umkreis in das Erdendasein hinein. In der geschauten geistigen Welt ist es umgekehrt: Die Blitze gehen vom Zentrum des Thrones aus, sie bilden dort eine Art Grundlage des Thrones. Auch hier hat sich – wie beim Regenbogen – das Raumesverhältnis umgekehrt. Aber auch Blitz und Donner bleiben nicht, was sie im Erdenbereich sind. Wie beim Regenbogen erscheint etwas hinzugefügt: die Stimmen. Blitz und Donner werden irdisch nur als Naturtatsachen vom Menschen wahrgenommen. Doch ist erkennbar, wie im Menschen Denken und Sprechen die entsprechenden Äußerungen für Blitz und Donner sind. In der geistigen Welt sind die auseinandergefallenen Kräfte von Natur und Mensch wieder zusammengefügt: In Blitz und Donner mischen sich Stimmen hinein; das verständliche Wort verbindet sich mit dem vom Thron ausgehenden Blitz-Geschehen und spricht in die Umgebung hinein. Das sonst für den Menschen Unverständliche des cherubinischen Wirkens wird durch die Stimmen in einer übersinnlichen Welt verständlich.

Das Polarlicht – die Aurora – wird in der Apokalypse nicht erwähnt. Obwohl von einzelnen Menschen gesehen, war es der Menschheit zur Zeit des Empfangens der Offenbarung des Johannes unbekannt. Seine Erwähnung könnte an dieser Stelle – nach Regenbogen und Blitz – erwartet werden. Tatsächlich wird auch gleich anschließend an die Schilderung des Blitz-Geschehens von einer feurigen Erscheinung gesprochen: von den sieben brennenden Fackeln, die als die sieben Geister Gottes bezeichnet werden. Von alters her sind sie die sieben Schöpfergeister, die in der Genesis als die Elohim am Anfang stehen. Wie schon beschrieben, werden sie geisteswissenschaftlich «Geister der Form» genannt, da sie allem Dasein eine Form geben, auch Gestalt und Form des Regenbogens bewirken. Diese hierarchischen Geister haben der Welt so stark ihre Signatur aufgeprägt, dass durch unermessliche Zeiten hindurch der Mensch nur im Anschauen dieser gewordenen Formen versunken sein musste. Das althebräische Sabbat-Erlebnis war eigentlich die volle aktive und passive Hingabe an diese gewordene Formenwelt. Denn es war Schicksal und Aufgabe der Menschheit, diese Welt der Formen in sich aufzunehmen. Dabei lernte der Mensch der Erde gemäß zu denken. – Aber allmählich trat eine völlige Verdunkelung ein: Der Anblick der geistigen Welt verschwand vollständig. Zurück blieben die geist-entleerte Formwahrnehmung und das sich daran anschließende formale Denken. Dagegen führte Christus seinen entscheidenden Kampf. Als der verborgene Herr der Elohim-Schöpfergeister vermochte er das schon abgeschlossene Wirken dieser Geister wieder zu öffnen, die Formerstarrung zu lösen und das Schöpfungsgeschehen weiterzuführen. Eine neue Schöpfung wurde veranlagt. Sie ist nicht mehr vor allem eine Schöpfung der Elohim. Durch das Hineinleben des Christus in die Menschheit wurden solche Wesen impulsiert, die dem Menschen auf den hierarchischen Stufen näher stehen, etwa die Engel. Das Schöpfungsgeschehen wurde nach unten hin geöffnet und auch der Mensch voll mit einbezogen. Zugleich geschah eine Öffnung nach oben: Die durch das Wirken des Christentums sich offenbarenden Schöpfergeister enthüllten das Mit- und Hereinwirken der hierarchischen Wesen, die unmittelbar hinter und über den Elohim stehen. Das sind die Dynameis, die «Geister der Bewegung». Im Verlaufe der abendländisch-christlichen Entwicklung ist deutlich zu erkennen, wie diese Geister immer mehr aus dem Hintergrund hineinwirken. Das zeigte sich – zunächst einseitig – in den wissenschaftlichen Entdeckungen, die sich vor allem um die Bewegungsvorgänge der Planeten konzentrierten. Die sogenannte kopernikanische Wende wurde durch die Entdeckung einer neuen Bewegungsgesetzmäßigkeit ausgelöst. Bewegung ergriff auch das geistige und religiöse Leben: Die Renaissance versuchte ein neues Menschenbild zu finden, neue Kontinente wurden entdeckt und in der Reformation ein neues religiöses Leben gesucht. Im christlichen Bekenntnis erhielt dieser Umschwung seine bewusste Bestätigung erst im 20. Jahrhundert, wo im Credo der Christengemeinschaft vom Vatergott gesprochen wird als dem Wesen, «das väterlich seinen Geschöpfen vorangeht». Die Vorstellung eines ruhenden Schöpfers – des «unbewegten Bewegers» – war überwunden.

Im 19./20. Jahrhundert brach dieser Bewegungsimpuls auf wissenschaftlichem und technischem Felde alle bisher vorstellbaren Grenzen. Der Evolutionsgedanke löste die starre Schöpfungslehre ab. Das menschliche Denken überwand alle Statik und steht damit vor unbegrenzten Möglichkeiten. Geistig gesehen bedeutet dies, dass die Geister der brennenden Fackeln im Zukunftsbild der Apokalypse die Wirkungen der Dynameis in sich aufgenommen haben und sie jetzt der Menschheit zustrahlen. Es ist, als ob die dunkel geformten, undurchlässigen Formgebilde der Elohim sich lichteten und durchscheinend würden für die Feuerstrahlen der zentral-sonnenverwandten Dynameis. Unter solchen Wirkungen vollzieht sich der weitere Fortgang einer Neuschöpfung.

Das Himmelsbild der Aurora ist ein unmittelbarer Ausdruck dieser Vorgänge. Es strahlt zunächst aus über die polaren Eisgefilde der Erde, die verwandt erscheinen dem gläsernen Meer der Apokalypse. Das Licht- und Farbenweben des Polarlichts zeigt sich völlig unabhängig von irgendwelchen geschaffenen äußeren Formen. Gleichzeitig aber bringt die Aurora fortwährend neue Formen hervor, die durchglänzt sind von einem bewegten, innerlich sonnenverwandten Feuervorgang. Die Offenbarung der Exusiai, der formenden Geister, und der Dynameis, der feurig-bewegenden Geister, vollzieht sich in überirdischer Harmonie. Kein unverarbeiteter Rest einer irdischen Form oder Materie stört diesen Vorgang. Dem entspricht im Menscheninnern das leibfreie Denken, wo lebendig-formende Begriffe entstehen und vergehen, um dadurch zu höheren Wahrheiten vorzudringen. Es ist das Denken der Zukunft. – Als Fridtjof Nansen oft genug vor der Aurora-Entfaltung gestanden hatte, dämmerte eine Erkenntnis dieses Geisteszusammenhanges in ihm auf: «Ich habe nie die Tatsache begreifen können, dass diese Erde eines Tages vergehen und öde und leer sein soll. Wozu dann all diese Schönheit, wenn niemand mehr da ist, um sich daran zu erfreuen? Jetzt beginne ich zu verstehen. Dies ist die zukünftige Erde – hier sind Schönheit und Tod.» – Die Aurora wird durch diese Erkenntnisse zu einem Wahrbild unserer Gegenwart und Zukunft.

Theodor Däubler – der Künder des Nordlichts

Das Polarlicht im Menscheninnern

Als der Dichter THEODOR DÄUBLER (1876 – 1934) im Jahre 1898 sein umfassendes Nordlicht-Epos[57] zu schreiben begann, befand sich die Gesamterscheinung des nördlichen Polarlicht-Ovals noch in der frühen Dämmerphase seiner ersten Entdeckung. Es waren noch keine zwanzig Jahre vergangen, seitdem die planetarischen Dimensionen des Ovals von S. Tromholt in Umrissen erkannt worden waren (etwa 1879). Drei Jahre vorher wurde Däubler geboren. Selbst für naturwissenschaftlich engagierte Menschen sollte diese Entdeckung noch lange verborgen bleiben, denn sie erschien umfassend und kompliziert. Allgemein bekannt wurde sie erst in den allerletzten Jahren durch Satellitenaufnahmen der Polarlicht-Ovale. Däubler hat als Erster die volle Tragweite dieser Entdeckung erstaunlich früh erkannt. Zur naturwissenschaftlichen Seite fügte er eine Anzahl Anschauungen hinzu, die eine Vorwegnahme von Bewusstseinsinhalten einer «Geistesmenschheit» darstellen. So sieht Däubler die Aurora-Ovale als Äußerungen eines lebendigen Erdorganismus und zugleich als Zeichen eines neuerkannten Pfingstzustandes der Erde. Kulturgeschichtlich ordnet Däubler das Nordlicht ein als eine innere und äußere Leiterscheinung innerhalb der großen Wanderungswege der Menschheit von den Anfangskulturen im Südosten der Erde bis zu den nordwestlich davon liegenden Gegenwartskulturen. Im Menscheninnern sah er einen dem Polarlicht entsprechenden Prozess in der geistigen Lichthervorbringung. Er erkennt dies vor allem in der moralischen Haltung des Menschen. In geheimnisvoller Weise ist diese menschliche «Aurora» verbunden mit den Aurora-Ovalen der Erde. So sieht Däubler in der Erscheinung dieser Ovale den Ausdruck einer höheren Vereinigung von kosmosdurchdrungener Erdennatur und strebendem Menschengeist. Eine sonst wertfreie wissenschaftliche Tatsache wird durch diese erkannten Zusammenhänge mit der Entwicklung des Menschen verbunden.

Bereits in der naturwissenschaftlichen Erfassung des Polarlichts war Däubler seinen Zeitgenossen weit voran. Da diese weder wahrnehmend noch vorstellend wussten, worüber Däubler so enthusiastisch und auch rauschhaft dichtete und sprach, musste der wesentliche Teil seiner Dichtung unverständlich bleiben und verkannt werden. Seine erweiternden Anschauungen der Aurora-Ovale können als bedeutende Entdeckungen gesehen werden, ähnlich der der Urpflanze von Goethe, wobei Wesentliches erst wollend und vorstellend nachvollzogen werden muss. Doch sind auch schon ohne diese Bemühungen durch Däublers Anschauungen Fragen aufgeworfen, die gerade in der Gegenwart zu den brennendsten Zukunftsanliegen von Erde und Mensch gehören. So wurde Theodor Däubler ein im Zeichen des Polarlichts eingeweihter Mensch. Die Aurora-Einweihung brachte ihm Wissen und Erkenntnis, die in eine weite Zukunft hineinweisen; sie schenkte ihm zugleich eine sprachkünstlerische Schöpferkraft, die durch ihre Weite, Tiefe und Neuheit nur langsam erkannt werden kann. Es verwundert nicht, dass der Kulturphilosoph und Schriftsteller Rudolf Pannwitz (1881 – 1969) im Jahre 1923 vom Werk des Dichters Däubler sagen musste: «All das ist ein Schatz, dessen sich zu bemächtigen kein Leben ausreichen würde, aber vieler Leben gut angewandt wäre … (wir) müssen das Ganze, wie es ist, als einen neuen Urwald- und Kulturwald-Kontinent hinnehmen.»[58] Als dies ausgesprochen wurde, war Däubler erst 47 Jahre alt; doch schon im Jahre 1910 hatte er – 34-jährig – sein mächtiges Epos *Nordlicht* abgeschlossen. Dieses Werk mit seinen 33.000 Versen wurde zum Teil in Wien, hauptsächlich in Paris niedergeschrieben. Die Inspiration dazu reicht in die Jugendzeit Däublers zurück; er hatte von Tommaso Campanella (1568 – 1639) und seinem Werk *Der Sonnenstaat* gehört und wollte nun ein entsprechendes Werk schreiben mit dem Titel *Impero del Sole*, das Sonnenreich. Später überwältigten den 22-Jährigen in Neapel – wohin er in frühen Jahren immer übersiedeln wollte – Bilder und Visionen am Fuße des Vesuvs. Er begann sofort mit der Niederschrift seines kommenden Großwerkes, dessen Titel und wesentlicher Inhalt sich stark verändert hatten gegenüber den Sonnenvisionen früherer Jahre. Nun hieß es einfach *Das Nordlicht*. – Zwischen dem verdichteten Erdenfeuer eines Vulkans, bei dem das Epos seinen Anfang nahm, und der schleierartigen Schwerelosigkeit des Polarlichts scheint ein tiefer Abgrund zu klaffen. Doch der Geist Däublers stand unter dem Eindruck von planetarisch-kosmischen Inspirationen, die nicht nur diesen Gegensatz überbrückten, sondern ihm eine Evolutions-Schau vermittelten. Diese Schau umfasste den Weg von einem archaischen Sonnenreich durch das dunkle Erdendasein hindurch zu einem neu-leuchtenden planetarischen Zustand. Im Zentrum dieser Schau steht das Polarlicht.

Die Geburt einer Kosmogonie

In der Heimatlandschaft Däublers, dem damals österreichischen Istrien, hatte er das Polarlicht nicht gesehen. Ebenso wenig in der Stadt Triest, wo er 1876 geboren wurde und aufwuchs. Aus keinerlei Äußerungen oder Schilderungen des späteren Dichters lässt sich entnehmen, dass er die Aurora jemals gesehen hat. Alle Erwähnungen und Beschreibungen tragen das erstaunliche Merkmal einer *inneren Schau*, die immer wieder durch ihre Wesensgenauigkeit tief überrascht. Jugend und frühe Mannesjahre führten Däubler wiederholt durch weite Gebiete des Mittelmeerraumes und Südeuropas; es liegt nirgends ein Hinweis vor, dass er versucht hätte, das Polarlicht in Nordeuropa zu sehen. In späteren Jahren führten ihn einige Reisen nach Südskandinavien und höher hinauf nach Oslo. Die Eigentümlichkeit dieses Widerspruchs zeigt in aller Deutlichkeit, dass es Däubler darum ging, eine tief erfahrene Intuition in ihren gedanklichen und dichterisch-imaginativen Entfaltungen darzustellen, und nicht darum, einer äußeren Landschaftsromantik nachzugehen. Im Jahre 1919 schreibt er in Dresden über die Entstehung dieser geistigen Schau im Vorwort «Selbstdeutung» zum Epos *Nordlicht*:

«Einmal auf einem Maskenball (ich selbst trug die Larve) sagte ich mir: das Leben ist nicht bloß gewollte Askese oder Zwang, Pflicht der Sonne gegenüber, damit wir uns zum Hochgestirn emporranken können, und die Erde nicht bloß Feindin, bestenfalls Vagina und Grab. Als Wirksamkeit ging mir auf: das Leben verlangt Fülle, die Geschöpfe dürfen göttlich emporjubeln. Ich lief aus dem Saal, auf die Straße. Ich fühlte glücklich, die Erde birgt in sich noch viel Sonne, die mit uns, gegen die Schwere verbunden, selbst wieder zur Sonne zurück will. Überall. Sogar im Eis. Gerade dort, an den Polen, wo die Nacht am tiefsten, am längsten, besonders mächtig! Eine leuchtende Umschlingung von erlöster Sonne aus der Erde und himmlischer Sonne bringt den monatelangen Nächten um

die Pole das Polarlicht. Die Erde sehnt sich, wieder ein leuchtender Stern zu werden. Meine Privatkosmogonie hatte ihre Ergänzung erhalten!
Diese Idee von der Nordkrone ließ mich nicht mehr los. Schnell wusste ich, dass sie eigentlich in uns Wunsch, Freude, Glück, Vertrauen sein konnte. Der Grund dazu lag für mich, ich sah's geradezu, in der Erde. Vielleicht in einem feuerflüssigen noch sonnenähnlicheren Innern! Das Lichterziel, die leuchtenden Kränze um die Pole wurden mir zum Sinnbild von Geschichte aus innerstem Geschehen. Ich erlebte einen Nordschein der Seele; was da vorging, verdunkelte alles am Tage Geschöpfte. Die Sonne verfinsterte sich mir. In meinen Nächten dämmerte das Vertrauen zu einer letzten, zu einer mittleren Sonne. Nordlicht kann uns den Weg zu ihr weisen: es nähert uns dem Urlicht. Von dem stammen wir Menschen, die alle sichtbaren Sonnen beschlossen, erwogen, zu ihrer Tat gemacht haben, ab. Ich scheute mich, in meiner Plötzlichkeit, keinen Augenblick, meinen naiven Atheismus nunmehr einem himmlischen Glauben an Hierarchien und überirdische Geistigkeit anzuvertrauen. Der Sprung ins Religiöse war aber dennoch ein Entschluss! Ganz kindlich wollte ich alle Bekannten umarmen, ihre Seelen als Wege zum Norden aller Völker ansehen. Also wiederum in Menschen: als Erwühler des Urlichts gleichwertig! Oft hatte ich geheim, vor mir selbst verschlossen, gebetet, nun gestand ich mir Beten zu. Durch das Nordlicht bekam mir unser Geschlecht seine Freiheit. Jeder Mensch, sagte ich mir, benützt sie zur Wahl einer Vision: jeder Einzelne kann auch bestimmen, wo und wann er geboren werden will. Wir sind nicht bloß Untertanen einer sichtbaren Sonne!
Folgendes aber bleibt die Aufgabe des Menschen: die Zukunft der Erde durchs Nordlicht zu erfüllen! Wir verkünden: die Erde wird wieder leuchtend werden, aber die Völker sind verantwortlich, dass dieser Stern, der ein dunkler ist, einst der allerhellste sei. Nicht ein Durchgangsplanet, sondern das Feld unsrer heiligsten Aufgabe ist von nun an unser strahlender Zukunftsstern. An den Polen versucht's die Erde schon, wieder hold aufzuleuchten. In strengen Seelen glüht der Beruf, im Menschen das Urlicht zu ergründen. Denn der Mensch birgt die Erleuchtung: in uns wird Zeugnis fürs erste Licht abgelegt werden; im Kosmos geschieht's durch den Nordschein. Noch bevor auf dem Planeten unsere Aufgabe erfüllt ist, steht es geistig fest, dass alle Sterne von der Erde bewegt werden, sich um sie, als ihren geistigen Mittelpunkt, schmiegen. Denn aus dem Menschen wird die Ursonne hervorstrahlen. Daher fasste ich schon damals das Leben als keine persönliche Angelegenheit auf, sondern jedem Dasein musste, davon war ich überzeugt, eine überpersönliche Aufgabe mitgegeben sein. Wir sollten hier nicht bloß lernen, sondern es bleibt unsre Pflicht, die Erde zu sich, das heißt zu ihrem eigentlichen Licht zu bringen. Sie wird brennen, ihren feurigen Kern zur leuchtenden Schale hervordämmern lassen. Die Erde, eine dunkle Frucht, keimt bereits empor in eine Welt des erblühenden Lichtes. Religionen erglimmen, um Völker im innern Feuer umzugebären. Wir sind dafür verantwortlich, dass überall, aus allem Tun und Geschehen, das Licht der Hilfe ersprieße. Keine Verkettung im Dasein: Ursprünglichkeit! Das ist die Auferstehung des Fleisches!»[59]

Die väterlichen Vorfahren Däublers stammten aus dem Gebiet um Augsburg im bayerischen Teil Schwabens. Hier war der Großvater Maler und Graveur gewesen. Auch mütterlicherseits führt die Abstammung nach Deutschland, nach Schlesien, dann aber mit einer Abzweigung nach Irland! Seine protestantischen Eltern vertraten radikal-freidenkerische Richtungen, wobei die Anschauungen Darwins und Haeckels hoch eingeschätzt wurden. Die katholisch-mystische Haltung der Bediensteten im begüterten Kaufmannshaus in Triest bildete für den Knaben Däubler einen fast dramatischen Gegensatz in der Erziehung. Doch war diese Polarität fruchtbar. – Er kam erst mit neun Jahren zur Schule, konnte sich aber dort nicht zurechtfinden. Daraufhin bekam er Privatunterricht. Schon mit fünfzehn Jahren machte der jugendliche Däubler als Schiffsjunge eine ausgedehnte Seereise auf dem Mittelmeer. Seine Neigung zum Tagträumen war ungemein stark. Hierdurch lernte Däubler die Natur völlig anders kennen als die anderen Menschen; die Sonne wurde ihm ein Gott, der Mond eine Traumesgottheit. Jemand erzählte dem tagträumenden Knaben, dass einstmals Sonne und Erde vereint gewesen seien; zusammen mit seinem besonderen Interesse für Physik, Geografie und Geschichte löste diese Mitteilung eine beginnende Zusammenschau kosmologischer Vorgänge in ihm aus. Hierzu schreibt Däubler ebenfalls in der «Selbstdeutung»:

«Und die Erde selbst gebiert aus sich Kräfte, die, der Schwerkraft entgegen, zur Sonne zurückwollen: ich sah darin die mechanische Gesetzmäßigkeit, durch die Leben wird. Jede Pflanze, jedes Tier umhüllt seinen Sonnenflug. Also nicht um die Wärme, Elektrizität, Magnetismus usw. handelt es sich im Grunde für seelisches und leibliches Wachstum: verschiedene bekannte und unerforschte Gewalten umkörpern uns mit Sonne-, Mond- und Sterneninhalt. Eigentlich heißt Dasein: Rückkehr zur Sonne.»[60]

Diese Gedanken verinnerlichten sich in der Art weiter, dass Däubler erkannte: Dies alles vollzieht sich vor allem im Menschen. Dieser jedoch ist besonders bewusst in die Nacht der Erde hineingestellt, ja, er hat schließlich selber diese Nacht als sein Schicksalsfeld gewollt und hervorgebracht:

Du schwache Nacht, du bist der Schatten unsrer Erde.
Wir sind die Sonne, der die Erde Sterne zeigt,
Denn unsre Erde ist dir richtige Gebärde,
Die gütig Menschen in den Sternenhimmel neigt.
…
Wir sind vom Licht und sollen Finsternis gebären,
Drum schufen wir die Erde, und da kam die Nacht.
So konnten wir dem Himmel seine Macht bescheren.
Dann lachten wir: die Sonne hat aus uns gelacht.[61]

Diese Evolutionsbilder stellen den Menschen aktiv und mit Verantwortung in den Welt-Werdestrom hinein. Hieraus ergibt sich ein immer wiederkehrendes Handlungsmotiv im entstehenden Epos.

Das Großepos «Nordlicht»

Im Verlauf des Epos über *Das Nordlicht* versucht Däubler, den Gang der Menschheit durch die großen Kulturen darzustellen; in der «Selbstdeutung» schildert er seinen Plan. Indien ist ihm ein Urzustand; dieser Menschheitsteil geht aus der Sonnennatur hervor und strebt auch nur nach dieser. Das nicht erfüllte Schicksal ist eine Tragik: «Die Kulissen des Karma lassen uns erschaudern.»[62] Doch die Menschheit wandert. Im alten Iran vollzieht sich eine Wende: «Über Irans sternwärts gerichtete Höhen geht's nordwärts: in der Spirale, künftigen weiterklimmenden Völkern zu.» Auf dieser Wanderung durch die Kulturen begegnet Däubler dem darinnen wirkenden Logos, dem Christus und dem mit ihm zusammenhängenden Menschen-Ich: «Das Ich war schon immer zugegen, wenn ein Weltabschnitt zertrümmerte. Völker, die sich wie einzelne Seelen, durch Daseinsbeschluss, in Menschengestalt geborgen hatten, sieht es, das Ich (als ewig daran beteiligt), wieder von den Wogen der Urflut verschlungen werden. – Der Logos kündet dem Ich seine Ewigkeit, durch seinen eigensten Schrei, den Urruf, an. Den habe ich gesucht und gefunden.» – «Jesus Christus erschließt uns die neue Aufgabe: das, was in uns gekommen ist, unsre vorgeburtliche Unvollkommenheit, als Kreuz, in diesem Leben auf uns zu nehmen: die eignen Leiden in heiligen Gemeinschaften auszudulden. Er wirbt um die Höhe aller Bekenntnisse und bringt sie uns, wo er Pfingsten vorbereitet. Das Fest im Geist! Des Urlichts Ausbruch aus der Natur kann uns, auf der nordwärts gerichteten Heimreise zum Ruhepol in uns, immer zu einem überraschenden Feiertag werden. Pfingsten erfüllt und erwartet den Nordwärts-Schreitenden. Den Nordwärts-Denkenden. Den, der den Norden erleidet.»

In dem Menschheitsgang durch die Kulturen verwob sich für Däubler das Wirken und Werden des Logos-Christus. Selbst in Ägypten, in der Zeit vor dem Auszug der Israeliten, sieht er diese Wesenheit in Erscheinung treten: «Auch der Urruf ‹Ra› lebt in den Gemütern des ra-tragenden Volkes der Ägypter ausbruchhaft auf: ein König wird geboren, Amenophis der Vierte, der den Untergang des Apis, also des Stieralters wittert. Es muss dem des Widders weichen: das ist der Augenblick, um das Ertönen des Logos im einzigen Sonnengott Ra zu erahnen: durchzusetzen! Amenophis der Vierte versucht's. Er schreckt nicht zurück, sogar Theben, die Apisstadt, in Feuer und Rauch aufgehen zu lassen. Sein Vorhaben gelingt ihm jedoch nicht: der Anhang verrät ihn. Wohl aber vollbringt er die Tat im Geist!»

Der epische Gang durch die Kulturzeitalter wird von Däubler auf dem Hintergrund wechselnder Sternenkräfte gesehen. Nach eigenen Aussagen hatte er oft esoterische Werke in die Hand bekommen. Das konnte nicht ausbleiben bei seinem umfassenden Suchen. Aus seinen Prosa-Erzählungen geht klar hervor, dass mit zu seiner Umgebung theosophische Kreise gehörten; er kannte die Begriffe dieser Kreise gut und hat sie selber gebraucht. Dazu gehörten auch die Vorstellungen von Sterneneinflüssen auf die Menschheitskulturen. Später hörte er auch von Rudolf Steiner. In ihrer Biografie über Michael Bauer (1871 – 1829) gibt Margareta Morgenstern (1879 – 1968), die Frau des Dichters Christian Morgenstern (1871 – 1914), eine kurze, aber charakteristische Schilderung von Däubler in München (etwa 1918) im Kreise bekannter Künstler: «Während eines längeren Aufenthaltes in München nahm Michael Bauer an dem kulturellen Leben der Stadt regen Anteil. Hier begegnete er jetzt Albert Steffen, mit dem ihn bald eine sehr herzliche Freundschaft verband, die bis an sein Lebensende währte. Sie erlebten dort gemeinsam die Rätezeit und hörten viele Vorträge bedeutender Persönlichkeiten. All diese Eindrücke wurden dann mittags ausgetauscht, wo sie sich im Beisein des Malers und Bildhauers Hans Wildermann in einem vegetarischen Speisehaus trafen, in dem auch Ricarda Huch und Rilke verkehrten. Auch der Schweizer Schriftsteller Ernst Uehli gehörte zu Michael Bauers Freundeskreis. Zusammen mit Albert Steffen und Michael Bauer war auch er zu einem Abend bei Freunden Steffens eingeladen, bei dem es mit dem Dichter Theodor Däubler zu heftigen Diskussionen über Rudolf Steiner kam, die Däubler einen vielsagenden Ausruf entlockten ...»[63]

Däubler wusste von der Anthroposophie und hat sie sicherlich durch die von ihm erwähnten esoterischen Schriften aufgenommen. Er hat auch in Berlin im Winter 1926/27 in einem Studentenkreis der einige Jahre zuvor begründeten Christengemeinschaft, der aus der Anthroposophie hervorgegangenen Bewegung für religiöse Erneuerung, aus seinem Nordlicht-Epos vorgetragen. In einem Gespräch mit dem ihn einladenden Pfarrer in der Christengemeinschaft, Horst Lindenberg, bestätigte Däubler seine Bekanntschaft mit der Anthroposophie, gab aber zu erkennen, dass er zu sehr beschäftigt sei mit den Vorträgen und dem Niederschreiben eigener Inhalte, als dass er sich umfassend mit dem Werke Rudolf Steiners beschäftigen könnte. Um diese Zeit begann der Dichter seine Serie von Vortragsreisen und Künstlerfahrten, die ihn durch ganz Europa führten. Zur gleichen Zeit begann er zu erkranken; die Tuberkulose machte sich bemerkbar, an der er sieben Jahre später in St. Blasien im Schwarzwald starb.

Ernst Barlach, der Expressionismus und Theodor Däubler

Der Künstlersinn Däublers war nicht nur auf die Poesie gerichtet. Diese wurde in ihm überhaupt erst ernsthaft ausgelöst, nachdem seine Eltern nach Wien gezogen waren und er Gelegenheit hatte, in dieser Stadt viel Musik – Wagner und Mahler – zu hören. Nach eigener Aussage begann er hernach fast nur in Versen zu denken. – Seine Beziehung zur Malerei war umfassend, er hatte auch immer gehofft, Maler zu werden. In den Jahren der Entstehung des zweiten Teiles des Nordlicht-Epos in Paris, 1903 bis 1906, legte er den Grund für sein zukunftsweisendes Verständnis für moderne Malerei. Er wurde dann der bedeutende Förderer expressionistischer Malerei, allem voran der Werke von FRANZ MARC (1880 – 1916). – Auch der neuen Plastik wendete er sich fördernd zu, war befreundet mit ERNST BARLACH (1870 – 1938) und trug entscheidend dazu bei, diesen Künstler bekannt zu machen. Barlach traf Däubler in Florenz, wohin dieser seinen Wohnsitz verlegt hatte, im Jahre 1910, während des Abschlusses der Arbeiten am Nordlicht-Epos. In seinen Aufzeichnungen *Ein selbsterzähltes Leben* berichtet Barlach über diese Begegnung: «Eines schönen Tages lag die majestätische, vielpfündige Inkarnation des däublerschen Sterngeistes hinter den schmierigen Marmortischen des Café Reinighaus, lag da wie ein ausladendes Inkognito eines exotischen Machthabers breit im halbdunklen Hinterhalt, im Versteck vor Hetze und Qual des Daseins, ein Alleswisser und Nichtsbesitzer, in seiner Höhe voll trauriger Behaglichkeit des Lebens ohne Lebensnotdurft froh. Das zwölfjährige Werden, das Ausstoßen des Nordlichts war vollbracht … Noch im gleichen Sommer begann der Druck des Werkes, und er geschah mit wunderbarer Grandezza, da Däubler dem korrekturlesenden Moeller-Bruck Verskatarakte und Sternstürze aus Weltkernen als unerlässliche Ergänzung des Ganzen in die Hände schob.»[64] In dem unvollendeten Roman *Seespeck* porträtierte Barlach mit charakteristisch-farbigen Worten die Gestalt und das Wesen Däublers. Hieraus einige Passagen:

«Aber dann – ergriff er selbst das Wort wie ein Panier, wie von Gottes Gnaden. Das steckte er zum weithin sichtbaren Wallen irgendwo auf eine Hügelkrone, weil er selbst, da es ihm diesen Abend danach war, Burgen aufführte, Mauern aushob, und Altäre unterbaute. Alles vor den Augen der erstaunten beiden, die keineswegs auf ein solches Schauspiel gefasst waren. Dazu legte er eine Anzahl unterirdischer und überhimmlischer Gänge an. Er schmiss seine Faust, die zart und klein war, und hämmerte einen Zauberschlag in die Luft, und siehe, die Welt erstarrte, schrumpfte und gestaltete sich zu einem geometrischen Bilde, das balancierte er nun auf der flachen Hand, und weil es noch glühte vom Schrumpfprozess, ließ er es zur Abkühlung zwischen Daumen und Zeigefinger seiner Rechten in der Luft stehen, und daran hinderten ihn nicht seine dunkelsäumigen Hemdwülste als völlig zeitwidrige Ausläufer aus den Ärmeln, noch seine zerrüttete Kragenzier. Er handhabte das Weltkristall zwischen seinen Fingerspitzen wie ein rohes Ei. Es ward leer geblasen und wieder voll gedeutet, und so ließ er sie die neue Welt seines Geistes mit Händen greifen.»

«Dann begann er plötzlich, sehr schön über Malerei zu reden, und dabei beobachtete Seespeck sein Gesicht, dem bei aller Milde wie dem Mond Krater und Klüfte nicht erspart waren. Über den Augen herrschte eine wahrhaft felsige Stirn, und den weichen Mund unterbaute ein bartbewucherter Quaderblock von Kinn. Das Merkwürdigste an ihm aber war der Stern, der ihm mitten im Gesicht stand, wie ein schwer erkennbarer Schlüssel zu dem Geheimnis dieser Natur. Die oberen Zacken dieses Sterns bogen in schrägen Schwüngen der Augbrauen und kreuzten sich über dem Nasenrücken unter der Stirn und verliefen zu unteren Zacken als Falten zwischen Nase und Backen im umgekehrten Sinn des oberen Schwunges am Bart. Und der Bart im Verein mit dem Haargewüst schien nun dies bedeutende Menschengesicht mit dem Stempel des Himmlischen von der Umwelt durch einen mächtigen Raum feierlich scheiden zu sollen.» … «Zuweilen bog Däubler unter aufgestemmten Armen seine Obermasse wie ein Gebirge über den Tisch, dann krachten die Fugen, als spränge etwas im Gebälk der Welt – dann holte sein Mund die dumpfe Gewalt der Stimme aus Kratertiefen, und dann schien sein Bauch eine metallene Grundflut von Überzeugungen zu bergen.»

Abb. 69, S. 174 und 175: Dramatische Spannung zwischen überwiegend roter Aurora Australis und dunklen Nachtwolken. Am Boden aufragend verdorrte Äste und am Bildrand eine Akazie auf dem Hintergrund der gelben und grünen Aurora über dem Horizont. © David Miller
Abb. 70, S. 176 und 177: In tiefer Nacht eine Sonnenaufgangähnliche Entfaltung der Aurora Australis mit aufgehellten Vorhängen in der Bildmitte. Am rechten Bildrand hinter den Ästen ein Planet. Nahe dem Horizont in Bildmitte ein Stern im hellen Polarlicht. © David Miller

Abb. 71: Der Sterngucker (Theodor Däubler). Federzeichnung von Ernst Barlach, 1909.

«In den Gasthäusern ward Däubler etwa wie ein fahrender Fürst, manchmal fast als aus der Hölle entfahrener, angesehen, der in Begleitung seines zahlenden Sekretärs reiste. Exotisch und also sonderlich. Sie sahen erstaunt, wie herrisch er ging, mit Ungestüm niedersaß, wie ein Sklavenhalter Gehorsam gewöhnt; nach Bedienung rief und alles verzehrte, was aufgetragen ward … Und seine Reden waren atemberaubend, selbst für die Kellner, die springfertig in der Nähe standen. Seespeck meinte zu Zeiten, dass sie etwas Hochstaplerisches hätten. Manchmal griff er mit den Armen an das himmlische Reck und machte den Bauchaufschwung, sah von oben aus der Fülle auf die Armut unter ihm herab. Er möchte aber, man merkt nicht, dass da oben eine Turnstange war, und sollte denken, es wäre Schweben und Entrücktsein gewesen. Er winkte dann anmutig mit den Brauen: es geht, man schwebt! Und winkte hochwärts, als wollte er eine Hand in den Wolken schütteln. Er machte Seespeck ein geistiges Abenteuer vor, auch wenn er auf einem Heuwagen saß, wie Jovis in den Wolken, dann leugnete er sogar die Pferde und den Kutscher und schwebte vorüber. Nachher war er wieder da und machte die Mitteilung, dass er nur ein wenig gehext hätte. Er wüsste selbst nicht, wieso und wozu.»[65]

Der erste Teil des Nordlicht-Epos trägt den Titel «Das Mittelmeer». Nur in den ersten Abschnitten «Prolog», «Die Hymne der Höhe» und «Venedig» werden direkt Polarlicht-Motive verwendet als Einleitung zum gesamten Werk. In den weiteren Abschnitten werden Städteimpressionen, Landschaftsbilder und Kulturzusammenhänge geschildert: «Rom», «Florenz», «Der Traum von Venedig», «Perlen von Venedig», «Neapel» und «Pan-Orphisches Intermezzo». – Der zweite Teil des Epos ist überschrieben: «Sahara». Hiermit meinte Däubler: «Es bedeutet der Wüste Einsamkeit, aus der das Ich sich rein verstrahlen darf; wo es eigentlich schöpferisch wird und sein Dasein umzugebären beginnt.»[66] Auch im zweiten Teil erscheinen die Polarlicht-Motive zunächst nur in den ersten Abschnitten, im «Ansang» und «Der Weltbruch». Danach findet der Durchgang durch die Kulturperioden der Menschheit statt; zunächst mit «Das Ra-Drama». Dann folgt die Hauptüberschrift «Der Ararat»; mit diesem Namen scheint Däubler hinzudeuten auf all das, was seit der großen Flut als Kultur in der Menschheit entstanden ist, denn hier soll die Arche Noahs gelandet sein. Ararat ist für den Dichter der Beginn und die unwiderrufliche Vergangenheit zugleich. Den Ararat zu verlassen und zu überwinden ist ein Zentralmotiv des Epos. Unter der Überschrift «Der Ararat» befinden sich die Unterabschnitte «Die indische Symphonie», «Die iranische Rhapsodie», «Die alexandrinische Phantasie», «Roland», «Drei Ereignisse», «Die Auferstehung des Fleisches», «Der Ararat speit», «Lieder im Seelenschein», «Der flammende Lavabach», «Der Geist». In den letzten Unterabschnitten erscheinen wieder die Polarlicht-Motive, die gegen Ende eine krönende und abschließende Auswertung erhalten.

Die Krönung des deutschen Idealismus

Die Inhalte der zwei Bände stellen eine gigantische Konzeption dar, die Däubler mit einer auch nur periodenweise durchgehenden Handlung nicht zu erfüllen vermochte. Diese Diskrepanz ist die Schwäche des Werkes. Däublers Schicksal zeigt ihn als einen Menschen des Raumes, der durch eine unausgesetzte Wanderschaft sich wahrnehmend in die Welt einlebte. Das Element der Zeit verursachte ihm Schwierigkeiten. So konnte es nicht zu einer durchgehenden, sinnvollen Verbindung der einzelnen Abschnitte des Epos kommen. Dagegen trägt jeder Satz der vielen tausend Verse einen Wirklichkeitscharakter, der kaum in anderer Poesie zu finden sein wird. Däubler erweitert den Stimmungsseelenraum der Dichtung und gestaltet ihn zu einer umfassenden geistig-physischen Wirklichkeit. Daher schrieb Friedhelm Kemp mit Recht im Nachwort der Münchner Däubler-Ausgabe: «Noch aufschlussreicher freilich wäre es, die Ahnen von Däublers Geist-Licht-Lehre durch die abendländische Philosophie und Mystik bis zurück in den Platonismus zu verfolgen. Hier muss es genügen, sich an Nächstes zu halten und darauf hinzuweisen, dass wir im ‹Nordlicht› letzten Endes nichts anderes vor uns haben als eine verspätete poetische Krönung des deutschen Idealismus. Wer sonst denn unter den deutschen Dichtern dürfte wie dieser Anspruch darauf erheben, der von Schelling in der Vorrede zu den ‹Weltaltern› für die Zukunft erwartete Genius zu sein, ‹der das größte Heldengedicht singt, im Geist umfassend, wie von Sehern der Vorzeit gerühmt wird, was war, was ist und was sein wird›? Auf diesen Zusammenhang, der sich durch viele Strophen des Epos im Einzelnen erhärten ließe, hat als Erster Carl Schmitt hingewiesen …»[67]

Es verwundert nicht, wenn die Triester früh Däubler den «Dante von Triest» nannten. – Es war ein Freund Däublers, der das Epos in einer ersten Ausgabe von 750 Exemplaren herausbrachte: Moeller van den Bruck (1876 – 1925), Kunsthistoriker, auch politischer Schriftsteller, der unter anderem zusammen mit Dmitri Mereschkowski (1865–1941) die Herausgabe der Werke von Fjodor Dostojewski (1821 – 1881) besorgte. Selbst die Ärmsten unter den Pariser Künstlern beteiligten sich an der Subskription dieser Erstausgabe des Nordlicht-Epos, damit sein Erscheinen gesichert werde.

Das Gewahrwerden des Polarlichts im Dunkel des Erdenplaneten bedeutete für Däubler das Zeichen eines Weges, den die Menschheit auf der Erde gehen wird. Durch das Eindringen in die Kulturperioden hatte er erkannt, dass der Menschheitsweg langsam nach Norden führt. Der Mensch war sonnengeboren, er hatte ein Tropenschicksal, das dann in seinem Innern aufgenommen und verarbeitet wurde. Auf seinen Wanderungen braucht der Mensch das Erdendunkel; nur in diesem erscheinen ihm die Sternenwelten, die ihm unendliche Weisheit vermitteln. In einer bestimmten Wanderungsphase erscheint dem Menschen das Polarlicht. Es ist das Wunder einer

Hervorbringung von Sonne und Erde. Für Däubler war die Aurora die hervorgebrachte Blüte der Erde, die er in jeder Phase seines Lebens und Dichtens als ein lebendiges Wesen erlebte. Die Polarlicht-Kränze als Blütenerscheinungen mussten somit Ziel der Erde und des Menschen sein. In Verbindung hiermit werden die Menschheits-Züge ausgelöst und führen zum Beispiel die Rassen zusammen; daher das Pfingsterlebnis durch das Polarlicht:

Du ahnst den Ineinandersturz von Rassenkernen.
Die goldnen und die weißen Völker sind versöhnt
Und spenden ihres Wesens Heimlichkeit den Sternen:
Durch Jugendsterne wird das graue Land verschönt![68]

Doch Däubler erkennt, dass die Menschheitswanderung noch lange nicht in der Aurora-Sphäre angekommen ist. Zunächst wird es die Aufgabe Einzelner sein, das Geschaute zu verwirklichen:

«Der Weg durchs Eis, zum Ich in Gott, wird jedoch wieder zur Aufgabe Einzelner: wer das Nordlicht als kosmische Erscheinung, unter uns auf Erden, bändigt und zugleich als innerste Freiheit im Geiste erkennt, bringt es den andern ... So gehört auch das im Geist erreichte Nordlicht allen Geschöpfen der Erde. Ein Mond sollte hervorbrechen, es kommt aber die jüngste Sonne! Wir kehren nicht zum Urlicht zurück, sondern das Urlicht kommt in uns zur Welt. Sein verscharrtes Glimmen kann nur der Mensch den Sternen wiederbringen. Gestirne und Hierarchien erwarten es.»[69]

Dichtung als kosmische Inspiration

Es gehört zum seltsamen Schicksal Däublers, dass er immer vergebens ein Buchwerk suchte, worin Genaueres über das Polarlicht zu erfahren war. Ein solches Buch konnte es damals noch nicht geben; so musste Däubler seine Erkenntnisse auf andere Art erwerben. Heute kann erkannt werden, wie überraschend genau in allen Einzelheiten sein Wissen vom äußeren und inneren Wesen des Nordlichts war. Däubler vermochte mit immer neuen Worten und von immer neuen Seiten das Polarlicht zu schildern. Im Fortschreiten des zweiten Gedichts des «Prologs» («Ich sah dereinst in einen Regenbogen») beginnt die Polarlicht-Schilderung mit dem Aufblick zur Ursache der Himmelserscheinungen: Die Erde trägt diese Ursache als Sonnenimpuls in sich; daraus ist sie wirksam und überwindet die Felsenschale, um Licht hervorzubringen. Dieses Licht verklärt die drohende Verstumpfung der Erde.

Jetzt weiß ich auch vom Grund der Himmelsdinge:
Die Erde trägt im Kern ihr Sonngebot!
Auf Lichtgeheiße sprengt sie Felsenringe,
Und was verstumpfte, zeigt sich goldumloht.

Einige Strophen weiter wird auf die Wesensgabe der Sonne an die Erde geschaut. Die Einheit von Sonne und Erde wird in den leeren Eisgefilden der Erde erlebt. – Die Erde bringt aus dieser Einheit den Nordlichtkelch (das Oval) hervor und verjüngt dadurch die Welt (etwa wie die Blüten im Frühling das Jahr verjüngen). Dieses Aufblühen der Erde zeigt sich im Kosmos: Die Erde – durch die Aurora ein Stern – teilt sich grüßend anderen Sternen mit.

Die Sonne wahrt ihr Wesen stets am hehrsten
Und hat es still der Erde anvertraut;
Sie schimmert nun am Pol, wo sie im Leersten
Der Einheit helles Urgebot erschaut.

Der weiße Erdenkelch, der dort ersprossen,
Verjüngt die Welt durch Urbeschluss
Der Dinge, die sich tief ins Sein ergossen:
So blüht von Stern zu Stern ein Jubelgruß.

Das dritte Gedicht des «Prologs» vermittelt als Ganzes ein breites Bild der geistigen Beziehungen von Erde, Menschen und Sonne im Schein des Polarlichts. In der zweiten Strophe werden die Flammen dieses Lichts zu Glutanschürern, die als Gärtner der Erde erkannt werden. Die Schätze der Erdentiefen werden offenbar.

Pilger-Arbeiter veranlassen, dass der «Totgeglaubte», der Mensch, auch der Christus, auferstehe. Dadurch werden die Menschen zu Hervorbringern des Nordlichts – eine Vorstellung, die öfters bei Däubler auftaucht. Als Seelenbild ist sie verständlich: Der Mensch bringt geistiges Licht hervor, so wie die Erde das Polarlicht. Ob und wie weit dieses Menschenlicht auf dem Umweg über die ätherische Kräftesphäre der Erde an der Bildung des Polarlichts beteiligt ist, muss erst eine künftige Nordlicht-Forschung feststellen. – In dem erwähnten Gedicht geht Däubler davon aus, dass die Menschen schon da sind, die in den Flammengärten des Polarlichts wandeln. Dieser apokalyptische Zug geht durch das ganze Werk als die Verkündigung: Es wird sein und ist schon jetzt. Bereits hier am Anfang des Epos wird das Ziel klar enthüllt: Der Mensch vereinigt sich im Lichte mit der Erde; nur in ihr findet er das Zukünftig-Sonnenhafte.

Die Erde treibt im Norden tausend blaue Feuerblüten
Und übermittelt ihren Sehnsuchtstraum der Nacht,
Drum soll der Mensch auch seinen Flammenkelch behüten,
Wenn er, durch ihn belebt und lichterfüllt, erwacht.

Fürwahr, mir sind die Glutanschürer Gärtnerscharen
Von einer langbegrabnen, auferstandnen Pracht:
Versteinte Wälder wollen sich uns offenbaren,
Und Pilger holen sie aus finsterm Erdenschacht.

Ja! Pilger graben, wühlen sich stets mehr hinunter,
Stets tiefer in der Erdenmutter dunkles Heiligtum;
Ihr Herzschlag, ihr Gehämmerwerk, erhält sie munter:
Asketen aber sind sie zu des Urlichts Ruhm!

Auf ihrer Freiheit, ihrer Glutenkernesnähe
Beruht und tagt das ganze Dasein dieser Welt,
Sie sorgen, dass der Totgeglaubte auferstehe,
Durch sie wird jede Nacht vom Nordlichte erhellt.

So wandeln wir in wunderbaren Flammengärten:
Hoch türmen Feuerlauben sich ins Grau empor;
Die fernen Drachen wurden freundliche Gefährten
Und schimmern still vor meines Weibes sicherm Tor.

Ihr Grubenarbeiter, Ergrübler freier Wunder,
Vertraut dem Irrlicht nicht, das listig euch umschwirrt:
Bleibt unbeirrte, biedre Erdenherzerkunder,
Seid eurer eignen Willenstiere ernster Hirt!

Der Sonne könnt ihr bloß im Erdenschoße nahen,
Dort unten stoßt ihr auf den Sinn von dieser Welt,
Und auch das Licht der Dinge, die noch nie geschahen,
Wird, urbestimmt, durch euch in uns hervorgeschwellt.

In der Mitte von «Die Hymne der Höhe» beschreibt eine Strophe einen eigentümlichen Zusammenhang. Die Seele des Menschen ist an die «Freiheit gebunden». Da diese des Menschen Ziel ist, muss sich die Seele nach diesem Ziel richten: Auf dem Weg zur Freiheit geht sie eine Bindung ein. Dieses Verhältnis wird zunächst nur in Bildern geschaut; dann wird offenbar, wie die Freiheit aus «unendlichen Runden» besteht. Sie sind zunächst die Oberflächengebiete der Erde, in anderen Daseinszuständen vielleicht die anderer Planeten. Dabei schützt das Polarlicht: Nur vom Licht umhüllt kann Freiheit bestehen.

Auch ist meine Seele an Freiheit gebunden.
Sie kann sie nicht fliehn und ergreift sie als Bilder,
Sie lebt und besteht auf unendlichen Runden,
Und Nordlichterscheinungen sind ihre Schilder.

Gegen Ende dieser Strophen wird die Erde als Lavaball beschrieben. Die Frage des Magnetismus in Verbindung mit der Erdachse taucht auf. Das Wesen der Erde sträubt sich gegen diese, schenkt aber dem Menschen zum Wohle seines Lebens die Polarlicht-Ovale, damit er nicht allein dem Zwang des Tageslichts unterliegt.

Der Lavaball krampft uns magnetische Pole,
Er will sich stark gegen die Erdachse sträuben:
Er schenkt uns die Nordkrone, trachtet zum Wohle
Des Lebens, des Lichttages Zwang zu betäuben.

Den Abschluss der «Hymne an die Höhe» bilden vier Strophen mit Polarlicht-Motiven. Schöpfergedanken und Vollendung fügen sich zum Bilde der Aurora. In apokalyptischer Aussage wird der Mensch darauf aufmerksam gemacht, wie er das schon erhalten hat, wonach er strebt.

Auch streut ja der Nordschein aus goldenem Horne
Glutblüten und Küsse auf Gletscher und Meere,
Setzt flimmernde Schlangen in sprudelnde Borne
Und leuchtet in deiner lebendigsten Lehre!

Jetzt scheinen Gebirgssphinxe Götter voll Güte!
Sie tragen Erglastung in eiskalten Falten,
Mir wird's, als ob Gott alles Leben behüte:
Es kann sich nur felsenumschlungen erhalten!

Der Mond muss, ein Unhold in Ohnmacht, erbleichen.
Die Aare umkreisen wie Schöpfergedanken
Die Nordlichtgebirge. Den Tälern entweichen
Tief Nebel wie Weihrauch, der Gottheit zu danken.

Vom Herrgott erfleht unsre Erde den Frieden!
Mit eigenen Flammen errankt sie ihr Leben:
Dafür wird der Menschheit Vollendung beschieden,
Denn uns ist gegeben, wonach wir noch streben.

Der «Ansang» des zweiten Teiles beschreibt tiefschürfend und umfassend das dramatische Verhältnis zwischen dem Erdenplaneten mit seiner Menschheit und den Welten-Feuerkräften. Da ist die brüchig gewordene Erdoberfläche mit den eingeschlossenen alten Sonnen-Feuergewalten. Die hiermit verbundene Erdbebendrohung nutzt das Widersacher-Tier. Eine zugleich irrlichternde Gefahr ist der Sonnentrieb einer verhärteten Menschheit. Helfend eilt auf einem Pferd ein Liebeswesen herbei, um in der Erdendunkelheit den leuchtenden Flammenreigen der Aurora zu entzünden. Das Tierwesen des Widersachers wird überwunden; gespensterhaft geistern Schemen durch ihn, der eigentlich nur ein ständig verzerrender Nachahmer ist. Seine Ausscheidungen erzeugen Revolution. – Doch einmal wird die harte Erdenkruste – als Ausdruck des Widersachers – von innerer Glut aufgebrochen; ein planetarischer Untergang ist die Folge.

Die nördliche Erde hingegen ist abgeflacht und ruhiger; ihr Frieden führt näher an ein zukünftiges Sonnendasein heran. In den lärmenden und doch noch ruhenden Menschen-Ichen entsteht ein polarlicht-ähnliches Leuchten. – Es wird in den Polgegenden ein «Feuersieb» gesehen, das Bild einer Abschirmung, die nur feinste Feuerkräfte aus den Erdentiefen in die Höhen gelangen lässt. Der gluterfüllte Mensch auf der Erdoberfläche flieht hier vor sich selber; denn in seine Sehnsucht lebt sich ein fremdes Wesen ein. – Die Aurora ist Prophezeiung eines glücklichen Brudertums, eine Feuerblüte in der vom Zerrissensein bedrohten Erde. – An den Menschen ergeht die Aufforderung, die Wahrheit auf seiner von Warnungen erfüllten Wanderschaft herzustellen. Das kalte Licht der Aurora soll bleiben; als Licht naht es eigentlich aus den Herzen der Menschen.

Hoch im Norden starrt der Erdball stiller, flacher;
Sein Erfrieden nähert uns dem Sonnenziel.
Laute Menschen, bunten Welttags Machtentfacher,
Kräuseln, icherruhend, fahles Flammenspiel.

Erdenpanzer, dort gewuchteter und dicker,
Um die Pole tiefenfeinstes Feuersieb,
Oben flieht der Mensch sich selbst als Glutgesicker
Fremdhafter Geburt in eignem Sehnsuchtstrieb!

Nordlicht, unsers Brudertumes Glücksverheißung,
Goldne Feuerblume, Samenüberschwang,
Duft der Erde, die im Sonnesein Zerreißung,
Da ein Dunkel sich ins Wonnenwogen schlang,

Sei Erwahrheitung auf Warnungswanderreisen
Der Ergeisterten auf stillgewiesnem Pfad!
Bleib uns, kaltes Licht mit stummen Liederweisen:
Zeichen über uns, das aus dem Herzen naht!

Die Aurora Borealis und Australis sind freifliegende, lichthafte Daseintürme, goldnes Zelt und fassbare Hoffnung über erstorbenem Erdenholz. Sie sind Harmonie des Himmels im Erdensturm und eines Gottes Lächeln; die Aurora soll immer weiter glühen, sie ist Erlösungsfeuer und deutet auf das Aschewerden der Erde. Doch der Menschenleib verbleibt als Feuerkeim.

Grüßend und vom Himmel kündend sollst du leuchten!
Heute starren Wesen in dein Wunderlicht,
Doch wo Völker sich einander wild verscheuchten,
Warst du schon ihrer Entgrimmung Zuversicht:
Hände, sanft gefaltet, kann uns Nordschein deuchten:
Schlicht erfasst die Sonne unser Glutgedicht!
Beide beten: Händen, die sich nimmer trennen,
Mag ein Sonnenkind sich erdhaft zubekennen.

Lichtgewordner, freier Flug der Daseintürme,
Heildurchwobne Sehnsucht, frommer Eichentrotz,
Holdes Goldzelt über wimmerndem Gewürme,
Fieber, feste Hoffnung im erloschnen Klotz,
Nord- und Südlicht! Himmelsruhe im Gestürme,
Lächeln eines Gotts, Ermuntrung kühnen Spotts,
Glüh noch du, o du Erlösungsglut: du Wunder!
Diese Welt wird Asche; hier das Fleisch bleibt Zunder.

In den folgenden Zeilen wird die Verwandtschaft der Traumbilder mit der Polarlicht-Blüte angedeutet. Die Bilder haben Samencharakter und werden einmal in anderer Gestalt wiedererscheinen. Dabei entsteht die Frage, ob dieser Bilder- und Bildeprozess der Äther ist. Die dabei entstehende «jüngste» Welt geht hervor aus der Tätigkeit des Menschen.

Welteneinklang wellt erfüllten Flammensamen,
Der sich als die Erdenrose allwärts schwingt;
Wandlungsglücklich aber tauscht den Wandernamen
Unsre Glutenblume, die aus Völkern dringt.
Lilien flimmern lieblich: Halleluja! Amen.
Tulpen funkeln: Ehrfurcht vor der Zucht erklingt!
Milde Stimmen rufen sich die Freudenkunde,
Schlicht zu Selbstverzicht gewillt, im Feuerbunde!

Unsre starkgefühlten Wünsche übergeben
Erdensehnsucht an den vielgestirnten Raum:
Sternenstrahlen weben uns verschiedne Leben,
Und wir danken ihnen schlummernd durch den Traum;
Denn Gesichte, die uns unsichtbar umschweben,
Sind auch Same! Unsers Sternes Saum aus Schaum.
Später, irgendwo und – wann gefasst, ersteht er.
Äther? Jüngste Mutterwelt, ich bin der Täter!

Auf dem Land der Zukunft wird Schnee und Eis liegen. Es wird sich verändern: Unter dem schwachen Schein des Polarlichts werden die Reste einstiger Felsenmassive still hinabsinken. Keine Steingerölle werden mehr zu Boden gehen, auch werden nicht mehr Menschenwünsche sich blasenartig ausbreiten: Es wird nur ein Blumenkelch – das Aurora-Oval von Erde und Mensch – wie Blütenstaub aus der Erdensphäre hervorgehen. – Die Frage stellt sich, zu welcher Zeit die Doppelovale der wandernden Planeten (Polarlicht anderer Planeten) die Erde einhüllen. Jene können leuchtend langsam sich selbst finden, um in Zukunft ein Feuerkleid zu bilden.

Schnee und Eis wird einst das Land bedecken!
Übersprenkelt nur von blassem Glast,
Müssen Trümmer früher Felsenrecken
Stumm versinken unter sachter Last.

Keine Steinlawinen sollen rollen,
Nirgends Wünsche Wollenswolken blähn:
Eine Blüte nur, doch ganz aus Pollen,
Mag dem Erdenrund entwehn.

Doppelkronen wandernder Planeten,
Sagt, wann schachtelt ihr die Erde ein?
Langsam könnt ihr flimmernd zu euch treten,
Um dereinst ein Glutgewand zu sein.

Menschen, euer endliches Zersterben
Gleißt im Glastungsquastenbaldachin:
Wisst, wenn Flammenfirne sich verfärben,
Ist der Erde Schöpfungskraft verspien.

Ihr entflammtes Antlitz mag sich neigen,
Fügt ihr Formen sich dem Wunsch nach Rast:
Keine Wesen sonnen sich im Reigen,
Alle Waldeswonnen sind erblasst.

Starkkristallnem Kirchhof wird sie gleichen!
Spuk, der nackt sein kaltes Grab beschaut,
Muss sie rau als blauer Hauch umschleichen
Und erstaunen, dass er mitvergraut.

Zwischen Schnee und Eis auf glatten Kieseln
Wird ein stilles, erdenblasses Licht
Auf und ab, wie ein Erinnern, rieseln,
Denn sich selbst erhält dann der Verzicht!

Doch in jenen fernen Sonnepochen
Hat ein flügges Lichtgeschlecht
Tief des Todes Macht und Nacht zerbrochen
Und empfindet wieder urgerecht.

Vor dem Sterbetag dann kein Entsetzen,
Das uns heute schon beim Namen packt:
Fang drum an, in Tafeln einzuätzen,
Wie aus Leibern sich der Geist entsackt!

Flatterndes Gesammeltsein entflamme!
Altes Asiertum durchsamt den Raum.
Mondnacht golde tief: geminnte Amme,
Muttertum blutblumt im Urlichtbaum.

Im «Weltbruch» wird das Epos fortgeführt. – Der Mensch ist ein Wanderer, der von Sternen zur Erde heimkehrt; er ist die Pforte, die im Süden der Erde zum Ermüden führt. Sein Gang führt über weite Eisgefilde zu den kaltbrennenden Lichtern; diese empfindet der Mensch über seinem Haupte als eine archaische Geburt. – Das vergangene Leuchten des Nordens ist wie Menschensanftheit; die Sonne entstammt trotz ihres Eigenseins doch der Erde. Polarlicht ist des Menschen Ursprungsbild: Es ist bewusst aus der Mitte des Menschen hervorgeholt.

Ein Leuchten gibt es, ohne sengende Begierde!
Es kommt aus Liebe zweier sachtverschlungnen Welten,
Sein hohes Lohen ist der Erde Krönungszierde:
Die Hut der Huld im Herzen – dir zu Häupten selten!

Ein Wanderer wird leise Heimkehr von Gestirnen!
Du bist die Tür: kannst südlich zum Ermüden führen;
Auf Firnen lenkt dein Gang zu kaltentflammten Birnen,
Die über Hirnen wir als Urgeburt erspüren.

In Indien öffnet sich der stille Seelentrichter,
In dem Gestirne durch den Menschen stumm verschwinden.
Vom nordgebornen Seher bis zum nordgeborgnen Dichter
Erteilen sich die Sonnen, um ihr Wort zu finden.

Der alte Glanz im Norden gleicht vermenschter Milde,
Die Sonne ist und doch vom Erdenschoß gekommen:
Der Nordschein bleibt dein Urtum in entflammtem Bilde,
Von uns gewusst: aus meiner Brust emporgenommen.

In einem weiteren Teil des «Weltbruchs» («Was mir erscheint, ist das der große Gotteshimmel?») sieht der Dichter Ansammlungen von freudig singenden Engeln. Sie verkünden die Aurora als Erden-Blütenstaub, der zusammen mit den Kräften irdischer Wünsche in den Lebensbereich hinein verstreut wird; dadurch wird Heilung erlangt. Die hierarchischen Wesen nehmen sich der kleinen Empfindungen des Heils an, die nur selten auf dem Lichtacker der Erde blühen. Sie erkennen die Mitte des Menschen in der Auseinandersetzung und werfen ihr Leuchten in sein mutvolles Lichtstreben.

Dann sah ich rings um mich die Engelscharen.
Sie wollten niederknien auf Wolkenkissen,
Doch da sie viel zu leicht und luftig waren,
So neigten sie im Chore Lichtnarzissen.

Sie sangen jubelnd: «Erde, deinen Pollen,
Den Nordlichtsamen streust du in den Äther,
Du schenkst die Keime hohen Sehnsuchtsschollen
Und wirkst als deines Heiles Übertreter.

So schweift denn, freie Flammengoldkometen,
Bis Wirbel euch in eigne Fesseln legen:
Wenn Sonnen sich aus Liebesgluten kneten,
So müssen sie im Schoß die Gnade hegen.

Wir Engel pflücken winzge Heilsgefühle,
Die spärlich auf dem Sonnenacker blühen,
Wir sehn das Menschenherz im Kampfgewühle
Und strahlen durch sein mutges Lichtbemühen ...»

Apokalyptische Karmaerkenntnis durch Kunst

Gegen Ende des ganzen Epos ist ein Teil überschrieben «Drei Ereignisse»; er ist der Kern des Epos und trägt autobiografische Züge. In der «Selbstdeutung» schreibt Däubler hierzu: «Dann wollte ich lieber das Geheimnis zwischen allen diesen Ereignissen gewahrt wissen … und nur ungern spreche ich hier den eigentlichen Sinn dieses letzten Teiles in den Schleiern der Maja in meinem Epos aus.»[70] Im Mittelpunkt dieses Epos-Teiles steht ein mittelalterlicher deutscher Scholar. Als eine Art Nachkomme einer anderen «Inkarnation» trägt er an sich das Erbe einer unmittelbar vorangehenden Gestalt: des Roland. Dieser war zum verborgenen Gral vorgedrungen. In seiner Erscheinung als Scholar hinkt er und gerät in bunt-tumultuarische und tragische Ereignisse hinein. Über diesen Zusammenhang schreibt Däubler: «Der romantische Roland … musste noch einen irdischen Nachkommen durch das Elend der Erde durchschleppen, bevor das absolute Ich … die letzte Einsicht erringen könnte, um über alle Erfahrungen hinweg, sich ‹unbedingt› auszusprechen. Erst nach den ‹Drei Ereignissen› … sollte das Nordlicht sich ganz klar aus einem Ich verstrahlen.»[71] Mit diesem Ich, aus dem das Nordlicht – in dichterischer Gestalt – klar hervorstrahlt, ist Däubler selbst gemeint. Doch wollte er «lieber das Geheimnis … gewahrt wissen». Der Dichter des Nordlichts beschreibt den wandernden deutschen Scholaren als ein enthüllendes Bild seiner eigenen Individualität, als «das absolute Ich». So sind die im Epos jetzt folgenden Ereignisse die Ergebnisse der «letzten Einsicht» und werden über «alle Erfahrungen hinweg» als etwas Unbedingtes ausgesprochen.

Dem wandernden Scholaren erscheinen in Frankreich am Flusse Rhône zur Mittagsstunde drei spinnende Mädchen. Wie sinnende Nornen leiten sie durch ihr Dasein das kommende Schicksalstableau ein. Gleich danach zeigen sich auch drei Katharer-Ritter; auf ihre Frage nach seiner Herkunft antwortet der Scholar: «Ein wandernder Scholar aus dem Barbarenlande und auch ein nimmermüder Christ! … Die Scholle selbst hat meine Glaubensart geboren. Die Christusflamme grünt und blüht auf jedem Blatt.» Nach eingehender Erkundung der Wesensart der Ritter weist der Scholar die Versuchung ab, sich der faszinierenden Geistigkeit der Katharer anzuschließen. – Bald danach kehrt der Wanderer in derselben Gegend in einem Gasthof ein, um dort mit einem Söldner und einer Dirne zu zechen. Im Hintergrund spuken Erzählungen vom Teufel. Als vor dem Gasthof Johanniter-Ritter erscheinen, «Verteidiger verdammter Pfaffen», werden sie vom Scholaren und dem Söldner grundlos niedergemacht und getötet. Doch weist der Scholar wiederum die Versuchung ab, nach dieser Tat Landsknecht zu werden. – In einem nahe gelegenen Walde erlebt der Wanderer einen spukhaften Hexensabbat. Einige Zeit später trifft er einen Einsiedler mit rotem Bart und Haar; er ist ein Riese mit himmelblauen Augen. Der Scholar folgt ihm in seine Höhle und erhält mannigfache Belehrungen über den immer schwerer werdenden Weg des Menschen nach Norden und über den Christus, der schon «seit jeher in der Nacht der Erde glühte». – Danach zieht der Wanderer weiter und begibt sich in die Nähe von Speyer in Deutschland. Der Sabbatritt, der lange und immer wieder in seinen Vorstellungen auftauchte, wird hier zur Wirklichkeit. Er endet mit der Festnahme des Scholars und seiner Verbrennung. Sein doppelgängerartiger Schatten, von dem er immer einen Schutz erwartet hatte, war ermattet und hatte ihn preisgegeben. Über dieses Ende schreibt Däubler in seiner «Selbstdeutung»: «Dieser Scholar, ein wildbrünstiger Mensch, darf nicht zum Genuss des Weibes gelangen: das ist seine metaphysische Aufgabe! Er kämpft verzweifelt für Liebe und auch für Begierde. Das Schicksal ist stärker: im Augenblick vor seiner Buhlschaft mit einer Hexe wird er von Häschern, eigentlich grundlos, erfasst und verbrannt … Das Ich, der Adam im Ararat, muss noch in apokalyptischen Gestalten, in denen es sich, allerdings in für uns jenseitigen Ebenen, zum Ausdruck bringt, seine Visionen, wie es das Karma verlangt, austoben lassen.»[72] Als Abschluss der «Drei Ereignisse» schildert Däubler, was dieses Ich visionär bei der Verbrennung des Scholars erlebt:

Entsetzen. Die Glut würgt hervor im Vulkane!
Ich liege im Schachte und werde verbrannt.
Im Ararathals braten Sabbatkumpane,
Und ich bin im Tartarus fest tiefgebannt.

Doch bald pfauchst du nimmer, du letzter Titane!
Den Krater verscharrt die rings wachsende Wand.
Sofort ist im Tode das Erdleid vergessen:
Die Schmerzen der Brandwunden fasse ich kaum.

Ich hatte mich, sterbend, zu glauben vermessen,
Die Seele entfliehe als Taube dem Raum.
Doch nein, zwischen Araratfelsen und Pässen,
Gewahr ich noch immer den innersten Traum.

Diese abschließende Vision, «wie es das Karma verlangt», ist noch Vergangenheit. Sie wandelt sich vollständig im Übergang zum nächsten Teil des Epos, «Die Auferstehung des Fleisches», und wird zur enthüllenden Zukunft, die eine überwundene und verklärte Vergangenheit in sich trägt. Sie erscheint in voller Klarheit in der «Apokalypse»:

Mein Grab ist keine Pyramide,
Mein Grab ist ein Vulkan!
Das Nordlicht strahlt aus vollem Liede,
Schon ist die Nacht mir untertan!

Verdrießlich wird mir dieser Friede,
Der Freiheit opfre ich den Wahn!
Die Künstlichkeit, durch die wir uns erhalten,
Den Ararat, wird meine Glut zerspalten!

Der Adam sei zu Grab getragen,
Und übrig bleibt sein Weltinstinkt.
Der baut sich auf aus tausend Marmorsagen:
Ich selbst, ein Schatten, der zur Arbeit hinkt,

Vermag bloß um den Ahnen tief zu klagen,
Da er durch mich, im Schacht, um Fassung ringt.
Das Grab, das er sich aufbaut, ist sein Glaube,
Dass ihm Vergänglichkeit das Urbild nimmer raube!

Ich fühle, stolzer Erdenvater,
Dein Leid, das die Gesetze sprengt:
Ein Drama denkst du im Theater,
Das tausendstufig dich umdrängt.

Du atmest Freiheit aus dem Krater,
Der furchtbar sich zusammenengt:
Auf deine Grabesruhe trachte zu verzichten,
Dann wird dein Herzensstern die Welt belichten!

Ich selber bin ein Freiheitsfunke,
Das Gleichgewicht ertrag ich nicht!
Hinweg mit dem Erfahrungsprunke,
Ich leiste auf ein Grab Verzicht!

Die Gnade schäumt im Urgluttrunke
Als Übermaß ins Weltgericht;
Doch das will ich mit meinem Schatten halten,
Ich träume euch, befreite Erdgewalten!

Mein Grab ist keine Pyramide,
Mein Grab ist ein Vulkan.
Mein Hirn ist eine Funkenschmiede,
Das Werk der Umkehr sei getan!

Kein Friede klingt aus frohem Liede,
Mein Wollen wird zum Weltorkan.
Das Atmen schaffe klare Taggestalten,
Die kaum erschaut, den Ararat zerspalten!

Der flammende Mensch als enthüllter Geist

In der Folge dieses Teiles des Epos wird weiter angeknüpft an das dramatische Urgeschehen der «Apokalypse»; es wird der Tartarus, der vulkanische Unterweltsbereich, mit seinen Wirkungen beschrieben. In ihm erwacht der Mensch unter einem verhangenen Himmel. Verschwunden ist die Frömmigkeit, die Sonnengebote sterben hinweg. Doch das Glühen der Innerlichkeit ist geboren! Die Aurora – als Innenerlebnis – drängt aus dem Abgrund empor, doch führt sie noch nicht in die Höhen. Dafür werden Rätsel gelöst, und der Mensch verkündet sich selbst die Botschaft, dass der «Geist aller Gründe» die Menschen erwählt hat. Die Finsternis wird in Kürze die Unterwelt verlassen, der Sturm dem Nordmeer entfliehen. Das verinnerlichte Leuchten des Geburtssternes Jesu wird sich am Himmel glühend verteilen.

Der Tartarus klafft. Wir erwachen im Schachte.
Verwolkt ist der Himmel. Die Frommheit nun tot.
Gebote, durch die uns der Tag sonnwärts brachte,
Verkümmern, verschrumpfen! Die Innenglut loht!

Das Nordlicht erscheint uns. Es stammt aus dem Schlunde.
Wir werden nicht steil in die Höhe geführt:
Die Rätsel verschwinden. Der Mensch selbst bringt Kunde:
Es hat uns der Geist aller Gründe gekürt.

Bald wird uns die Nacht aus dem Tartarus steigen,
Dem Nordmeer der Sturm aus dem Grunde entfliehen,
Das innigste Licht sich am Himmel verzweigen
Und Jesu Geburtsstern mit Urglut umziehen.

In «Lieder im Seelenschein» werden die vielfältigen Wirkungen des Mondes beschrieben. Im geistigen Mondenschein entsteigen den Wiesen die Herzenserfahrungen des Menschen. In Aurora-Wäldern entsteht um den Menschen gewaltiges Schauen, während alle Wesen des Nordens zur Sichtbarkeit streben.

Die Herzerlebnisse entsilbern rings den Auen.
Die Schleierbräute wundern sich in Nordlichthainen.
Um dich ereignet sich ein ungeheures Schauen,
Und alle Nordgeister versuchen zu erscheinen.

Diese Beschreibungen werden auch im Gedicht «Neumond» weitergeführt. Die Aurora brennt, um das Glühen der Nacht anzuführen. Diese bringt den Tag aus sich selber hervor. – Der alte Mond ist erstorben! Die Erde

Abb. 72: Theodor Däubler auf Capri 1926.

kann neue Monde hervorbringen; sie hat aus ihrer Mitte den Sohn hervorgebracht. Diesem folgt das Kind aus den Höhen (Apk. 12), das von Gedanken umgeben ist.

Das Feuer loht, die stille Glutnacht anzubahnen:
Die Nacht, in der die Nächte aus sich selber tagen
Und kalte Wahrheitsflammen an die Allmacht mahnen.

Der Mond ist tot! Doch kann die Erde Monde tragen.
Es folgt dem Sohn, den ihre Mitte uns gespendet,
Das Kind der Höhe, das Gedanken überragen.

Die Nacht hat sich zum klaren Eigentag gewendet.
Das Fleisch ist frei und überstirbt das Sterbenssterben.
Vom Schlafe ward dem Tod der Traum emporgesendet.

Die Starre sieht sich schreckerstarrt in Gletscherscherben:
Ekstatisch liegt die Erde da, in bleichem Eise,
Und kann die Wahrheit aller Weltungen erwerben.

Die Erde weiß! Sie bleibt als Freiheit im Geleise.
Sibiriens Hirn gebiert das stille Lichterfrieren.
Gebirge glühn und wandern plötzlich eignerweise:

Den Himmel, den sie schafft, wird keine Welt verlieren.

Der vorletzte Teil des Nordlicht-Epos ist überschrieben «Der flammende Lavabach». Das Vulkan-Motiv ist gegen Ende des Epos bereits voll in das Atmosphärisch-Geistige verwandelt. Das Gedicht «Die rote Taube» steht hier zu Anfang als eine feuerdurchglühte expressionistische Schau der Taube des Geistes. Ihr Wesen ist ganz auf die Zukunft gerichtet und spricht sich aus in den letzten Zeilen: «Doch kann ihr Wesen ganz in dir erwachen, gewahrst du den vollstreckten Zukunftslauf.» – Im Anschluss folgt das Gedicht «Nordschein», eine verinnerlichte Anrufung des Aurora-Geistes und eine seelenfarbige Beschreibung der Nordlicht-Wesenheit im Menscheninnern.

Nordschein

Du Tag in mir selber, du Tauen und Licht,
Du mildes Vertrauen im strengen Gewissen,
Du Einheit in mir und du freies Gericht,
Du hast mich so tief aus mir selber gerissen!

Jetzt bin ich ja dein, lodernforderndes Wort!
Du stummes Bedeuten und kindliches Staunen,
Du raunst nur: «Nicht dort!» Und bist immer dort.
Doch nein, du bist wacher und stummer als Raunen!

Du furchtbare Größe und Einflucht im Zwist,
Ich kann dich nicht fassen: ich muss dir erliegen!
Du Ich in mir selber, das selbst sich vergisst,
Du bist der Zertretenen leuchtendes Siegen!

Du stürzt dich ins Treffen, ins glaubhafte Nichts.
Du bist das Gott trotzende Gottheitserringen.
Du bist das Erdämmern des Ursprungsgesichts:
Du warst ja noch nie, doch du wirst uns gelingen.

In diesem Eposteil häufen sich die Aurora-Gedichte und Nordlicht-Motive. In «Der Wanderer» wird der Blick gerichtet auf die Auseinandersetzung im Polarlichtprozess. Seine Voraussetzungen sind die vollzogene Trennung von Sonne und Erde und das Entstehen der Dunkelheit. Denn der Gegensatz von Licht und Finsternis birgt einen Kampf in sich; auch dieser erscheint in der Aurora. – Dann wird die Frage gestellt, wann die erwartete Frauengestalt im Aurora-Bereich erscheinen wird. Diese Gestalt ist bei Däubler dieselbe wie das Weib im Himmel in der Offenbarung des Johannes (Kap. 12). Sie ist auch dort ein großes und rätselhaftes Zukunftsbild, umgeben von Sonnen-, Sternen- und Mondenkräften wie das Polarlicht.

O Wandrer, hör den Schwertertanz der Sphären!
Das Nordlicht ruft dich auf. Du sollst dich freigebären!
Der Tag ist reif. Die Nacht durchdauern Flammenähren.
Der Schwertertanz erscheint. Der Krieg wird weiterwähren.

Ekstatische Erde, dein flammendes Lachen,
Die Heiterkeit unsrer allwissenden Greise,
Umarmt unsre Nacht, die wir furchtlos entfachen:
Erfrorenes Schwärmen nicht starr aus dem Eise.

O Nordlicht, die wandernden Gletscher sind Tiere,
Die du festgebannt hast. Versuche zu Riesen
Durchblauen das Dunkel. Nun ist es, als stiere
Ein Geist durch die Stürme. Jetzt dröhnt es, als bliesen

Die Winde aus Schlünden gebändigter Bären.
Wann kann ich die Jungfrau im Eise gewahren:
Das Weib, das die Menschen voll Sehnsucht verehren?
Ich weiß, dass es flammende Gletscher gebaren!

Die Nacht wallt hinan. Es flackert ihr Lachen.
Wir wandeln im Wahne. Das Weib harrt im Sange.
Ihr Sagen, wann wird eure Wahrheit erwachen?
Erhabenste Jungfrau, wir werben noch lange!

Im Gedicht «Der Blinde» werden die Lautstufen des Aurora-Erlebens aufgezeigt. Auf dem Umweg über den Traum verwandelt sich das kaum hörbare «Schnauben» des Nordlichts in ein Singen; es geht schließlich aus allem Gegenständlichen hervor und überwindet damit die Dinglichkeit des Daseins. Das Wort entsteht, das Weltlicht ertönt und erhebt sich in den Sternenraum. – Die Substanz der Aurora überwindet die Gegenstände von innen. In der entstehenden Erhabenheit hört sich der Mensch selbst, wird blinder, aber erfühlender. Der Zugang zum zeitlosen Ursprung ist ihm aufgeschlossen; der Grund der Welt kümmert sich nicht mehr um ein Messen, das nur zum Gegenstandsbewusstsein führt: Die Welt ist der Weg des glühenden Himmels.

Die Gluten prusten kaum aus tausend Wirkungsringen,
Die Nordlichtlandschaft überträumt den hehrsten Traum,
Und alle Dinge fangen an ihr Lied zu singen.

Die Dinglichkeit ist tot. Das Wort erfüllt den Raum.
In meinem Wesen höre ich das Weltlicht tönen.
Es wiegt sich, fliegt und siegt des Sternes heller Schaum.
…
Das Nordlicht ist der Dinge innrer Überwinder.
Die Welt besteht in ihrer tiefsten Majestät.
Ich höre mich und werde witternder und blinder.

Der Ursprung lebt. Hier gibt es nirgends ein «Zu spät».
Die Gründlichkeit der Welt verschmäht die Maße,
In denen sich der Hang zur Dinglichkeit verrät,
Der ganze Himmel glüht: die Welt ist seine Straße.

Das Gedicht «Der Schlafende» beschreibt das Nordlicht als den Befreier des Menschen aus der Nacht und als Führer zum sonnenhaften Schauen; es überbrückt Bewusstseinslücken. – Der Mensch wird von der Aurora angeblickt: Seine Erwiderung ist die Liebe. Das Nordlicht hat sein Ziel erreicht, wenn der Mensch in Selbstvergessenheit einschläft; er darf dann in der Schuldlosigkeit des blauen Tags leben.

Das Nordlicht bringt die Stille. Das Nordlicht senkt die Lider.
Das Nordlicht weht in dich und überwellt dich schon,
Denn herrlich senkt sich eine Welt in dich hernieder.

Das Nordlicht, zweier sonngeborner Sonnen Sohn
(Denn Schlummer und Bewusstsein haben es erschaffen),
Setzt leuchtend Sonne, Mond und Sterne auf den Thron.

So will in dir das Nordlicht dich der Nacht entraffen.
Es sieht die Sonnen, zeigt die Sonnen, zeugt die Sonnen.
Das Nordlicht steigt, wo die Bewusstseinsschluchten klaffen.

Das Nordlicht blickt dich an, es glimmt in dich versponnen.
Du liebst es hold, es will in dir beruhigt sein:
Du schläfst. Vergisst du dich, so hat die Glut gewonnen:

Und bald erblaut der Tag, schon unschuldsvoll und rein.

Auch «Der Magische Sang» ist ein Teil des «Flammenden Lavabaches». In ihm erscheint das Polarlicht als drohendes Gespenst. Der Mensch erlebt sich in Gott, aber die unbekannten Naturgewalten – auch die Aurora – können ihn in ihrer Fremdheit schreckhaft überwältigen. – Unter den Naturvölkern der Polargebiete tauchte immer diese ungeheure Angst auf vor dem blutrot leuchtenden Dunkelhimmel.

In Däublers dichterischer Erkenntnis enthüllt ihm die aufkommende Schicksalsangst: Bereits als Perseus hat er sich von der göttlichen Welt getrennt, doch scheint in dessen Wesen die Bürgschaft zur heilen Rückkehr in diese Welt gegeben.

O Gott, ich bin in Gott! Schon kann ich Gottes Welt erfassen!
Was droht mir nun? Mir bangt. In meinen Glauben dringen Flammen:
Ein rotes Nachtgespenst erscheint und dringt in mich, zu hassen.
Im Norden geht es um und scheint den Gletschern zu entstammen!

Es ruft in mir das rote, schreckliche Gespenst im Norden:
«Es trennte sich bereits dein Geist, als Perseus, vom Gebirge!
Er war zum steilen Ausdruck dieses Nachtsternes geworden
Und schien berufen, dass er unsern Flug zum Herrn verbürge.»

Hier folgt nun eine Auswahl aus den das Epos abschließenden Gedichten.

Der Träumende

Der Laut ergraut, und jedes Ding erhält sich wieder.
Die innre Freiheit, unsre Heiterkeit, wirkt alles:
Die Erde schenkt der Dauer Diamantenlieder.

Dem Land entragt die Glut des unversuchten Falles.
Die Seele überglüht die eigne Einverleibung:
Die Erde hat den Anspruch eines Flammenballes.

Der höchste Wunsch erfährt die höchste Übertreibung.
Die Wesenheit gelingt: verdingte Dinge sterben.
Das Nordlicht ist der Freiheit leuchtende Umschreibung.

Es kommt der Mensch ans Licht, um Weltwuten zu werben.
Es träumt der Mensch, um andre Träume anzutreffen:
Er soll durch Plötzlichkeit das Reifste übererben.

Die Erde kann die goldnen Traumessegel reffen.
Wir tragen sie empor: hinan, hinein in Welten
Mit stillen Glutenruhen und Kometentreffen.

Wir sind der Geist, aus dem die Sterne sich entschwellten.
Gebären wir die Sonne! Es beginnt zu tagen.
Die Sonne wird, wenn Sehende die Welt erhellten!

Bewußte, horcht: ihr müßt zwölf Stunden Sonne tragen!

Der Prophet

Die Sonne fühle ich mit ihrem großen Wollen:
Des Lichtes Schicksal wirkt in mir entsprossen:
Der Sonne Weltverheißung senke ich in Schollen!

Ich bin das Nordlicht, bin der Nacht entsprossen.
Ich bin der Sonne nah und kann ihr Schaffen wittern
Und bleibe fromm zu Sonnenfolgschaften entschlossen.

Das Land befreit sich in Begeisterungsgewittern,
Denn jede Seele ist für sich ein Element;
Sie wälzt die Erde um und will als Stern erzittern.

Der Glutenwunsch, der wuchtverschluchtet, hell entbrennt,
Gab uns im Kerne kühn die Schalungsmacht zum Sterne:
Ich bin die Erde, die als Nordlicht sich erkennt!

O Sonne, strahle nun aus meiner Innenferne:
Empor, o Sohn der holden Weiblichkeit der Wesen,
Entringe dich, du Sonnenhoheit aller Kerne!

Die Sonne wird der Gott, durch den wir bald genesen;
Ein Gott ist Wirken, Wärme, Wollen, Wonne, Sonne!
Der Sohn der Sonne hat uns zum Gefolg erlesen,

Es kennt der Norden schon die kommende Kolonne.

Das Weib an der Wellenwiege

Das tragische Schwarz aller Nacht ist erhaben.
Die Arbeit rastet aus. Die Armen darfst du laben.
Erwartet mich: ich bin der Wahn der Sagen
Und kann die Wahrheit und den Schlaf der Nacht ertragen.

Vernehmt: die Erde hat den Sonnensohn geboren.
Es strebt der Geist zu Gott empor. Aus goldnen Toren
Kommt das Geschöpf erhöht zu Gott, der es verloren.
Der Wesen Leid wurde zum Freiheitskeim erkoren.

Der tiefste Sohn, der seinen Gipfel-Gott verschmähte,
Weil der das Erdenleben, das er täglich säte,
Nach leidvollbrachtem Arbeitstage wieder mähte,
Entwand der Rast den Schlaf, dass er den Tod verspäte.

Es wuchs der Geister Wurzelsehnsucht nach dem Süden:
War doch ihr Wunsch, dass sie die Wesenswucht entlüden!
Verkrampft, bekannte sich die Daseinslust zum Rüden,
Das Weibliche sollte die Vollsonne ermüden.

Da ward von Gott, aus ihm, das holde Wort geboren.
Im Wort hat sich der Sonne frischer Hort verloren,
Zur Sünde dann der Geist den Süden sich erkoren,
Nun tritt die Freiheit aus des Nordens goldnen Toren.

Das Nordlicht sprießt: das Weib empfängt die Weltkometen.
Das Nordlicht wächst: so werden Sonnen sich verkneten.
Das Nordlicht blüht: ein Gott begreift sich in Propheten.
Das Nordlicht siegt: du bist! Kein Wort soll dich vertreten.

Zurück zum Sonnengold! Das Wort begehrt den Bronnen.
Der Mund empfängt die Flut, der Glaube tausend Sonnen.
Des Wortes Tochter, unsre Freiheit, hat gewonnen,
Nun weicht das Wort vor einem Gott in heilgen Wonnen.

Ihr seht das Wort zum vollen Element erfroren.
Es schweigt der Ruf, der Durst hat unsern Born geboren.
Vor Gott, der seinen Sohn, als Welt und Wort, verloren,
Besteht und lebt der Geist, der Gott in sich erkoren.

Astraler Gesang

Das Heer der Sterne:

Der junge Mond! Der junge Mond! Zur Wiege wird der Nachen.
Die Silberwiege schützen still die ewgen Nordlichtschleier.
Geschöpfe brachten ihn zur Welt. Nun werden sie erwachen.
Zur Wahrheit ward ein alter Wahn. Das Leid ist eine Feier.

Chor der Sonnen:

Das Nord- und Südlicht unsrer Erde sind der Seelen Schwingen,
Doch mehr als Feuerflügel, um sich selber zu entwehen,
Verhüllungen, die fordern, in Geschöpfen zu vollbringen,
Was keine Himmel hoffen, da auch sie zugrunde gehen.

Der Chor der Sonnen:

Die trägt mit ihren beiden Monden, mit dem stummen
Und mit dem mündigen, die Tragik in den Chor der Sonnen.
Du kennst sie nicht! Sie will sich ganz mit heilger Glut vermummen.
Denn sie vernahm in sich das Wort, das unsre Welt begonnen.

Der Hellseher:

O Seelen, horcht, aus Sonnenschößen strömt das große Wollen.
Ihr sollt die stolze Adelsart in Lichtgefilde tragen.
Der hohe Norden muss vor sich das Mittagsland entrollen:
Der Taten Wahrgewahrung wird als Ja der Allnacht tagen.

Doch Menschen, hört, ihr seid zu der Begeisterung geboren:
Zu euch kann kühner Volkstrost, großes Schicksal Blut geleiten.
Erkämpft den Tag! Führt sein Gespenst hervor aus Nordlichttoren,
Ob elend, krank, wer sähe das: der Geist wird einwärtsschreiten!

Am Anfang des letzten Teiles des Epos, «Der Geist», steht «Das leiderlöste, fieberfreie Weltenfeuer». Es ist eine Neubeleuchtung und Zusammenfassung vieler schon berührter Polarlicht-Inhalte. Apokalyptische Gotteserwartungen leuchten auf; eine trinitarische Naturordnung ist Grund des Daseins. Der Erdplanet wird in seiner tiefen Verwundung gesehen, doch der Mensch wird an Gottes statt für Gott an der Gesundung der Erde arbeiten. Durch diese Zukunftserkenntnis erweist sich Däubler als ein weitblickender apokalyptischer Seher.

Das leiderlöste, fieberfreie Weltenfeuer,
Die Ewigkeit, die wir durch Flammenkronen fassen,
Durchstrahlt die Nacht als nordeneigner Glanzverstreuer.

Ich wähne seine Sichtbarkeit in blonden Rassen:
O Feuer, das die Seele und den Leib erhellte,
Wo du den Geist durchglühst, da muss der Tag erblassen!

Du goldnes Ruhebett im Raum der Todeskälte,
Schlag auf die Prachtgardine aus vereisten Gluten
Und zeige uns den Wahrheitskranz am Jenseitszelte.

Du lässt uns eine Himmelshierarchie vermuten.
Wir Menschen trachten sie auf Erden nachzuahmen,
Doch lässt die Eigenniedertracht uns dran verbluten.

Das Ordnungswollen schürt den Brand von Königsdramen,
Die Hoheit der Gedrückten fordert freie Staaten:
Durch Gottes Zucht und Liebe darf kein Hass erlahmen!

Doch reifen in der Seele hold des Sohnes Saaten:
Die kalte Glut des Weines hat uns jung verbunden,
Zufriedne Ewigkeit entflammt die Lamm-Agnaten.

Die Glut in uns verführt, das Fremde zu erkunden:
Das Muttermeer will alle Geisterschaft entrollen,
Wir sollen fern der Sonnenwunden frei gesunden.

Das Meer empfängt und klärt die Glut der Schollen:
Der Geist, der Weltideen durch uns selbst betätigt,
Bewegt dabei der Wogen volles Wolkenwollen.

Du Glanzschrift, die um beide Pole Gott bestätigt,
Wann kommt der Tag, da du die Innennacht erleuchtest?
Mein Lamm, wann sind die Sucht- und Fluchwölfe gesättigt?

Doch Geist, da du die Purpuradler nicht verscheuchtest,
Und weil die Seelen-See das Ewge uns bloß spiegelt,
Bin ich ein Sklave, den du, Gnadenhauch, befeuchtest!

Solang die Welle ihre Schwester aus dem Grunde wiegelt
Und noch Geburt und Tod die Leiblichkeit begrenzen,
Hat unser Urgefühl kein Rätselbuch entsiegelt!

Ich sehne mich nach ewig jungen Seelenlenzen,
Und wo ich einem Sonnenwunsche frei entsage,
Fühl ich in mir die gute Mutterglut erglänzen.

Die Sonne ist die Antwort auf die Doppelfrage:
Was ist die Ewigkeit? Und was erhält die Maße?
Die Waage aller Bildung tritt aus uns zutage.

Das Licht der Sonne schafft sich jede Lebensstraße:
Den Wechsel sollen wir mit heilger Zucht ertragen,
Doch heitre Mittagsnachsicht treibt uns bald zum Spaße.

Und kann die Sonne fast die Dauer überragen
Und so das Licht, das uns entschlummert, hier vertreten,
Glimmt hinter Arbeitstagen auch der Ernst der Sagen!

Die Sonne widerspricht dem Zwang, sich zu verkneten.
Ihr Licht umarmt die Glut, die sich durchs Dasein windet:
Die Ewigkeit erdämmert in den Polkometen.

Die Sonne schafft den Pfad, auf dem man Gnade findet,
Da uns das Urlicht, nach erfüllten Sonnenpflichten,
Als die allgegenwärtge Liebesmacht empfindet.

Die Zeit ist Selbstverständlichkeit von Lichtgerichten,
Die, weiter sich vertiefend, sich auch selbst vernichten,
Und Schönheit ist's, ein Ziel in Fliehendes zu dichten!

Du Glut, die es vermag, den Urdurst zu beschwichten,
Du bist das Wort, aus dem der Schöpfungstag entstanden:
Und auch der Rechtspruch, um die Weltzwiste zu schlichten.

Du bist das Freiwort, nicht die Tat, in Kraftmaßhanden!
Ihr Flammen beider Pole seid die Erdgeistschwingen,
Voll Lebensfieber, die im Friedensjenseits branden.

Ihr Weltbrandadler, lasst uns Adel frei erringen:
Ihr sagt: es mag der Mensch die Folgenangst verachten,
Wodurch im Überschwang die Notketten zerspringen.

Begrüßt die Glaubensgluten, die in uns erwachten,
Denn scheue Reinheit kann den Zwang kaum mehr begreifen
Und auch die Dauer und den Ruhm nicht tief betrachten.

Drum macht euch frei von allen Nutzsuchtunterschleifen:
Der Frohgang der Natur steht unter Gottes Würde,
Ihr habt im Herzen keine Weltbegrenzungsreifen.

Das Lamm gehört zu keiner Sonngefolgschaftshürde;
Die Gnade, die es ausstrahlt, kann uns stets erreichen:
Die Zukunftsfurcht an sich ist unsres Daseins Bürde!

Die Glut in uns versucht es, Glut dir anzugleichen:
Um flüchtge Sonnenwünsche lege Urlichtzügel,
So wird im Geist das Reich des Scheines sacht verbleichen.

Dann spannt die Seele ihre bunten Nordlichtflügel
Schon jetzt leibhaftig auf und atmen kalte Flammen:
Bewerte jede Tat durch deines Wesens Siegel!

In Weichgefühlen darf das Wollen nicht verschlammen:
Was ewig aus dir hallt, versuch es klar zu prägen,
Den Lauten horche, die dem Lautergeist entstammen.

In warmen Sonnenstrahlen glüht des Vaters Segen.
Im hohen Norden flackern seine Strafgewalten:
Aber der Sohn begrüßt uns schon auf trauten Erdenwegen.

Die Glut jedoch, die wir in unsrer Hut verwalten,
Der Geist, durch den die Wahrheit sich kann offenbaren,
Und der nun herrscht, verneint der Götter Machtgestalten.

Er ist bereits ein Feind des Sichtbarwunderbaren,
Das große Donnerwort: der Geist, doch nicht die Stimme!
Und zuckt als Lamm! Er kreist nicht in Prophetenaaren.

Wer fühlte nie sein Himmelsleid im eignen Grimme,
Den Schmerz des Weltheils, wenn wir es gefährden?
Es strahlt der Geist, dass Liebe rings erglimme!

Doch ist die Welterkenntnis gottverflucht auf Erden!
Die Gnade aber kann selbst dem Verstand verzeihen:
Durch Urlichtmitleid wird der Stolz gerettet werden.

Die Innenglut mag unserm Leibe Huld verleihen:
Den Fruchtgenuss vergibt die Liebe jedes Paares.
Die Pfingstflammen beginnen Fleischfreuden zu weihen.

In allen Tagestaten flammt ein Ewigwahres.
Und wo es Gott ersehnt, dort kann es ihn erlangen:
Der Satan stahl es zwar, doch Gottes Wort gebar es!

Die Gnadenflammen seh ich allwärts glastend prangen.
Der Geist hat den Naturzwist sieghaft überwunden:
In der Dreieinigkeit ruht alles Urverlangen.

Die Erde brennt aus tiefen Lebenswunden.
Polarlicht überstrahlt den Atem des Planeten.
Die Scholle kann des freien Geistes rein gesunden:

Der Mensch wird Gott und Gottes Sohn im Geist vertreten!

Dieser breiten Darstellung folgt unmittelbar das Gedicht «Unheimlichkeit durchschweift die Freiheitsphären». Hier wird die Aurora als Erdenfackeln gesehen, die von Kometen befruchtet werden. Kometen und Sternschnuppen dürfen hier als Bildwörter gesehen werden für die ankommende unsichtbare Sonnensubstanz. Der Blick richtet sich dann auf das sonnenhaft-natürliche Leben der Erde. – Doch sind sogar die Flammenkränze der Aurora vom Widersacher bedroht! – Ein neuer Abschnitt des Gedichts stellt die Existenz der Menschen angesichts der gewaltigen kosmischen Erscheinungen infrage. Doch im Blick auf die Zukunft wird eine neue Menschengemeinschaft erkannt, die ursprünglich-lebend dem Heile entgegenbrennt. Ihr Sonnenglanz zieht die augustinisch-katholische Kirche in Zweifel. – Der letzte Abschnitt lässt die Aurora orakelhaft selber sprechen. Trotz hintergründiger Erkenntnisse sind es deutliche Worte sowohl an die religiöse als auch die zivilisatorische Haltung vieler Menschen der Gegenwart.

Unheimlichkeit durchschweift die Freiheitssphären,
Es naht den Erdenfackeln ein Komet:
Schon glüht der Wein, das Gold schießt in die Ähren,
Der Himmel ist von Schnuppen übersät.

Die Seele will sich aller Angst erwehren,
Da sie der Geist in stillem Ernst umweht,
Und dennoch naht der Feind mit Geißelheeren:
Ach, Mutterland, dein Flammenkranz vergeht!
…
Der Feuerschweif erschüttert unsre Flamme.
Polarlichtwirbel glühn am Firmament.
Ich frage mich, sind wir vom Gnadenlamme,
In Ewigkeit, als Satansbrut getrennt?

Die Kirche, unsre milde Seelenamme,
Die seit Augustus Zweifelbeichten kennt,
Versengt der Sonnenglanz von einem Stamme,
Der ferne urlebendig heilwärts brennt.

Der Glastkranz sagt: «Die Wesen, die Gott schauen,
Verwirken durch ihr Wissen seine Gunst,
Doch jenen, die auf keine Hoffnung bauen,
Entschleiert erst der Tod den Daseinsdunst.

So wandeln in den heilgen Friedensauen
Die fertigen Erschauer ihrer Kunst;
Dem Lamme muss vor allen Seelen grauen,
Die nichts bewegt als Himmelsliebesbrunst!»

Die Flamme sagt: «Der Herr ist von den Sternen
Und ihren Daseinsgütern abgekehrt:
Wer trachtet, sich vom Schöpfer zu entfernen,
Hat meistens hier sein kurzes Glück vermehrt.

Wer ehrlich strebt, das Christrecht zu erlernen,
Hat oft der Erben Säckel noch entleert:
Wer prasst, fischt Geld selbst aus Zisternen,
Weil er im Gold den Sonnlichtfälscher ehrt!»

Im folgenden Gedicht «Es flammt der Erde Wunderglutenblume» steigern sich noch die Aurora-Aussagen und erweitern sich die Bilder. Als Weltgebet wird das Polarlicht gesehen oder als Ohr Gottes an der Erde. Dieses Ohr ist der Chor der Musen. Der Geist ist das Nordlichtgold. Gottes Ewigkeit und menschliches Nur-Fortbestehen werden in ihrer Gegensätzlichkeit aufgezeigt. Doch zunächst unterliegt der Adel des Menschen in der Auseinandersetzung mit den Kainskräften.

Es flammt der Erde Wunderglutenblume,
Am Pole jetzt, in holdem Stolz empor,
Sie sprüht das Blut von jeder Schmerzenskrume

Und ist der Auferstandnen Geisterchor,
Sie öffnet ihre Engelschwingenkrone,
Den Goldkelch selbst, aus Od und Sonnenflor!

Ihr Goldkomet, der Pollen einer Zone
Erlöster Männlichkeit, ergießt sich jetzt,
Voll Pracht, in unsrer Schollen Anemone.

Doch ist die Reinheit ewig unverletzt:
Der Blüte Weiblichkeit bleibt unbescholten,
Nur Edellichter haben sie benetzt!

Die Auferstehung hat dem Leib gegolten.
Ein schmiegsam Weib ist unser Nachtplanet,
Doch trug er Geister, die das Urlicht wollten!

Polarlicht ist der Erde Weltgebet,
Das Leben ihr Bestand und Halt im Himmel,
Wofür sie glutbeflügelt kreist und weht.

Ich sehe jetzt ein Meteorgewimmel.
Der Blüte Flammensamen sprüht empor.
Der Geist verlässt den letzten Erdenschimmel.

Die Sterne sprechen: «Seht das Flammenohr!
Die Glutenmuschel Gottes ruht am Busen
Der Erde und behorcht, was Gott verlor!»

Doch ist des Herren Ohr der Chor der Musen,
Das Gold der Harmonie, das Gott erstrebt:
Wir lösen hier aus unsern urkonfusen

Bemühungen die Glut, die ewig lebt:
Der Geist entreißt sich streng in Schmerzgebeten
Und ist das Nordlichtgold, das Gott umwebt!

Durchkreuzt ist unsre Blüte vom Kometen.
Der Herzog spricht: «Die Einfachen sind mein!»
Darin sind beide Welten still vertreten!

Verzeihung zieht in alle Herzen ein.
Jetzt spricht des Heiles mildes Wesen:
«Das Wort ist überall und ewig rein!

Darf der Verstand im eignen Herzen lesen?
Hat einst das Fleisch die Liebe hold erfasst,
So kann der Wurm der Zeitlichkeit genesen!»

Das Licht, das vor dem Kreuze sanft erblasst,
Das um das Friedenseiland staubt und brandet,
War Gottes Trost in Aussatz und Morast.

Ihr Menschen, die ihr Christum schlugt und bandet,
Vollzogt, was Gott für seinen Sohn bestimmt,
Als er im Erdverwesungsschlamm gelandet.

Des Herren Licht hat himmelwärts geglimmt,
Denn Jesus trug die keusche Glut von Abel,
Der Kainkrieg hat die Häscherwut durchglimmt.

In diesen drängt die Flamme krumm zum Nabel,
Sie will statt Ewigkeit das Fortbestehn,
Und lauernd schafft die Sünde sich ihr Babel.

Die Orgie ist ein Feuerphänomen,
In dem wir mutwillig den Geist verprassen!
Verqualmen muss dabei das Himmelslehn!

Der Kainblitz zuckt durch schnöde Pöbelmassen.
Der Süden und das Sündenübel hat gesiegt!
Der Geist darf keinen Lasterbrand umfassen!

Und unser Abeladel unterliegt.

Das abschließende Gedicht des Epos beginnt mit den Sätzen: «Die Erde brennt! Erloschen sind die Schlote der Feuerschächte. Tot ist der Vulkan, vertilgt das Unheil, das uns glutbedrohte!» Die erste Aussage über die brennende Erde betrifft das neue Feuer, die Glut von oben, die das Polarlicht miterzeugt. Sie steht im Gegensatz zum alten Feuer, dem Erdfeuer von unten. Dieses ist zugleich Menschenvergangenheit. Die Zukunft ist das Weltallfeuer, in das der Mensch durch den Anblick der Aurora beginnt hineinzuwachsen. Er ist nicht mehr abhängig von den Tiefenkräften des alten Erdenfeuers. – Noch ein letztes Mal wird das Wesen der Aurora enthüllt. Sie ist mildes, schleierartiges Feuer; die Ursprungsordnung der Sprachlaute geht aus ihr hervor. Sie ist also das neu-ankommende Weltenwort.

Der Feuerschleier, der uns mild durchzieht,
Hat keine Donnerworte mehr im Schoße,
Aus ihm taucht jeder Laut als Ordnungsglied.

Die Erde brennt. Gefeit vor rotem Stoße
Aus Unterwelt, der Nordlichtgold entsiebt,
Erwirbt ihr Lieblingssohn das Ewiggroße!

O Flamme, die uns ewges Leben gibt,
Die Seele kann ich fleischverneinend schlürfen,
Du bist der Funke, der die Sterne liebt.

Du stiebst am Pole noch, in Schleuderwürfen,
Vom Erdenherzen in das All empor,
Doch bleib in uns, die wir der Glut bedürfen!

Dereinst entflammt in mir das Himmelstor.
Das Nordlicht wird am Firmament verschwinden,
Denn jedes Wesen sei ein Feuermeteor.

Dann werden wir in uns das Jenseits finden,
Da niemand aus dem Geistermeere taucht,
Polarlicht kann uns mit dem Geist verbinden.

Das Nordlicht

Licht und Landschaft am Polarkreis

Fotografien und Text von Julian Salamon

Fjordlandschaft im Winter

Seit vielen Jahren beschäftige ich mich damit, Licht und Landschaft in meiner Arbeit darzustellen. Als Fotograf bin ich immer auf der Suche nach einzigartiger Natur mit besonderen Stimmungen. Dazu begebe ich mich auf die Suche nach unterschiedlichsten Eigenschaften und Qualitäten von Licht, die ich mit den Mitteln und Möglichkeiten der Kamera einzufangen versuche. Fotografieren ist für mich dabei wie Malen mit Licht.

Ganz besonders gilt dies für meine Aufnahmen der Nordlichter. Für mich ist es immer wieder zutiefst berührend, diesen Zauber am nächtlichen Himmel bestaunen zu dürfen. In der nordischen Mythologie gilt das Nordlicht als Vorbote für Veränderungen, die sich mit ihrem Erscheinen ankündigen. Es wird sogar von einem «hörbaren Knacken» berichtet.

Erblicke ich eines dieser Naturphänomene, geht auch in mir eine Veränderung vor sich, die fast etwas Mystisches hat. Wenn es mir gelingt, das Nordlicht mit allen Sinnen wahrzunehmen, kann ich es förmlich in der Seele spüren. Es ist zutiefst bewegend, den richtigen Moment gewählt zu haben und die Nordlichter selbst miterleben zu dürfen.

Für die Beobachtung der magischen Nordlichter eignet sich das Archipel der Lofoten besonders gut, das sich vor der Küste Norwegens, oberhalb des Polarkreises befindet. Diese Inselgruppe liegt unter dem weiten offenen Himmel des Nordens – fernab von den störenden Lichtquellen großer Städte.

Jeder meiner Fotografien geht eine lange Planungsphase voraus. Für die Aufnahmen auf den folgenden Seiten kalkulierte ich den 11-Jahres-Rhythmus der Polarlichter, die Mondphasen und berechnete die genaue Länge von Tag und Nacht. Meine Aufnahmestandpunkte richtete ich entsprechend den Sichtachsen und Bergen aus. Für eine Spiegelung des nächtlichen Schauspiels wählte ich gezielt eine Bucht mit einem Korallenstrand auf den Lofoten. Bei Ebbe bildet das ablaufende Wasser auf dem weißen Sand einen perfekten Spiegel für das Himmelsgeschehen. Ständig wechselndes Wetter und das nicht exakt vorhersehbare Erscheinen der Nordlichter fordern viel Geduld und Ausdauer. Jedes Bild ist in seiner Entstehung somit einzigartig – und jede Nacht im arktischen Norden für mich ein außergewöhnliches Erlebnis.

Viele meiner Fotografien sind während dem letzten Übergang der Dämmerung in die Nacht entstanden; in jener Stimmung, wenn nur noch ein sehr kleiner Rest Tageslicht am Horizont vorhanden ist. Es ist der Zeitpunkt nach der sogenannten «nautischen» und der darauffolgenden «astronomischen» Dämmerung. Die Sonne steht dann bereits 12–15° unter dem Horizont, doch der Himmel reflektiert noch ihr verbleibendes Licht. Dieser letzte Augenblick zwischen Tag und vollständiger Nacht hat für mich etwas Geheimnisvolles. Die Natur kommt gänzlich zur Ruhe – ganz so, als würde sie für einen Moment den Atem anhalten. Nach meiner Erfahrung zeigen sich auch meist zu diesem Zeitpunkt die Nordlichter. Es scheint, sie wählen den passenden Moment im Strom der vergehenden Zeit.

Ich habe es mir zur Aufgabe gemacht, die Nordlichter eingebettet in ihre spezielle Umgebung, der Landschaft des arktischen Norden, zu betrachten. Wie Wolken und Steine in jeder Landschaft eine Einheit bilden, entfalten auch sie ihre Wirkung an jedem Ort in spezieller Weise.

Die meisten der folgenden Fotografien entstanden im Jahr 2012. In diesem Jahr erschienen die Nordlichter besonders eindrucksvoll und wild tanzend am Himmel. Ihre Intensität stand im Zusammenhang mit den in dieser Zeit starken Aktivitäten der Sonnenwinde.

Immer mehr Menschen fühlen sich vom Nordlicht berührt und möchten es selbst erleben. Mittlerweile gibt es sogar einen eigenen Wetterbericht für dieses Phänomen. Die Grenze zwischen den letzten Ausläufern des Golfstroms und dem Eismeer ist eine sehr besondere Region des arktischen Teil Norwegens, in der sie sich gut beobachten lassen.

Seit jeher fühle ich mich vor allem von Landschaften angezogen, die noch in ihrer Ursprünglichkeit erhalten gebliebenen sind. Es ist etwas ganz Besonderes, an einem Ort in der Natur zu sein, der über Jahrtausende hinweg gewachsen ist. Bevor ich mich auf die Suche nach Bildern begebe, ist es mir ein Bedürfnis, zuerst eine emotionale Beziehung zu der Gegend herzustellen.

In meiner Arbeit beschäftige ich mich besonders intensiv mit der sehr ursprünglichen nordischen Landschaft, die im Grenzgebiet zur weißen schneebedeckten Arktis über Jahrtausende gewachsen ist. Das zauberhafte weiche Licht des Nordens beleuchtet die Klarheit, Ruhe und spezielle Farbigkeit dieser Region der Erde. Die Steine und Berge sind dort von einem ganz eigenen Wesen, das geradezu spürbar ist. Ich selbst habe mich dort immer geerdet und besonders wohl gefühlt, dort spürte ich eine tiefe Verbundenheit zur Natur. Es ist der Zauber des Nordens, der einen jeden Reisenden in dieser Gegend in seinen Bann zu ziehen vermag. Ich hoffe, die Bilder der folgenden Seiten können Ihnen einen Eindruck von diesem Wunder vermitteln.

Anhang

Die Sichtbarkeit des Polarlichts über der Nordhemisphäre

Die farbigen Ovalzonen sind ermittelte Durchschnittswerte mit entsprechenden breiten Übergängen und in starker gegenseitiger Durchdringung. Sie sind also nur ein Schema gegenüber dem dynamischen Aurora-Oval.

Innerste Ovalzone: Etwa 900 x 700 km um den geomagnetischen Pol, hier etwa 300 km nördlich Thule (Grönland) auf Ellesmere Island 80° Breite und Länge (Kanada). Kein übliches Polarlicht. Eventuell schwachrötliches, diffuses «Tagespolarlicht».

Helle Ovalzone: Das Polarlicht innerhalb dieser Zone eventuell nur als dünnes, schwach leuchtend weißes Band.

Grüne Ovalzone: Das Polarlicht-Oval entfaltet sich mit wechselnder Breite normalerweise in diesem Erdgebiet mit allen Farben, Formen und Bewegungen. Es verläuft über Nordskandinavien (Kirkenes, Tromsö, Narvik) mit Finnland; über Svalbard (Spitzbergen), das nördliche Island (Akureyri), das südliche Grönland (Godthaab-Ilulisat), Nordkanada (Labrador); über Alaska (Fairbanks, Anchorage angrenzend), das nördlichste Sibirien, Novaya, Semlya und europäische Nordrussland (Archangelsk, Murmansk).

In all diesen Landschaften und Städten ist das Polarlicht ein ständiger Teil des nächtlichen Himmelsgeschehens. Es ist unabhängig vom Jahreslauf; jedoch mit leicht erhöhter Aktivität zu den Tagundnachtgleichen (Äquinoktien). Diese wird aber schon bei mittleren Entfaltungen (substorms) überlagert. Die einzige Voraussetzung der Sichtbarkeit ist Dunkelheit, obwohl besonders im Übergang vom Sonnenlicht zur Aurora ungewöhnliche Farbpanoramen entstehen können.

Rote Ovalzone: Bei intensiver Sonnentätigkeit (aktive Sonne mit Flecken) expandiert das Aurora-Oval in diese Zone hinein und entfaltet sich in freier Gestaltung. Bei ungewöhnlich erhöhter Sonnenaktivität (Sonnenwindstürme) dringen die Aurora-Prozesse noch weiter nach Süden vor, sodass etwa der ganze nordamerikanische Kontinent und Mitteleuropa einbezogen werden können. Dies geschah im März 1989.

Das Aufsuchen und Wahrnehmen einer besonderen Aurora-Entfaltung hängt davon ab, inwieweit die genannten räumlich-zeitlichen Voraussetzungen erfüllt werden. Es gab früher schon öfters wissenschaftliche Expeditionen mit umfassender Vorausplanung, die vergebens auf das Polarlicht gewartet haben. Eine besondere Wachheit ist erforderlich, und es muss auf Glück gehofft werden.

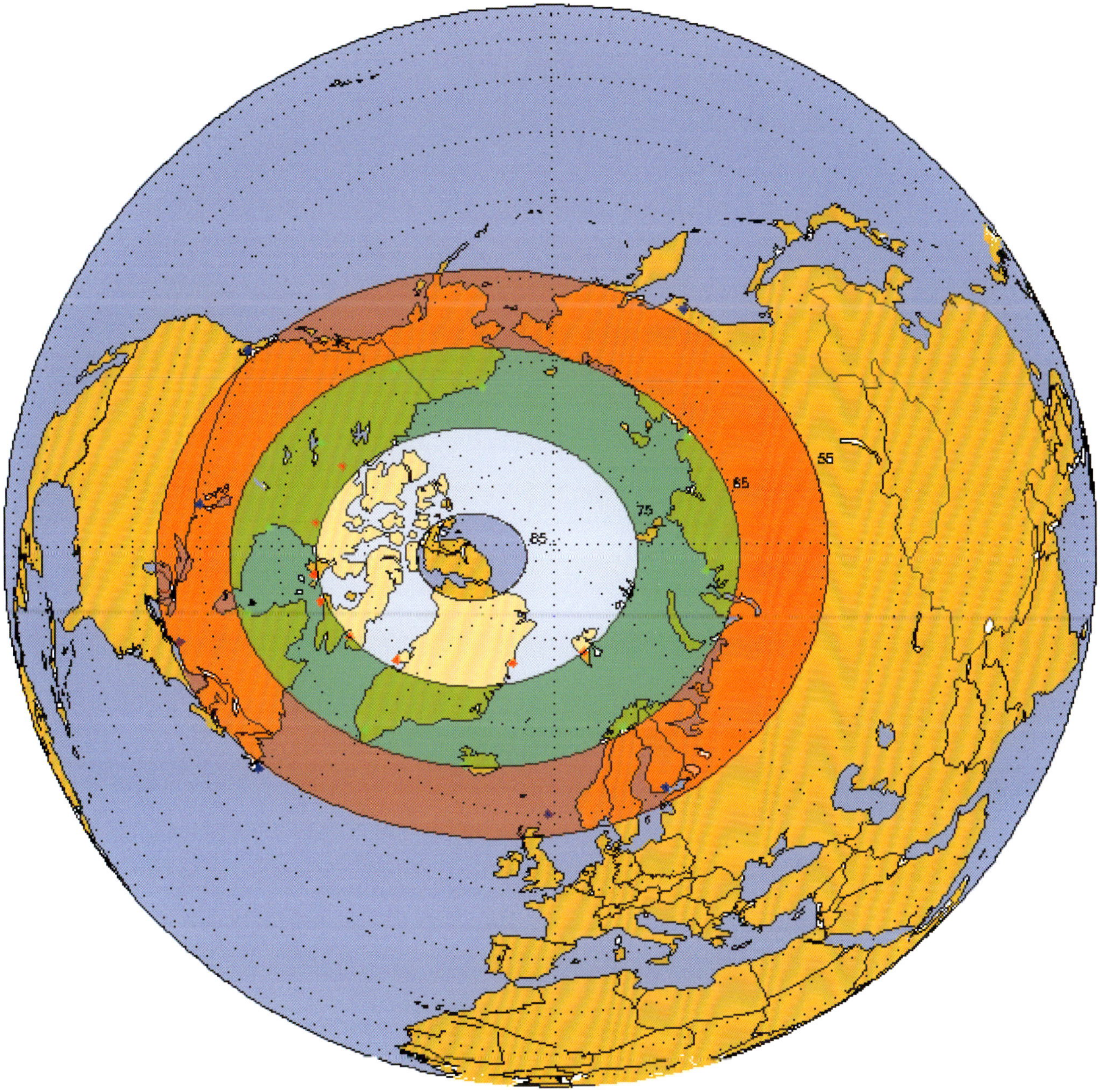
55
65
75
85

Anmerkungen

1 Scott, R.: Scotts Last Expedition, London 1941.
2 Taylor, B.: Prose Writings, New York 1864
3 Payer, J.: Die österreichisch-ungarische Nordpol-Expedition, Wien 1876.
4 Ray, Dorothy J.: The Alaska Sportsman, July 1958.
5 Hamilton, J. C.: The Angolquin Nanabozho and Hiawatha, American Folklore 16, 231, 1903.
6 Gromnica, E.: An unbelievable story about the northern lights, North 18, 44, 1971.
7 Wang, P. K., Siscoe, G. L.: Some early descriptions of auroras in China, Los Angeles 1979.
8 MacCulloch, C. J. A. (Ed.): Mythology of All Races 4, 10, Boston 1927.
9 Hawkes, E. W.: The Labrador Eskimo, Mem. 91, S. 137, 153, Geol. Surv. of Canada, Ottawa 1916.
10 Rasmussen, K.: Intellectual Culture of the Iglnik Eskimos, Rep. 5th Thule Expedition 1921 – 1924, 1929.
11 Crottet, R.: Nordlicht, Christian Wegner Verlag, Hamburg 1963.
12 Judson, K. B.: Myths and Legends of the Pacific Northwest, Chicago 1920.
13 Kalevala: Das finnische Epos des Elias Lönnrot, Carl Hanser Verlag, München 1967, dtv 1979, S. 61.
14 Plutarch: Große Griechen und Römer. Lysandros 12.4. Zürich/München 1955.
15 Aristoteles: Meteorologica, Clarendon Press, Oxford 1910 – 1930, S. 37.
16 Seneca: Naturales Questiones, Harvard University Press, Cambridge Mass., 1972.
17 Der Königsspiegel: übersetzt von R. Messmer, Halle 1944.
18 Siscoe, G. L.: A historical footnote on the origin of aurora borealis, EOS Trans. AGU 59, 994, 1978.
19 Eather, R. H.: Majestic Lights, American Geophysical Union, Washington, D.C. 1980, S. 50.
20 Halley, E.: An account of the late surprising appearance of the lights seen in the air, Phil. Trans. Roy. Soc. 29, 406, 1717.
21 Pontoppidan, E.: Det første Forsøg paa Norges Naturlige Historie, 1751 – 53.
22 Carrington, R.: Description of a singular appearance seen in the sun on 1. September 1859, Mon. Notic. Roy. Astron. Soc. 20, 13, 1860.
23 Paulsen, A.: Nordlysets Straalingsteori, Nyt Tidsskrift for Fysik og Kemi, København 1896.
24 Brekke, A., Egeland, A.: Nordlyset, Fra mytologi til romforskning, Gröndahl, Oslo 1979, S. 72.
25 Anm. 24, S. 75.
26 Anm. 19, S. 217.
27 Evans, J. V.: In Science 216, 4545, 30. April 1982, S. 472.
28 Strassmeier, K.: Aktive Sterne, Springer, Wien – New York 1997, S. 201.
29 Anm. 27, S. 468.
30 Vaas, R.: Naturwissenschaftliche Rundschau [1]1992, S. 27 ff., auch: Willson, R. C., Nature 351, 42, 1991.
31 Holweger, H.: Astrophysikalische Forschungsgruppe Kiel, Pressemitteilungen, Sommer 1982.
32 Anm. 27.
33 Golub, L. and Pasachof, J. M.: The Solar Corona, University Press 1997, S. 183.
34 Ekrutt, J. W.: Die Sonne, Geo 1981, Gruner & Jahr, Hamburg.
35 Steiner, R.: Vortrag am 26. März 1920; in Geisteswissenschaft und Medizin, Gesamtausgabe (= GA) Bibl.-Nr. 312, Dornach [6]1985.
36 Cowen, R. in Science News 141, Nr. 25, 1992.
37 Süddeutsche Zeitung vom 10.1.1985.
38 Anm. 33, S. 182.
39 Steiner, R.. Vortrag am 18. Januar 1921; in Das Verhältnis der verschiedenen naturwissenschaftlichen Gebiete zur Astronomie, GA 323, Dornach [3]1997.
40 Anm. 33, S. 3.
41 Ein Ausdruck von Dr. D. Hassler, Boulder, USA.
42 ESA-Pressrelease, Paris, 3.2.1999.
43 Ulysses Science Results, Internet 1998.
44 Westendorp, Plaza u.a. in Nature [3]89, 1997, S. 47 ff.

45 Keller, H. U. in Neue Zürcher Zeitung am 17.7.1991.
46 Steiner, R.: Die Geheimwissenschaft im Umriss, GA 13, Dornach ^{30}1989, S. 198 f.
47 Ebd., S. 177.
48 Ebd., S. 164.
49 Akasofu, S.-L.: Aurora Borealis – The Amazing Northern Lights, Alaska Geography 6, 1997.
50 Steiner, R.: Vortrag am 17. November 1923, nachmittags; in Der übersinnliche Mensch, anthroposophisch erfasst, GA 231, Dornach ^{3}1982.
51 Hubble Space Telescope News, M. Bobrowsky, Orbital Sciences Corporation and NASA.
52 Goethe, J. W.: Versuch einer Witterungslehre. In Naturwissenschaftliche Schriften. Zweiter Band. Mit Einleitungen und Erläuterungen im Text hrsg. von Rudolf Steiner. Photomechanischer Nachdruck, Dornach ^{4}1992, S. 380.
53 Wachsmuth, Guenther: Erde und Mensch, ihre Bildekräfte, Rhythmen und Lebensprozesse. Band 1. Dritte, neu bearbeitete Auflage Dornach 1965.
54 Ebenda, S. 161.
55 Ebenda, S. 215.
56 Bühler, Walther: Goethe in unserer Zeit, Dornach/Basel 1949. Die Schrift erschien 1972 und 1977 unter dem Titel Nordlicht, Blitz und Regenbogen im Philosophisch-Anthroposophischen Verlag, Dornach.
57 Theodor Däublers Epos *Das Nordlicht* erschien in 2. Auflage – als die sogenannte «Genfer Fassung» – 1921/1922 im Insel Verlag Leipzig in zwei Bänden. Däubler selbst stellte dem Ersten Teil die «Selbstdeutung» voran, in der er in Form einer autobiographischen Skizze die Idee des Werkes zu erläutern versucht. – Auf einer Autoreise durch Frankreich im Sommer 1930 brachte Theodor Däubler die schon Jahre zuvor in Athen begonnene dritte Fassung des Nordlichts zum Abschluss. Sie ist enthalten in Theodor Däubler: Dichtungen und Schriften, hrsg. und mit einem Nachwort versehen von Friedhelm Kemp, Kösel-Verlag, München 1952. – Die Zitate folgen der «Genfer Fassung».
58 Rudolf Pannwitz in einem Aufsatz aus dem Jahr 1923. Zitiert aus dem Nachwort von Friedhelm Kemp in Dichtungen und Schriften. Siehe Anm. 57, S. 879.
59 «Selbstdeutung». Siehe Anm. 57, S. 11–13.
60 Ebenda, S. 8f.
61 Aus der «Selbstdeutung». Siehe Anm. 57, S. 10.
62 Dieses wie auch die folgenden Zitate aus der «Selbstdeutung». Siehe Anm. 57, S. 14–18.
63 Morgenstern, M.: Michael Bauer. Ein Bürger zweier Welten. Piper Verlag, München 1950, S. 132.
64 Barlach, E.: Ein selbsterzähltes Leben. Piper Verlag, München 1948, S. 42.
65 Barlach, E.: Das dichterische Werk. Band II. Piper Verlag, München 1956, S. 448–470.
66 «Selbstdeutung». Siehe Anm. 57, S. 19.
67 Nachwort von Friedhelm Kemp in Dichtungen und Schriften. Siehe Anm. 57, S. 879.
68 Aus der «Selbstdeutung». Siehe Anm. 57, S. 21.
69 Ebenda, S. 36.
70 Ebenda, S. 29.
71 Ebenda, S. 28.
72 Ebenda, S. 29 f.

Personenregister

Bildnachweis

Frontispiz, Abb. 9, 20, 21, 25, 28, 63, 64: Cary Anderson, Eagle Eye Pictures, Anchorage, Alaska.
Schutzumschlag, Abb. 7, 8, 15, 16, 17, 22, 26, 27, 29, 65, 66, 67, 68: Dave Parkhurst, Alaska Naturally, Anchorage, Alaska.
Abb. 69, 70: David Miller, National Geophysical Data Center, Boulder, USA
Abb. 1–5: Dänisches Meteorologisches Institut, Kopenhagen.
Abb. 6, 11–14, 18 und 19: Widener Library (Harvard University, Cambridge/USA).
Abb. 10: Germanisches Nationalmuseum, Nürnberg.
Abb. 23: Nordlicht-Isochasmen, Karte von Hermann Fritz.
Abb. 24: Dr. L. A. Frank (Archiv Baader Planetarium).
Abb. 30: Zeichnung von S. I. Akasofu.
Abb. 31: ESA – AOES Medialab, ID number: SEMZTMOFGLE
Abb. 32–42: Satelliten-Aufnahmen (US Air Force DMSP) des National Geophysical Data Center, NOAA, Boulder, Colorado/USA.
Abb. 44: OHO, Solar and Heliospheric Observatory
Abb. 45 und 59: Great Bear Observatory, USA.
Abb. 46: Aufnahmen des japanischen Satelliten Yohkoh/ISAS/Lockheed-Martin/NAOJ/U. Tokyo/NASA
Abb. 47: Aufnahmen des japanischen Satelliten YOHKOH
Abb. 48, 50 und 51: High Altitude Observatory, National Centre of Atmospheric Research, Boulder, Colorado/USA.
Abb. 49: G. van Biesbroeck.
Abb. 52 und 53: National Solar Observatory, Kitt Peak, Arizona/USA.
Abb. 54 und 55: Internationale Raumstation ISS.
Abb. 43, 55–57, 60–62: National Space Science Data Center, NASA.
Abb. 58: SOHO, Solar and Heliospheric Observatory
Abb. 71: Theodor-Däubler-Archiv, Berlin.
Abb. 72: Archiv der Akademie der Künste, Berlin.